风险合作模式下海外边际油田勘探开发关键技术与实践

陈果　陈杰　欧阳诚　唐建侯　著

中国石化出版社
·北京·

图书在版编目（CIP）数据

风险合作模式下海外边际油田勘探开发关键技术与实践 / 陈果等著 . — 北京 : 中国石化出版社 , 2023.5
ISBN 978-7-5114-6923-6

Ⅰ . ①风…　Ⅱ . ①陈…　Ⅲ . ①油气勘探—研究②油田开发—研究　Ⅳ . ① P618.130.8 ② TE34

中国国家版本馆 CIP 数据核字（2023）第 054804 号

中国石化出版社出版发行

地址:北京市东城区安定门外大街 58 号

邮编:100011　电话:(010)57512500

发行部电话:(010)57512575

http:// www. smopec-press. com

E-mail:press@sinopec. com

北京鑫益晖印刷有限公司印刷

全国各地新华书店经销

*

787 毫米 ×1090 毫米 16 开本 13.75 印张 241 千字

2024 年 1 月第 1 版　2024 年 1 月第 1 次印刷

定价：98.00 元

编委会

前言

INTRODUCTION

近年来，我国石油和天然气对外依存度持续升高，国家能源安全形势面临严峻挑战。2021 年 10 月 21 日，习近平总书记在视察胜利油田时强调“能源的饭碗必须端在自己手里”，油气能源建设对我国意义重大。

能源结构转型势在必行。为了应对全球气候变暖，在《联合国气候变化框架公约》缔约方大会上，近 200 个国家签署了《格拉斯哥气候公约》，我国承诺在 2030 年前实现碳达峰，2060 年前实现碳中和的“双碳”目标。据国家统计局数据，2021 年我国能源消费依旧较“脏”，以煤炭消费为主，占 56.0%，石油消费量占 18.7%，清洁能源消费量仅占 25.3%。在保障国民经济持续发展的同时，为了达到节能减排目的，需要不断降低煤炭消费量，由于非化石清洁能源产能不足，因此，需要大力提升石油天然气产量才能达到合理的能源结构需求。

科技创新、模式创新正在成为能源公司的制胜法宝。我国三大石油公司大力开展科技创新和模式创新——常规和非常规油气资源勘探双双取得重大突破、油气主干管网资产整合全面完成、能源数字化和智能化发展逐渐深入、石油公司之间矿权流转初见成效。近年来，中国石油集团油田技术服务有限公司突破单一工程技术服务的业务模式，积极探索油气勘探开发总包服务、海外油气田增产服务等新领域，旗下川庆钻探工程有限公司（以下简称“中方”）与南美洲厄瓜多尔国家石油公司（以下简称“PEC”）签订了边际油田风险增产服务合同，拓展了工程技术服务企业的业务范围，创新了国际能源合作模式。

边际油田通常是指在现有条件下，采用常规技术与管理模式，进行油田开发建设与生产，其经济效益较差或达不到营利目标的油田。厄瓜多尔 P 油田自 1978 年发现以来，已衰竭式开发 40 余年，受当地技术经济条件限制，老井平均日产油不足 200bbl，总体经济效益较差。2018 年，PEC 对外招标，希望借助外部经济技术力量“盘活”老油田。中方在国内油气勘探开发总包服务和海外数十个国家多个大型油气田全方位技术支持中积累了大量先进技术；在厄瓜多尔开展工程技术服务 20 余年，对当地社会制度、自然环境、地质条件等有较深入的认识，积累了丰富的经验。为了拓展业务范围，创新合作模式，中方凭借自身地质工程一体化技术优势和对当地油气市场的充分了解，于2018年初与PEC签署了P油田风险增产服务合同。

该合同涉及的风险增产服务模式有别于传统的国际油气合作模式，既非产品分成，也非纯技术服务或回购模式，而是合作者依靠自身资金和技术优势，确定新井井位与老井措施工程方案，向资源国提供旨在增加原油产量的钻完井和增产作业等“一揽子”工程技术服务。项目收益则根据国际油价按一定公式进行计算，设定最高油价与最低油价下的顶底板桶油报酬。

本书旨在通过对风险增产服务模式下的边际油田地质再认识和勘探开发技术研究，总结工程技术服务企业的国际创新合作模式、边际油田二次挖潜思路，集成系列勘探开发技术，以供其他油气工程技术服务企业开展对外合作时参考。

全书结构框架及编写思路由陈果提出，各章具体编写分工如下：第一章由陈杰、唐建侯、王安平编写；第二章由陈果、方杰、徐乾承、李旭编写；第三章由陈果、童明胜编写；第四章由童明胜、罗鹏曦、徐明华编写；第五章由郑淑芬、李贤胜、方杰编写；第六章由王玉根、程亮、姚林君、代琤、陆涛、罗钟鸣编写；第七章由陈果、欧阳诚、陈杰编写。全书由陈果、陈杰统稿。

在本书编写过程中，得到了川庆钻探工程有限公司陈军强首席专家、西南石油大学彭军教授、成都理工大学熊晓军教授等的具体指导，西南石油大学程超教授、程立雪博士后及成都理工大学王朝博士等提出了许多宝贵意见和建议，在此，向所有在本书编写和出版过程中给予大力支持与帮助的同志们表示衷心的感谢。

由于编者水平有限，书中难免出现不足之处，敬请读者批评指正。

CONTENTS

目录

第一章

海外石油合作主要合同类型与合作模式

第一节　国际主要石油合作合同类型

国际油气合作广义上是指20世纪70年代以来，不同主权国家政府、国家石油公司、国际石油经济组织和超越国家界限的自然人与法人为了共同的利益，在石油、天然气生产领域中以生产要素的移动与重新组合配置为主要内容而进行的较长期的石油经济协作活动。狭义上，就资源国的角度来说，国际油气合作就是在资源国对其所有的自然资源拥有永久主权的前提下，按照资源国的法律规定，特许外国石油公司参与该国自然资源的勘探和开采，并按照合同规定的条件，合作双方共同分享开发利益。

国际石油服务合同是由主权国家与国际石油公司签订的，国际石油公司代表主权国家进行油气资源的勘探开发工作，并取得事先约定的报酬。目前采用服务合同的国家主要分布在中东和南美，包括：伊拉克、伊朗、委内瑞拉、厄瓜多尔等（如表1–1）。虽然均为技术服务合同，但各国具体实施的合同条款并不相同。伊拉克油田生产技术服务合同与伊朗回购合同在国际石油界具有很强的代表性，可作为重点来进行解析。

表1–1　国际主要采用石油服务合同的国家与合同演变历程

国家	合同演变历程				
伊朗	第一版回购服务合同（1995年）	第二版回购服务合同（2004年）	第三版回购服务合同（2009年）	新石油合同提出（2015年）	新石油合同（2017年）
伊拉克	第一轮油田生产技术服务合同（2009年）	第二轮油田开发与生产技术服务合同（2009年）	第三轮技术服务合同（2010年）	第四轮技术服务合同（2012年）	第五轮技术服务合同（2018年）
科威特	服务合同（1992年）	作业服务合同（1999年）	强化服务协议（2010年）	油田服务合同（2013年）	
委内瑞拉	第一轮作业服务协议（1991年）	第二轮作业服务协议（1994年）	第三轮作业服务协议（1997年）	第四轮作业服务协议（2006年）	

续表

国家	合同演变历程				
玻利维亚	作业合同（2006年首次宣布）	作业合同（2012年首次招标）	作业+激励服务合同（2012年4月）	勘探+作业激励服务合同（2013年4月）	
厄瓜多尔	技术服务合同（2007年首次宣布）	油田增产服务合同（2012年2月签署）	13个勘探区块增产服务合同（2013年）	16个老油田增产综合服务合同（2014年）	15个老油田增产综合服务合同（2017年）

一、伊拉克油田生产技术服务合同（Production Service Contract）

伊拉克政府在海湾战争后，从2009年到2018年先后推出了5轮次合同招标，总的来看：合同模式均为油田生产技术服务合同，但在投标参数、评标模式、报酬费计提、收益限制等方面均在不断改进和优化，主要目的和导向是提高资源国政府对油田作业的控制权和话语权，与承包商分摊油价风险，鼓励作业者采取积极措施降低勘探开发生产及管理费用支出，强化政府在争议成本解决机制中的话语权，其主要合同条款包括：

（1）收入分配方式。与绝大多数技术服务合同相似，伊拉克技术服务合同收入分配分为两个层次：第一层次为成本费用回收，第二层次为报酬费回收。前三轮合同中，成本回收上限为总收入的50%。

（2）报酬支付方式。合同者报酬以桶油报酬费的形式获得，即原油产量乘以桶油报酬费，但原油产量的含义在不断变化：前三轮合同，原油产量指扣除油田生产作业成本后，油田生产原油的总量。第四轮合同，原油产量的定义是扣除总成本后，与剩余油田收入相对应的原油产量，即“剩余净产量”。第五轮合同，政府支付给合同者的报酬基础是“剩余净视同收入”，即油田生产的原油扣除成本后，上交属地石油公司25%的矿区使用费后剩余部分，具体成本回收额度计算公式为：成本回收额度＝净视同收入 × 成本回收额度比，其中成本回收额度比与伊拉克当地平均销售官价挂钩。

（3）回收和计提起点。不晚于合同生效后的第3年开始回收成本。

（4）油田生产作业权。合同者作为油田的作业者，重大事项通过联合管理委员（JMC）进行决策，承包商在一定的采办合同授权额度下开展工作，超过额度的采办需经过JMC批准。

（5）收益限制。伊拉克技术服务合同并未对合同者总收入有明确限制，而是通过其他方式进行调控。在前三轮合同中，引入P因子（当前实际产量/高峰产量）与R因子（累计收入/累计支出）对合同者收入进行控制。第四轮合同中不再使用P因子和R因子，只考虑桶油报酬费和油田剩余净产量。第五轮合同中引入“成本回收额度比”的概念，通过成本回收池大小对合同者收益进行控制。成本回收额度比与伊拉克当地平均销售官价挂钩：当伊拉克平均原油销售官价（OSP）小于等于21.5美元/桶时，成本回收额度比固定为 30%；当平均原油销售官价大于等于 50 美元 / 桶时，成本回收额度比固定为 70%；当油价在 21.5~50 美元 / 桶之间时，成本回收额度比按公式（平均原油销售官价 /50）× 70% 的比例滑动。

二、伊朗回购合同（Buy Back Contract）

伊朗回购合同是世界上独树一帜的石油合同，主要是为规避伊朗宪法和石油法禁止外商直接持有伊朗境内油气开发权益的规定而创造的，通常概括为“五个一定”，即在一定的开发期、以一定的投资上限完成一定的工作量并实现一定的产量目标前提下，可取得一定的回报，其实质仍属于技术服务合同。由于之前伊朗的回购过于苛刻，对国际石油公司缺乏吸引力，从 2017 年开始，伊朗推出了新的国际石油合同（International Petroleum Contract，IPC），在继承回购合同的基础上，吸收了伊拉克等国家的服务合同特点。

（1）收入分配方式。同样分为两个层次，第一层次为成本费用回收，第二层次为报酬费回收。

（2）报酬费计提方式。在前期的伊朗回购合同中，采用项目固定收益率的方式给予合同者报酬（早期的回购合同规定项目内部收益率在 15% 左右）。2017 年后，伊朗推出的新国际石油合同采用桶油报酬费的方式：桶油报酬费根据具体项目反算，在合同者收益不超过内部收益率 14% 的情况下反算桶油报酬费，并引入“调整系数”控制项目收益：调整系数与国际油价挂钩，当布伦特（Brent）油价低于 25 美元 / 桶时，调整系数为 0.68；当布伦特油价高于 100 美元 / 桶时，调整系数为 1.32；当在两值之间时，则按照一定的比例滑动。

（3）投资上限。合同者在合同生效后几个月内需要完成整个油气田的投资估算，在合同期内超过这一投资上限的某一范围的投资将不可以回收。

（4）回收和计提起点。回购合同规定，合同者在完成油田建设并通过约定的产量测试后，移交给伊朗国家石油公司进行生产，并通过生产的原油支付给合同者报酬。通常移交产量测试分为 3 次：移交前进行一次，移交后进行 2 次，应用 21/28 连续（28 天中有 21 天达到标准）方法进行产量测试，测试间隔时间为 6 个月或 12 个月。

（5）收益限制。新的伊朗国际石油合同规定，合同者收益率固定，不能超过 14%。同时伊朗政府不断加大对合同者和采购当地产品与服务的要求：一方面，如果当地采购达不到合同期内投资上限的 51%，报酬费会相应扣减；另一方面，如果合同者在合同规定的时间内达不到要求的高峰产量，则报酬费也会相应扣减，且在整个合同期内都适用。

第二节 厄瓜多尔老油田风险合作开发模式

厄瓜多尔石油工业起步于20世纪60年代，最早由美国德士古公司（Texaco Oil Company）于1967年在厄钻探了第一口商业油井，并随后修建了2条主要的石油外输管线。PEC掌握了厄瓜多尔境内主要油气资源，产量占全国产量的60%以上。在厄瓜多尔开展勘探开发工作的国际石油公司，包括中石油和中石化组成的安第斯石油公司、西班牙雷普索尔公司和意大利埃尼石油公司等；从事油气服务工程技术服务的公司有斯伦贝谢、哈里伯顿、中石油和中石化下属的工程技术服务公司、中国民营的海隆公司等。

厄瓜多尔石油合同最早为特许经营合同（Concession Contract），后转变为产品分成合同（Production Sharing Contract）。2010年，为进一步强化对厄瓜多尔石油资源的控制，厄瓜多尔政府将境内所有产品分成合同改制为服务合同；2012年，厄瓜多尔政府为克服自身资金和技术不足，进一步提高原油产量，推出了油田增产服务合同，并与斯伦贝谢等国际知名技术服务公司签约；2013年，厄瓜多尔政府顺势又推出了16个勘探区块的技术服务合同；2014年，推出了16个老油田和小油田增产综合服务合同；2017年，推出了包含15个油田的“成熟油田增产综合服务合同”（Specific Service Contracts to Increase Production and Secondary Recovery）。

厄瓜多尔成熟油田增产服务合同主要面向工程技术公司和私人资本，主要合同条款包括：

（1）PEC对合同油田拥有所有权和作业权。合同者依靠自身资金、技术、资源等，确定新井井位与措施井工程方案，向PEC提供旨在增加油田原油产量的钻完井或增产作业等一揽子工程技术服务。

（2）合同者在合同规定的时间内完成合同中承诺服务工作量（包括新井、老井复产、井场扩建、地面设施建设等），并优先承揽相关额外工作量（合同执行过程中，未在合同中约定的，PEC临时增加的工作量）。

（3）报酬支付。合同者在完成合同规定工作量后，根据单井原油产量，按照与国际油价（WTI油价）挂钩的桶油报酬费，在合同期内获取报酬。其中，WTI油价设定最高和最低价格，分别计算对应最高和最低桶油报酬费，当WTI油价在其间波动时，桶油报酬费按相关比例滑动。

（4）双方通过执行委员会、技术委员会、现场联络小组等机构开展相关工作。其中：执行委员会负责合同项目的总体管理与决策，由合同双方各出3人组成，PEC成员任主席、合同者成员任副主席。技术委员会重点研讨解决作业技术方面问题，为执行委员会提供决策依据；由合同双方各选派两名技术代表组成，PEC成员任主席、合同者成员任秘书。

（5）PEC负责油田生产作业措施的维护、电力供应、原油销售等工作，并负责钻完井作业、平台建设的环保许可申请工作。合同者负责完成相关钻完井作业、地面建设等工作。油田产量由合同双方现场联络小组成员共同签字确认。

从合同对象、主要合同条款和风险程度比较看，厄瓜多尔油田增产技术服务合同与伊拉克、伊朗等国石油服务合同存在较大的差别，执行难度更大。伊拉克、伊朗等国主要面向国际石油公司，厄瓜多尔油田增产技术服务合同主要面向国际工程技术服务公司。合同对象的不同决定了承包商在油田生产技术服务中的话语权。伊拉克技术服务合同中，承包商具有较大的话语权，对油田生产作业全过程具有较强的自主权，虽然后期伊拉克政府也逐渐更多地介入油田生产活动中；伊朗回购合同规定，承包商在完成油田生产建设后整个油田作业即移交给伊方，承包商通过另外的服务合同参与油田生产运行，掌握一定的作业权；厄瓜多尔油田增产技术服务合同中承包商对油田没有作业权，油井投产后即交给 PEC 运行管理。

伊拉克、伊朗和厄瓜多尔的服务合同收入均以可计提原油产量和桶油服务费的形式来实现，但收入分配方式和计提基础又有所不同。伊拉克和伊朗服务合同的收入分配方式基本相同，是在成本回收后，按一定的比例进行分配，根据合同规定的桶油服务费获取报酬；厄瓜多尔油田增产服务没有成本回收，油井投产后根据原油产量，按规定的桶油报酬费取得收入。

对于桶油报酬费的设定，三个国家的合同均引入与国际油价挂钩的方式，在一定的范围内变化和波动。早期伊拉克服务合同的桶油报酬费是项目投标时即确定，后期改为与伊拉克当地石油销售价格挂钩，有最低油价（地板价）和最高油价（天花板价）的限制；伊朗回购合同中的桶油报酬费与 Brent 油价挂钩，没有最低油价限制，但有最高油价限制；厄瓜多尔油田增产技术服务合同中的桶油报酬费与 WTI 油价挂钩，有“地板价”和“天花板价”的限制。

从主要的合同条款对比分析来看，由于面向合作对象、国家法律体系等不同，厄瓜多尔、伊拉克、伊朗等三国的石油服务合同存在较大的差别：

（1）合同期限。伊拉克和伊朗服务合同期限均为 20 年，厄瓜多尔油田增产服务合同期为 10 年。

（2）成本回收节点。伊拉克开发服务合同要求油田产量达到初始产量后，即可开始回收；伊朗回购合同要求项目达到目标产量，并经过伊方移交测试后，才开始回收；厄瓜多尔增产服务合同没有回收起点限制，单井投产后即开始回收。

（3）合同者作业权。伊拉克开发合同中，合同者具有较大的作业自主权；伊朗回购合同中，合同者通过另外的生产服务合同参与油田作业，具有一定的作业权；厄瓜多尔油田增产服务合同中，合同者没有作业权。

（4）财税条款。伊拉克服务合同的前期合同中通过 P 因子和 R 因子来控制合同者收益率，后期合同中改变为与伊拉克当地平均销售官价挂钩的成本回收额度比来控制合同者收益率，合同者自行支付所得税等，不可回收。伊朗回购合同主要通过投资上限、成本回收上限对合同者的收益进行控制，新的 IPC 合同规定所得税可以回收。厄瓜多尔油田增产服务合同通过合同约定的工作量和投资额对合同投资上限进行控制，对合同者收益未做限制，合同者自行支付相关税费。

不同类型的石油服务合同都存在一定的风险，特别是当今世界各资源国均将油气资源作为国家战略储备，力图进一步增强对本国油气工业的控制权。在这样的背景下存在如下风险：

（1）产量风险。伊拉克、伊朗都是世界石油资源较为丰富的国家，油气田储量规模都比较大，产量风险相对较小；厄瓜多尔油田增产服务合同是针对开发几十年前的老油田，受储量规模、含水上升、油藏压力降低等因素影响，产量风险较大。

（2）法律条款风险。伊拉克石油法律条款基本是海湾战争后由西方国家帮助建立的，法律延续性和稳定性相对较好；伊朗是政治宗教合一的国家，在宪法中明确禁止外商直接持有油气开发权益，特别是面临美国对其的敌视和制裁政策，政商环境较为苛刻，受国际政治形势影响较大；厄瓜多尔经过 2007—2010 年的油气国有化改革，国家利益已经得到充分保障，油气的法律财税环境趋向稳定，服务合同得到了全面推行，油气法律财税条款风险较小。

（3）政治环境风险。伊拉克、伊朗均位于世界政治环境较为动荡的国家，伊朗受美国的制裁，国际政治环境恶劣，政治环境风险最大；伊拉克国内政局频繁更替，政治环境风险较大；厄瓜多尔国内政局相对稳定，对国际政治活动参与较少，政治环境相对稳定，政治环境风险相对较小。

厄瓜多尔油田增产服务合同与伊拉克油田服务合同、伊朗新回购合同的框架和内容既有相同之处又有不同之处：三个合同中合同者的主要收益均来自油田产量和桶油报酬费，但桶油报酬费计算方式又有所不同；三个合同都是在达到一定产量后，合同者开始计提报酬费，但投资上限、计提比例和报酬费用台阶等又有所不同；三个合同中的成本回收内容、回收方式等存在较大的不同（如表 1–2）。

表 1–2　伊拉克、伊朗和厄瓜多尔油田服务合同主要条款对比

序号	主要合同条款	伊拉克服务合同（开发油气田）	伊朗 IPC 合同（开发油气田）	厄瓜多尔油田增产服务合同（成熟油田）
1	签字费	不可回收	—	—
2	合同期限	20 年（开发期）	20 年（开发期）	10 年
3	政府参股	25%（干股）	20%	无
4	成本和报酬费回收上限	总产量 ×50%	总产量 ×50%，气回收上限为 75%	无
5	报酬费方式	1. 油田净产油量 × 桶油报酬费 2. 剩余净视同收入 × 剩余净视同收入百分比	油田净产油量 × 桶油报酬费	单井产油量 × 桶油报酬费
6	报酬费用台阶	R 因子 1~2，报酬费用 0.2×RF~RF	与 Brent 油价挂钩	与 WTI 油价挂钩

续表

序号	主要合同条款	伊拉克服务合同（开发油气田）	伊朗 IPC 合同（开发油气田）	厄瓜多尔油田增产服务合同（成熟油田）
7	高峰产能时间	10~13 年	待定	无
8	惩罚因子	实际产量 / 高峰产能	—	—
9	投资上限限制	无	合同约定	合同约定
10	回收与计提起点	达到初始产量	达到目标产量	从投产开始
11	所得税	35%，不可回收	3.75%，可回收	22%，不可回收
12	合同收益率	无	≤14%	无

第二章

厄瓜多尔 P 油田地质油藏特征

P 油田地理位置位于南美洲厄瓜多尔东北部，构造上位于南美西部次安第斯前陆盆地之一的奥连特盆地（Oriente）北部，油田面积约 164km²。主要产层为白垩系 Napo 组及古近系 Basal Tena 段的砂岩储层，埋深 3000m 以浅，其中，Napo 组为常规油藏，Basal Tena 段为稠油油藏。储层总体上较薄，Napo 组单砂体厚度主要在 5~10m，Basal Tena 段单砂体厚度主要分布在 2~5m。

第一节 南美奥连特盆地石油地质特征

奥连特盆地是厄瓜多尔境内最主要的产油气盆地，其北与 Vaupes-Macarena 隆起相邻，南以 Shionayacu 剪切带与马拉农盆地相隔，西靠安第斯山前缘，东接冈瓦纳地盾，盆地面积约 1×10^5km²（如图 2-1）。

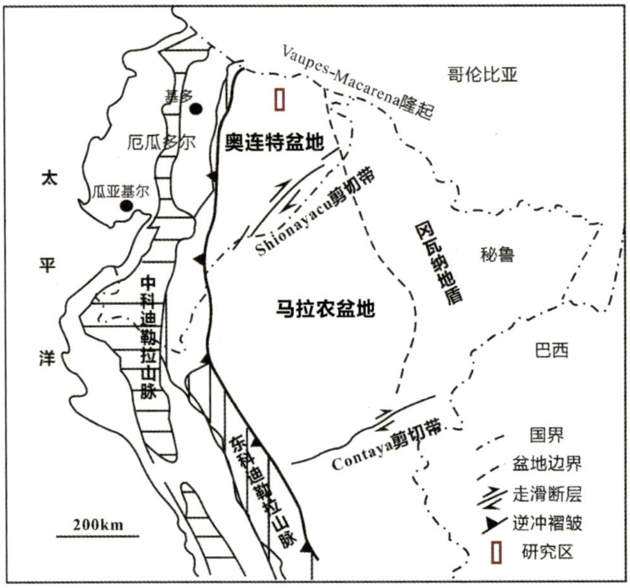

图 2-1 奥连特盆地构造位置图

一、构造背景与演化

奥连特盆地是位于安第斯山脉东侧众多南美前陆盆地中的一个，该类前陆盆地与 B 型洋壳俯冲有关，是太平洋纳兹卡（Nazca）板块向南美板块下俯冲消减产生的，前陆盆地发育在造山带与克拉通之间，盆地主体位于克拉通之上，发育前陆冲断带、前渊带及斜坡带等地质结构单元（如图 2-2、图 2-3）。

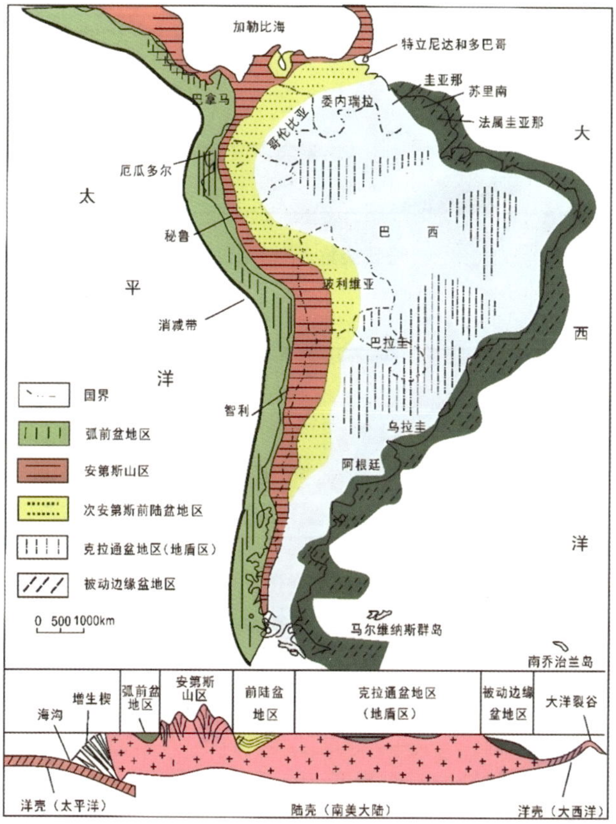

图 2-2　南美大陆构造分区图

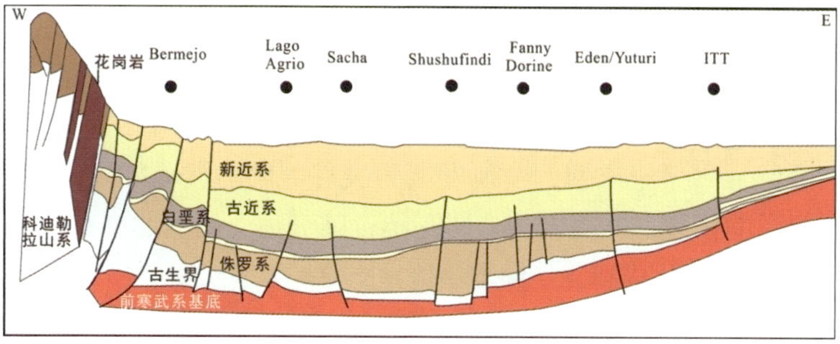

图 2-3　奥连特盆地构造区带划分剖面图

奥连特盆地从晚古生代开始发育，经历多期构造运动，主要表现为从早期克拉通边缘盆地到裂谷盆地，再到前陆盆地的三个演化阶段，现今的前陆盆地是盆地发育的最后一个阶段（如图 2–4）。

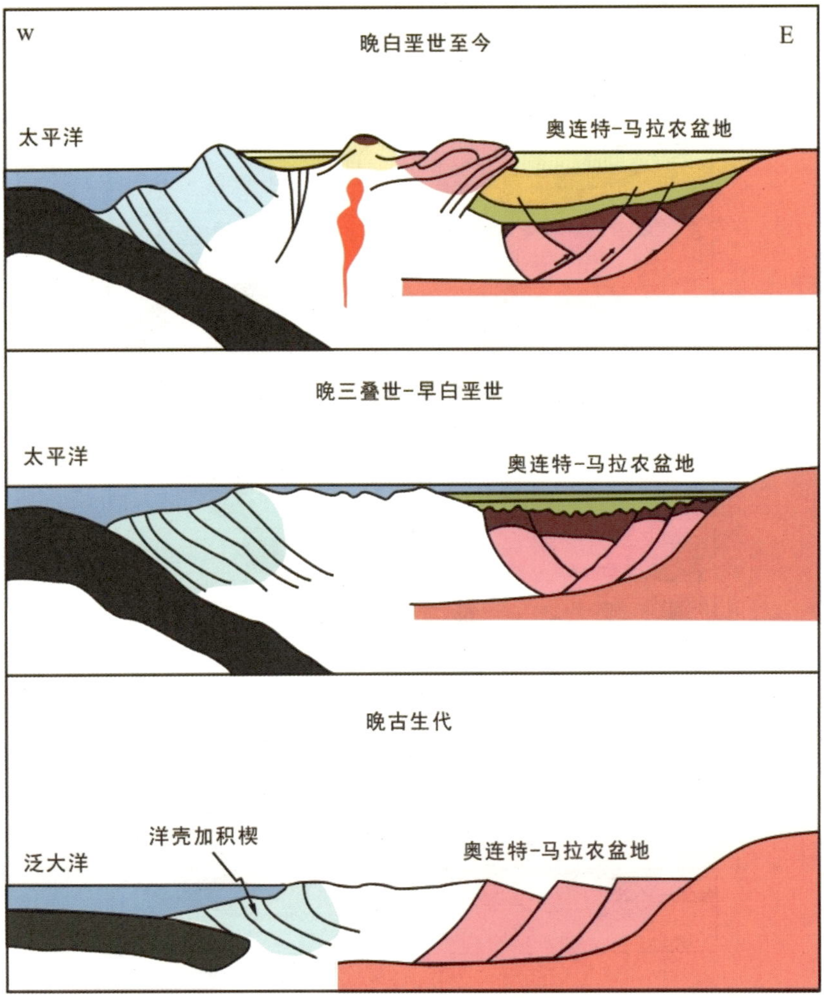

图 2–4　奥连特盆地演化阶段图

晚古生代，冈瓦纳古陆与劳亚古陆完成拼合，南美大陆西部受近南北向挤压发生陆缘扩张作用，形成克拉通边缘盆地。

中生代三叠纪 – 白垩纪末期，盆地发展为裂谷 – 坳陷盆地阶段。晚三叠世 – 早侏罗世，随着大西洋的张裂，北美大陆从冈瓦纳古陆分离，南美北部和西部形成 NNE 和 NNW 两组断裂，盆地演化成裂谷 – 坳陷盆地。

白垩纪末期 – 新近纪，纳兹卡板块向东部的南美板块俯冲，纵贯南美西海岸的安第斯山脉开始形成，盆地格局发生重大改变，西部由浅海突变为山区，前陆盆地开始成型。

新生代主要为陆相沉积，中新世至今全为“红层”。

二、地层

奥连特盆地古生代为克拉通边缘沉积，以海相沉积为主，后期剥蚀严重，盆地内残留的古生界地层总体较少，主要为石炭系 – 二叠系的 Macuma 组灰岩地层（如图 2-5）。

中生代主要为裂谷 – 坳陷盆地，以海相、海陆交互沉积为主，该时期沉积的地层是盆地最重要的生储烃层系。三叠系和侏罗系地层残留较少，主要有 Santiago 组灰岩地层、Chapiza 组砂砾岩及页岩地层和 Misahualli 组火山岩地层（仅分布在安第斯山区）。白垩系是奥连特盆地最主要的油气产层，底部 Hollin 组为厚层状 – 块状砂岩地层，在盆地西部局部地区发育油藏；中上部为 Napo 组，是整个盆地的生烃、储烃主要场所，以海相灰岩、泥页岩、砂岩交互沉积为主，总体上为海侵旋回。

晚白垩世时太平洋板块俯冲到南美板块下面，盆地演化成前陆盆地，新生界整个盆地主要为陆相沉积。

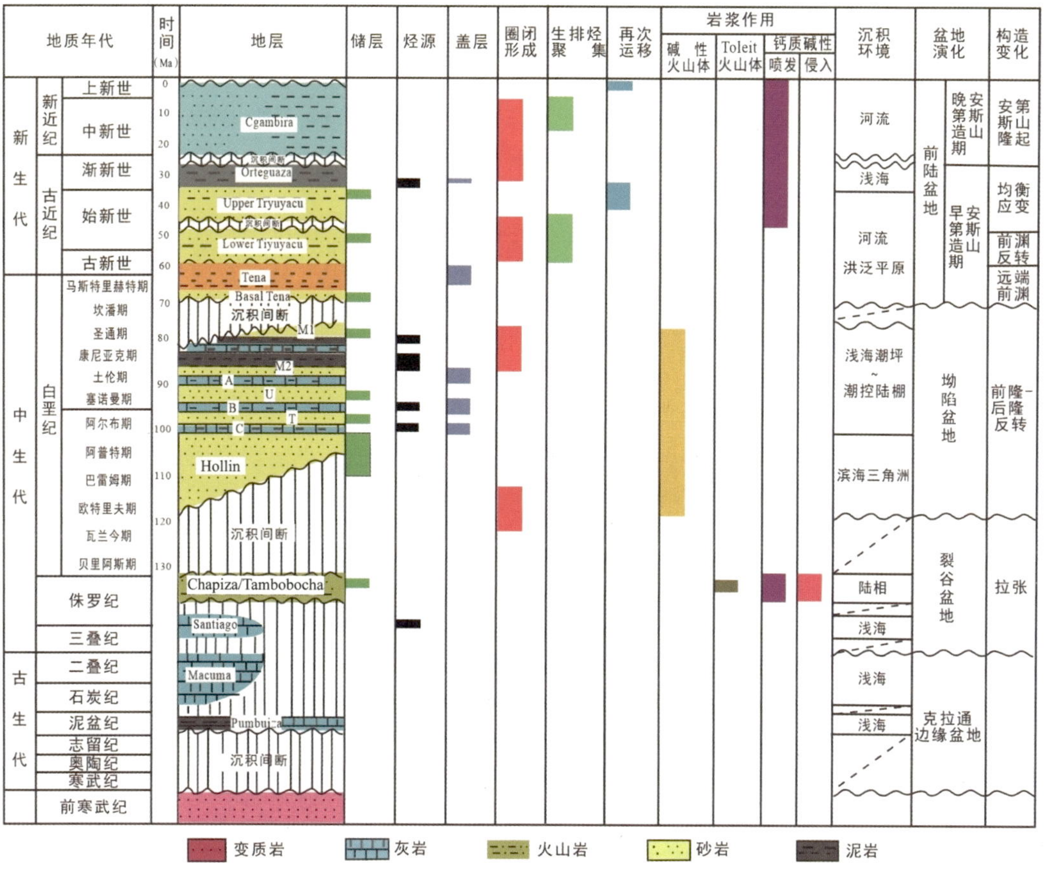

图 2-5　奥连特盆地综合地层柱状图

三、油气成藏特征

奥连特盆地主要烃源岩为白垩系 Napo 组和上三叠统 – 下侏罗统的 Santiago 组海相黑色页岩及石灰岩，主要储层包括白垩系 Napo 组、Hollin 组和 Basal Tena 段碎屑岩，纵向发育多套优质的生储盖组合。

1. 烃源岩

奥连特盆地西部的 Napo 组烃源岩有机质类型以Ⅱ型为主，其中$Ⅱ_1$腐泥型主要发育于泥岩段，$Ⅱ_2$~Ⅲ为腐泥型 – 腐质型，少数地区为Ⅰ型。

奥连特盆地 Napo 组烃源岩 TOC 总体上不高，呈现东低西高的分布特征，在盆地西部 TOC 主要为 2%~4%，中部以 1%~2% 为主，东部普遍小于 1%（如图 2–6）。有机质成熟度普遍较低，仅在盆地西南及西北局部达到生油门限（R_O>0.5%）。

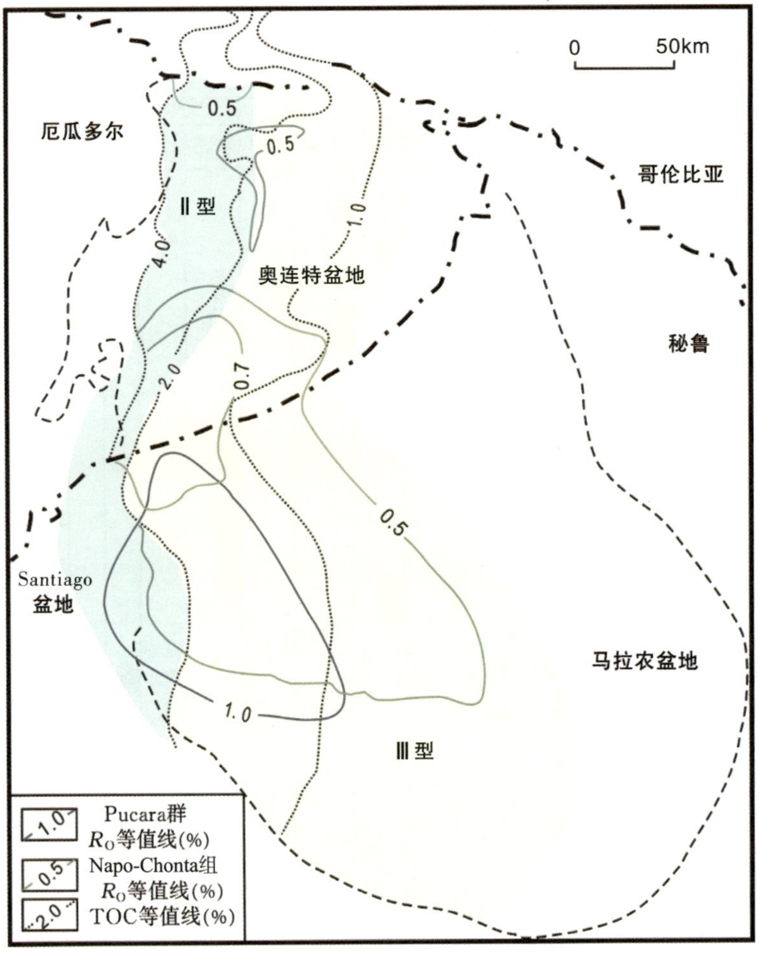

图 2–6　奥连特 – 马拉农盆地烃源岩 TOC 与 R_O 等值线图

2. 储层

奥连特盆地主要储集体是白垩系的 Hollin 组和 Napo 组砂岩，主要储集层段为 Hollin 组 Main Hollin 砂岩段、Napo 组的 T 段和 U 段。Napo 组 M1 砂岩、M2 砂岩、古近系 Tena 组砂岩及 Tiyuyacu 组砂岩在部分地区也有储层发育。Napo 组石灰岩在局部地区表现为次要储层。

下白垩统 Hollin 组储层总体上由西向东厚度逐渐减薄，Napo 组 T 段、U 段总体上由西向东逐渐增厚，M1 和 M2 仅在盆地中东部局部地区发育（如图 2–7）。

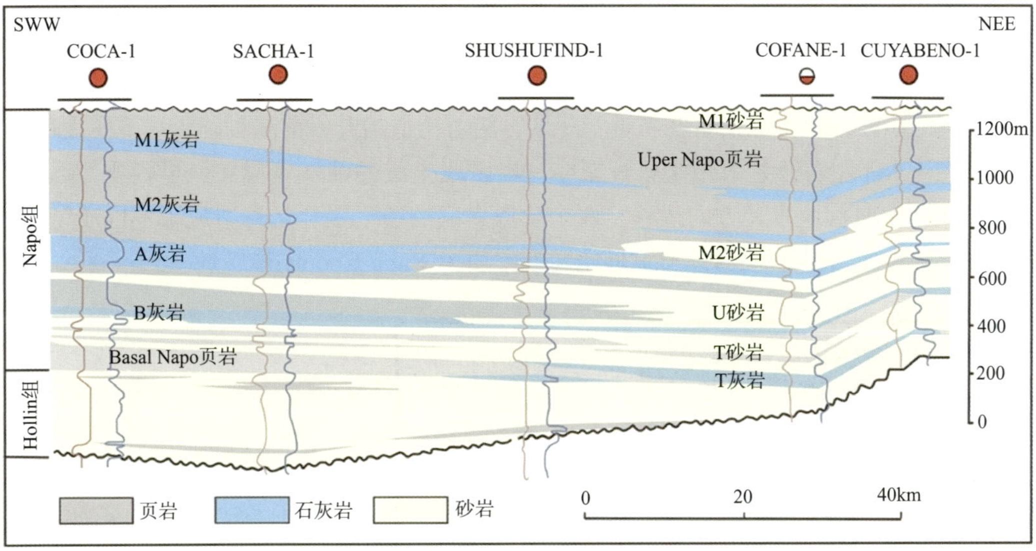

图 2–7 奥连特盆地北东东—南西西向储层横向对比图

Hollin 组砂岩由灰白色厚层状至块状中 – 粗粒石英砂岩组成，主要为河流 – 三角洲沉积。Napo 组 T 段和 U 段砂岩由灰色石英砂岩组成，粒度由细到粗均发育，沉积相带跨度较大，主要有潮控陆棚、潮控三角洲及潮控河口湾等相带。Napo 组 M1、M2 砂岩为滨浅海沉积，主要分布在盆地东部，向西在盆地中部尖灭。古近系底部的 Basal Tena 段砂岩物源来自西部安第斯山脉，自西向东沉积相带主要为河流 – 三角洲相，在工区中部主要表现为三角洲前缘 – 前三角洲沉积。

3. 盖层

奥连特盆地白垩系和古近系储层以层间泥页岩和致密碳酸盐岩为盖层，总体上呈现多套储层与盖层交互叠置的储盖组合。

4. 圈闭

奥连特盆地油气藏圈闭类型主要为构造圈闭、断背斜圈闭、岩性圈闭及物性圈闭。总体上 Hollin 组及 Napo 组圈闭类型以背斜及断背斜圈闭为主，Basal Tena 组主要为岩性圈闭。

5. 油气运移与成藏模式

奥连特盆地油气具有长距离和阶梯式运移的特征，油气生成主要有两个阶段，第一阶段油气生成是在安第斯构造运动早期，白垩系底部烃源岩在渐新世末期（30Ma）进入生油窗，主要生排烃发生在 15Ma 左右，主力烃源岩在奥连特盆地造山带的中部及盆地西北端，油气运移路线主要为西北向东、东南方向运移，以及西南向东北方向运移两条路线。第二阶段油气生成发生在新近纪晚期，随着构造抬升，前陆坳陷带埋藏深度增大，烃源岩在 10Ma 左右开始大量生排烃至今，本阶段生成的油气更成熟、更轻质，运移路线主要从西南向盆地东北方向运移。两个阶段生成的油气混合运移造成了不同质量原油的物理特性（如图 2-8）。奥连特盆地生烃灶主要为 Napo-Chonta 烃源灶。

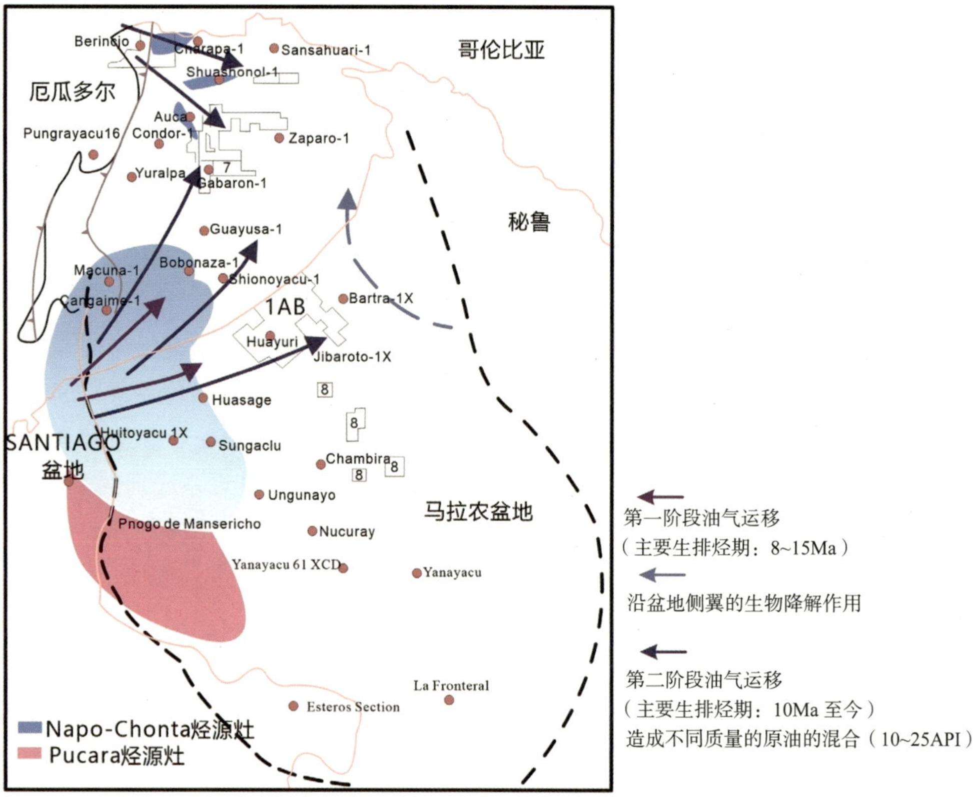

图 2-8　奥连特－马拉农盆地油气运移路线图

盆地主要油气产层段是上白垩统的 Napo 组砂岩及古近系底部的 Basal Tena 段，烃源岩为 Napo 组的泥页岩和有机质灰岩，烃源层与储集层间互分布。油气在生烃坳陷中经过初次排烃后，横向上主要沿砂层运移，纵向上主要沿断层运移，向盆地的东西两侧进行二次运移（如图 2–9）。靠近生烃中心的区域，主要油气成藏为 Napo 组下部层系，远离生烃中心方向，油气成藏逐渐向上部层系转移，受油气垂向沿断层运移及横向沿砂层运移作用控制。

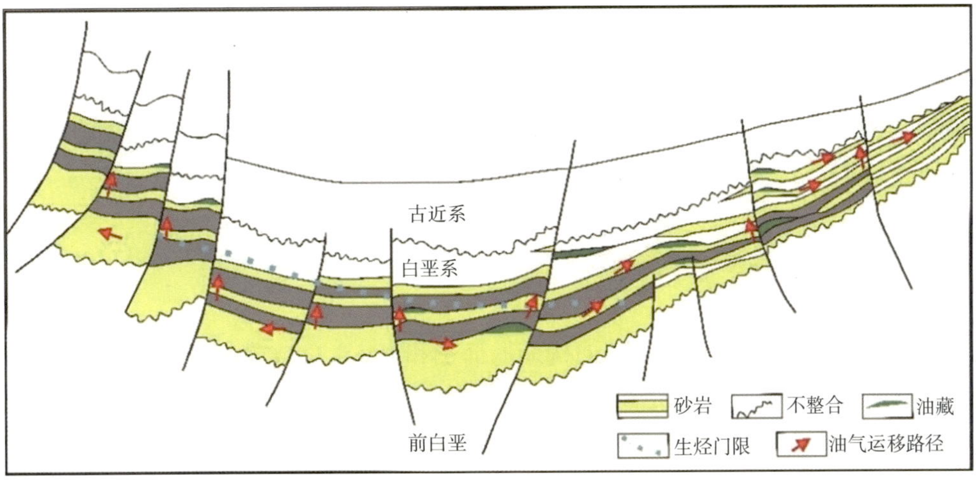

图 2–9　奥连特盆地油气成藏模式图

第二节　P 油田勘探开发历程

厄瓜多尔境内油田生产层位集中在白垩系，主力开发油藏包括白垩系 Napo 组中 U、T、M1、M2 段砂岩，其次为 Basal Tena 段砂岩，再次为 Hollin 组砂岩。开发模式主要采用“直井 + 大斜度井、逐层上返开采”，前期依靠油田边底水能量，自喷生产，后期采用人工举升方式，提液生产，部分油田采用注水开发。

P 油田于 20 世纪 60 年代发现，1968 年 10 月完钻 P–1 井，在白垩系 Napo 组 T 段测试获产原油 448 桶 / 天，并于 1978 年 12 月投入生产，拉开了油田勘探开发的序幕。截至 2022 年 12 月，油田主要贡献者 T 段油藏累计产油占油田产量的 66.3%；其次是 U 段油藏（累计产油占总产量的 23.7%）；最低是 Basal Tena 段油藏，累计产油占总产量的 10.0%。根据油田勘探开发重心来看，其开发历程划分为三个阶段。

一、1978—2007 年以 T 段油藏生产为主阶段

P 油田第一口探井 P–1 井于 1968 年 12 月完钻，1978 年 12 月 T 层投产，其后陆续

部署和投产了 7 口新井，大部分在 T 段油藏获产。这一阶段认为 T 段油藏为构造型油藏，新井部署均以 T 段油藏为主要目的层。1999 年完钻的 P-9 井 T 段测井证实为水层，暂缓了油田进一步向构造低部滚动开发；P-4 井在 Basal Tena 段获得工业油流。

二、2008—2018 年为 T 段和 U 段油藏并重阶段

在多年的深入研究基础上，陆续完钻 14 口新井，加大开发 U 段油藏，进入 T 段和 U 段油藏并重开发阶段。P-22 井在 2010 年完钻，T 段测井解释和试油均证实为水层；2013 年在油田 A 平台陆续完钻的 4 口新井（P-20/21/24/40），TmTS 层离主断层位置越近的井含水越高；P-25 井在 2015 年完钻，TmTS 层测井资料和试油均证实为油水层；认为油田低部位 T 段普遍含水，且中部地层压力较低，因此暂停新井部署。

三、2019 年至今多油藏开发阶段

结合国内外经验和油田现状，向构造低部位和 Basal Tena 段油藏展开攻坚，陆续完钻 12 口新井，在油田北部构造低部位 Basal Tena 段获得了多口高产井，特别是投产了 P-26、P-27 及 P-28 井后，日产油量大幅提升。经过多专业联合攻关，大幅减弱上覆 A 灰岩异常体对目的层地震振幅屏蔽的影响，在中北部区域新钻多口井，取得较大突破，油田目前的日产油量为历史最高。

第三节　P 油田地质油藏特征

一、地层特征

P 油田发育奥连特盆地典型的地层层序，目前单井最深钻至白垩系 Hollin 上部（最深 10699ft，约 3260m）。综合区域、岩心和测录井资料以及前人研究成果，参考厄瓜多尔当地石油公司地层命名原则和习惯，对 P 油田白垩系和古近系地层进行细分，共划分 19 个小层，其中 Napo 组包括 T、U、M2 和 M1 共四段（如图 2-10）。U、T 段地层是 P 油田最主要的储层段，前人在地层划分中较为简单，主要划分为 U 上（Usup）、U 中（Umid）和 U 下（Uinf），T 上（Tsup）和 T 下（Tinf）。本书在编著过程中，根据地层岩性、储层等情况，对各亚段进行了进一步细分，细分命名原则如表 2-1。

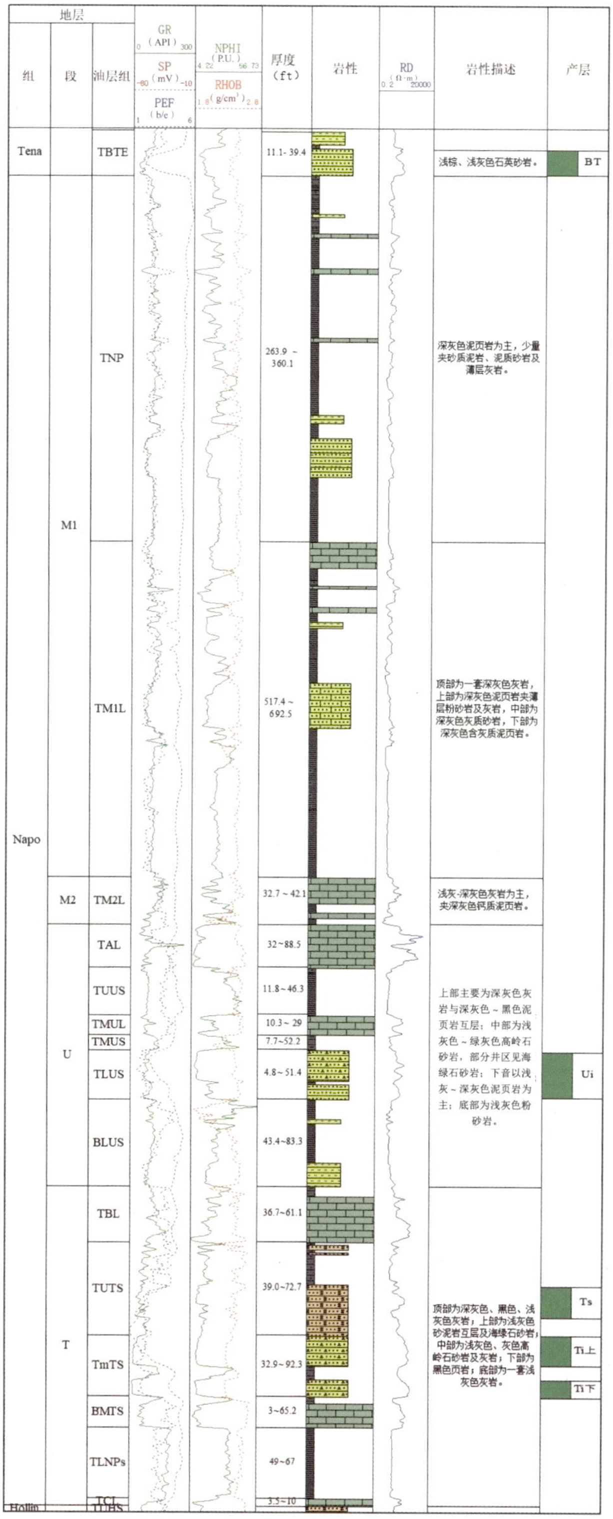

图 2-10　P 油田综合地层柱状图（据 P-11 井）

表 2-1　P 油田主要地层划分及命名表

<table>
<tr><th colspan="5">地层</th><th rowspan="2">代号</th><th rowspan="2">中文名称</th></tr>
<tr><th>系</th><th>组</th><th>段</th><th>亚段</th><th>砂层组</th></tr>
<tr><td>新近系</td><td>—</td><td>—</td><td>—</td><td>—</td><td>N</td><td>—</td></tr>
<tr><td rowspan="2">古近系</td><td>ORIECUALA</td><td>—</td><td>—</td><td>—</td><td>TOR</td><td>—</td></tr>
<tr><td>TIYUYACU</td><td>—</td><td>—</td><td>—</td><td>TTY</td><td>—</td></tr>
<tr><td rowspan="21">白垩系</td><td rowspan="2">Tena</td><td>Tena</td><td>—</td><td>—</td><td>TTE</td><td>—</td></tr>
<tr><td>Basal Tena</td><td>—</td><td>—</td><td>TBTE</td><td>—</td></tr>
<tr><td rowspan="16">Napo</td><td rowspan="2">M1</td><td>Uper Napo Shale</td><td>—</td><td>TNP</td><td>—</td></tr>
<tr><td>M1-Lime</td><td>—</td><td>TM1L</td><td>—</td></tr>
<tr><td>M2</td><td>M2</td><td>—</td><td>TM2L</td><td>—</td></tr>
<tr><td rowspan="6">U</td><td>A-Lime</td><td>—</td><td>TAL</td><td>A 灰岩</td></tr>
<tr><td>Usup</td><td>Usup</td><td>TUUS</td><td>U 上</td></tr>
<tr><td rowspan="2">Umid</td><td>Umid-Lime</td><td>TMUL</td><td rowspan="2">U 中</td></tr>
<tr><td>Umid-Sand</td><td>TMUS</td></tr>
<tr><td rowspan="2">Uinf</td><td>Uinf</td><td>TLUS</td><td rowspan="2">U 下</td></tr>
<tr><td>Base Uinf</td><td>BLUS</td></tr>
<tr><td rowspan="7">T</td><td>B-Lime</td><td>—</td><td>TBL</td><td>B 灰岩</td></tr>
<tr><td>Tsup</td><td>Tsup</td><td>TUTS</td><td>T 上</td></tr>
<tr><td rowspan="3">Tinf</td><td>Tinf</td><td>TmTS</td><td rowspan="3">T 下</td></tr>
<tr><td>Base Tinf</td><td rowspan="2">BMTS</td></tr>
<tr><td>Base Tinf-Lime</td></tr>
<tr><td>Lower Napo Shale</td><td>—</td><td>TLNPs</td><td>—</td></tr>
<tr><td>C-Lime</td><td>—</td><td>TCL</td><td>C 灰岩</td></tr>
<tr><td rowspan="3">Hollin</td><td rowspan="2">Hollin</td><td>Hsup</td><td>Hsup</td><td>TUHS</td><td>H 上</td></tr>
<tr><td>Hinf</td><td>Hinf</td><td>TMHS</td><td>H 下</td></tr>
<tr><td>Pre-Hollin</td><td>—</td><td>TPK</td><td>TPK</td><td>—</td></tr>
</table>

根据单井地层划分及连井对比剖面（如图 2-11）分析看：P 油田地层横向分布稳定，连续性好。主力储层 TmTS 和 TLUS 组在 P-4 和 P-9 井区变薄，TmTS 地层厚度 11.01~91.28ft，平均厚度 42.15ft，在 P-4 井处最薄；TLUS 地层厚度 4.8~58.7ft，平均厚度 29.83ft，在 P-4 井处最薄；TBTE 段厚度 11.1~44.1ft，平均厚度 27.73ft，在 P-25 井处最薄（如表 2-2）。

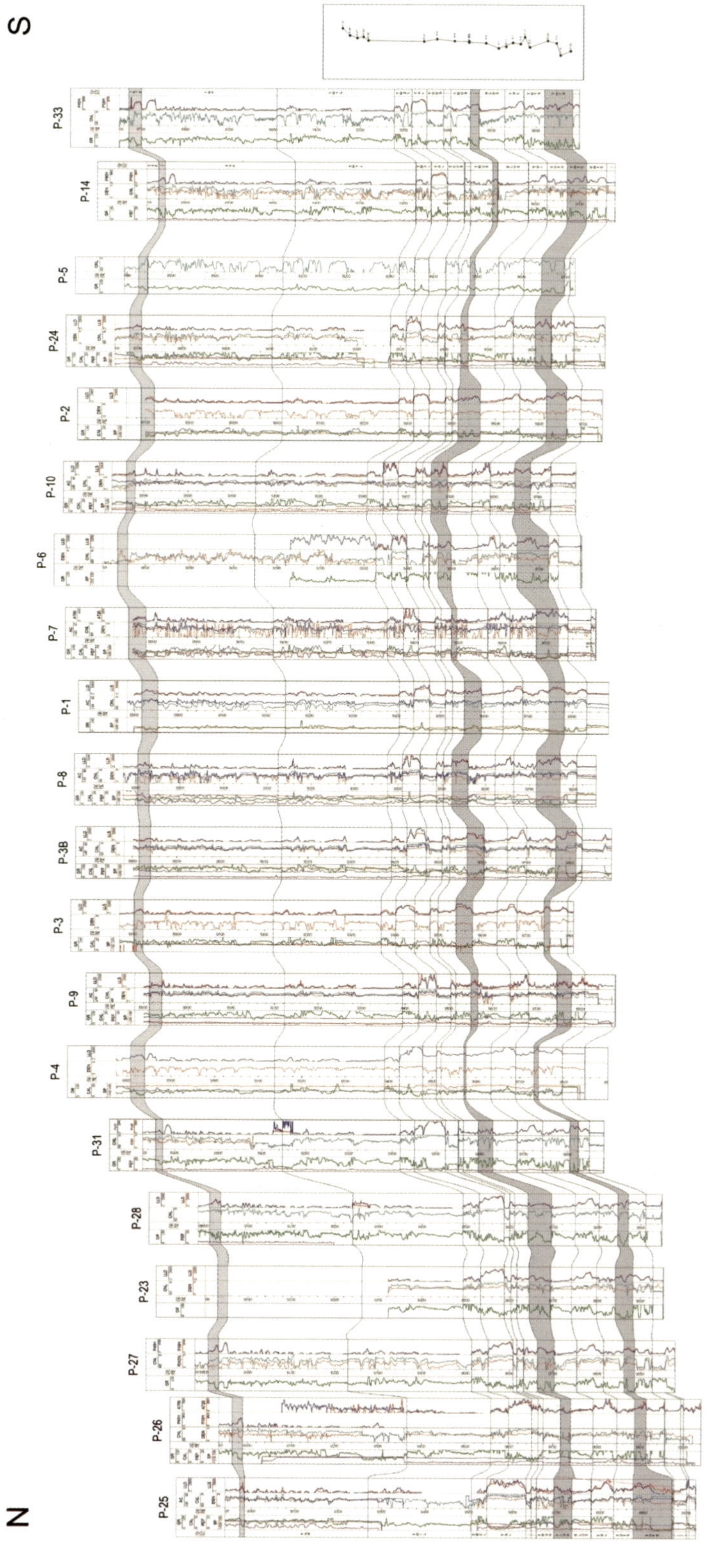

图 2-11　P 油田南北向地层对比剖面图

表 2–2 P 油田白垩 – 新井系地层厚度统计表

地层（代号）	井数	厚度（ft）		
		最大	最小	平均
TTY	18	1800.02	1208.02	1656.02
TTE	21	1644.62	487.20	1023.69
TBTE	31	44.10	11.10	27.73
TNP	31	401.64	263.90	296.43
TM1L	31	352.20	198.81	267.23
TM2L	31	42.10	32.71	36.18
TAL	31	88.51	32.70	44.03
TUUS	31	45.60	9.52	33.56
TMUL	31	28.60	10.31	15.74
TMUS	31	60.15	12.04	30.29
TLUS	31	58.70	4.80	29.83
BLUS	31	83.20	43.40	58.68
TBL	31	64.00	36.69	47.22
TUTS	31	74.01	39.21	54.49
TmTS	31	91.28	11.01	42.15
BMTS	30	53.08	4.02	36.79
TLNPs	26	66.41	29.80	49.90
TCL	25	10.30	3.90	6.03
TUHS	17	77.00	14.10	45.59
TMHS	2	127.20	24.00	75.60

二、构造特征

P 油田位于奥连特盆地中北部，周边发育多个油田。东邻 A 油田约 6km，西南距 G 油田约 10km。油田构造东西向长约 3.5km，南北向长约 20km，各主要目的层构造均表现为南北走向逆冲断层控制下的长轴断背斜特征（如图 2–12），构造继承性好，整体比较平缓，向西和南北两端倾没，东西向地层倾角相对较大，但地层倾角均小于 1.5°。

P 油田中部发育一条南北向的西倾逆冲断层，该断层从基底向上断至 Napo 组顶部，断距为 40~450ft（如图 2–13），该断层为 P 油田的主控断层，与邻近油田南北向逆断层为一个组系，形成于安第斯构造运动时期。除主断层外，P 油田主体构造中部及北部地区发育一系列北北东走向的小断层，断距较小（小于 30ft），向上一般消失于 Napo 组 TM2L 地层，未断穿到 Basal Tena 段，且平面延伸距离有限，为油田次要断裂（如图 2–14）。

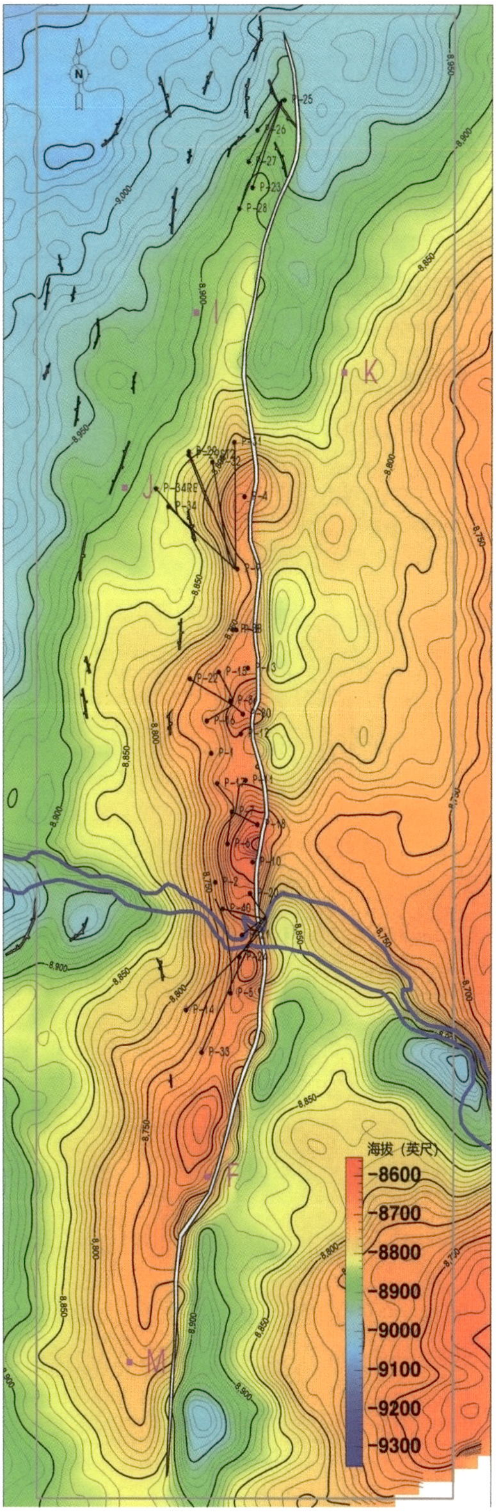

图 2-12　厄瓜多尔 P 油田 TmTS 层顶面构造图

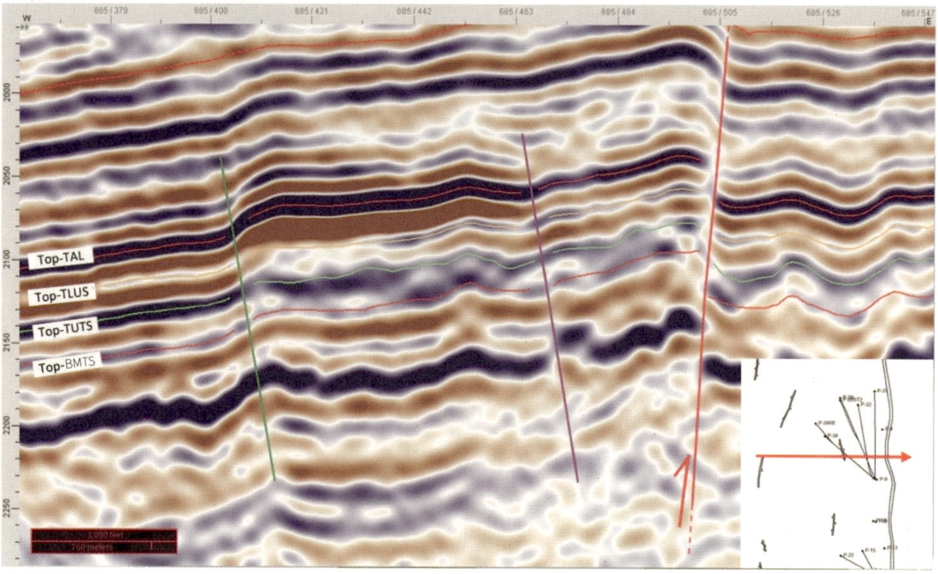

图 2-13　P 油田中部东西向地震剖面

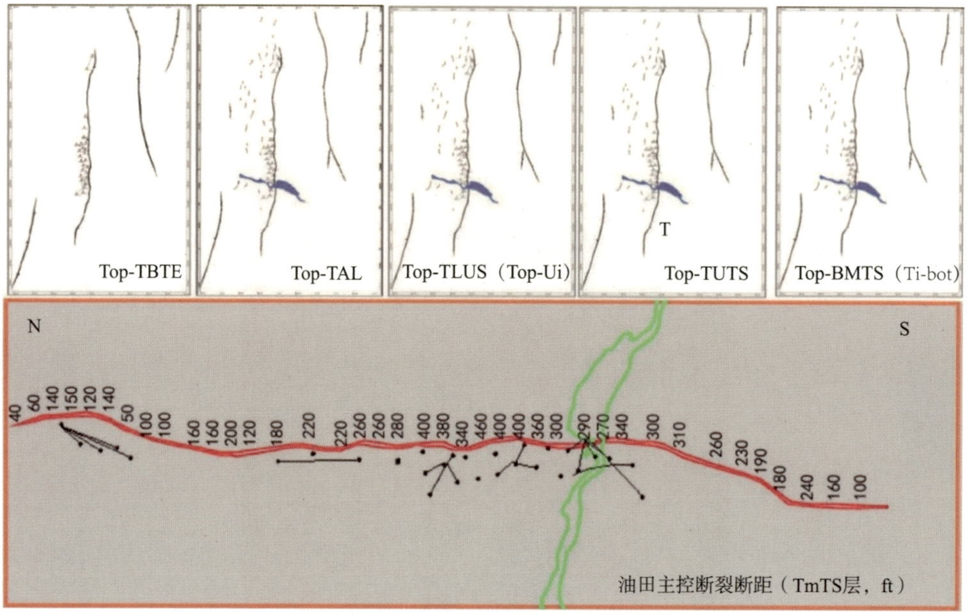

图 2-14　P 油田及周边构造 TmTS 层断裂系统图

三、储层特征

P 油田所处的南美洲奥连特盆地纵向上主要发育 3 套储层：Basal Tena 段、Napo 组和 Hollin 组砂岩储层。Napo 组是 P 油田最重要的储层段，以 T 段的 TmTS 层和 U 段的

TLUS 层两套高岭石石英砂岩为最重要的产层段。

1. 储集岩岩性

据岩心观察，U 段和 T 段砂岩以灰色、褐灰色中－细粒石英砂岩为主，其中 TmTS 及 TLUS 层主要为高岭石石英砂岩，夹少量岩屑砂岩及海绿石砂岩（如图 2–15、图 2–16）。

图 2–15　P–22 井 T 砂岩段岩心照片

图 2–16　P–8 井 U 砂岩段岩心照片

岩心薄片鉴定结果：TmTS 层砂岩碎屑成分主要为石英，其含量为 59%~98%，平均为 90.5%；不含长石，岩屑含量变化大，为 1%~37%，岩屑含量大于 10% 者多为海绿石砂岩。碎屑成分见少量的燧石、黄铁矿及云母等片状矿物。

碎屑颗粒接触关系主要为点线接触，胶结类型以孔隙型为主，分选以中等为主，个别分选好或差，磨圆度以次棱次圆为主，部分为次圆（如图 2–17），填隙物以胶结物为主，杂基相对较少，胶结物以白云石、高岭石及石英加大为主。

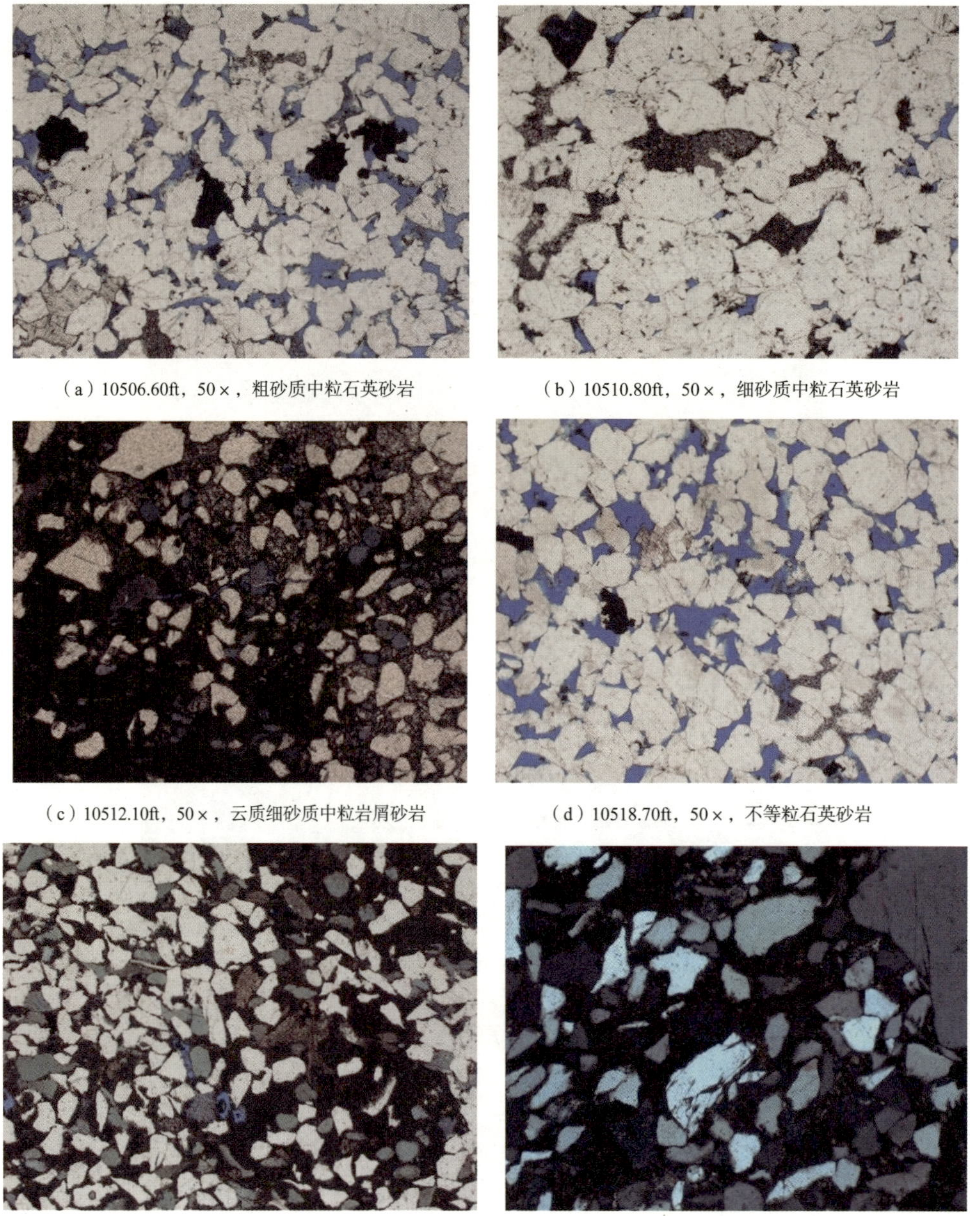

（a）10506.60ft，50×，粗砂质中粒石英砂岩

（b）10510.80ft，50×，细砂质中粒石英砂岩

（c）10512.10ft，50×，云质细砂质中粒岩屑砂岩

（d）10518.70ft，50×，不等粒石英砂岩

（e）10548.45ft，50×，云质中砂质细粒海绿石砂岩

（f）10538.00ft，100×，中砂质细粒岩屑石英砂岩

图 2–17　P–22 井 T 砂岩段岩心薄片鉴定照片

2. 储层岩石物理特征

综合测井、岩心等资料，分析研究了古近系 – 白垩系主要储层段（Basal Tena，U 段和 T 段）的岩性、物性、含油性和测井响应特征。

Basal Tena 段储层主要岩性为中 – 细粒石英砂岩，分选好，颗粒为次棱状 ~ 次圆状，孔隙发育，裂缝不发育，储层为孔隙型储层。储层厚度较薄，孔隙度较大，渗透率大，物性好，含油性变化大，储层测井响应特征主要为自然伽马值较低，声波时差和中子测井值较高，密度值较低，电阻率值相对较高（如图 2-18）。

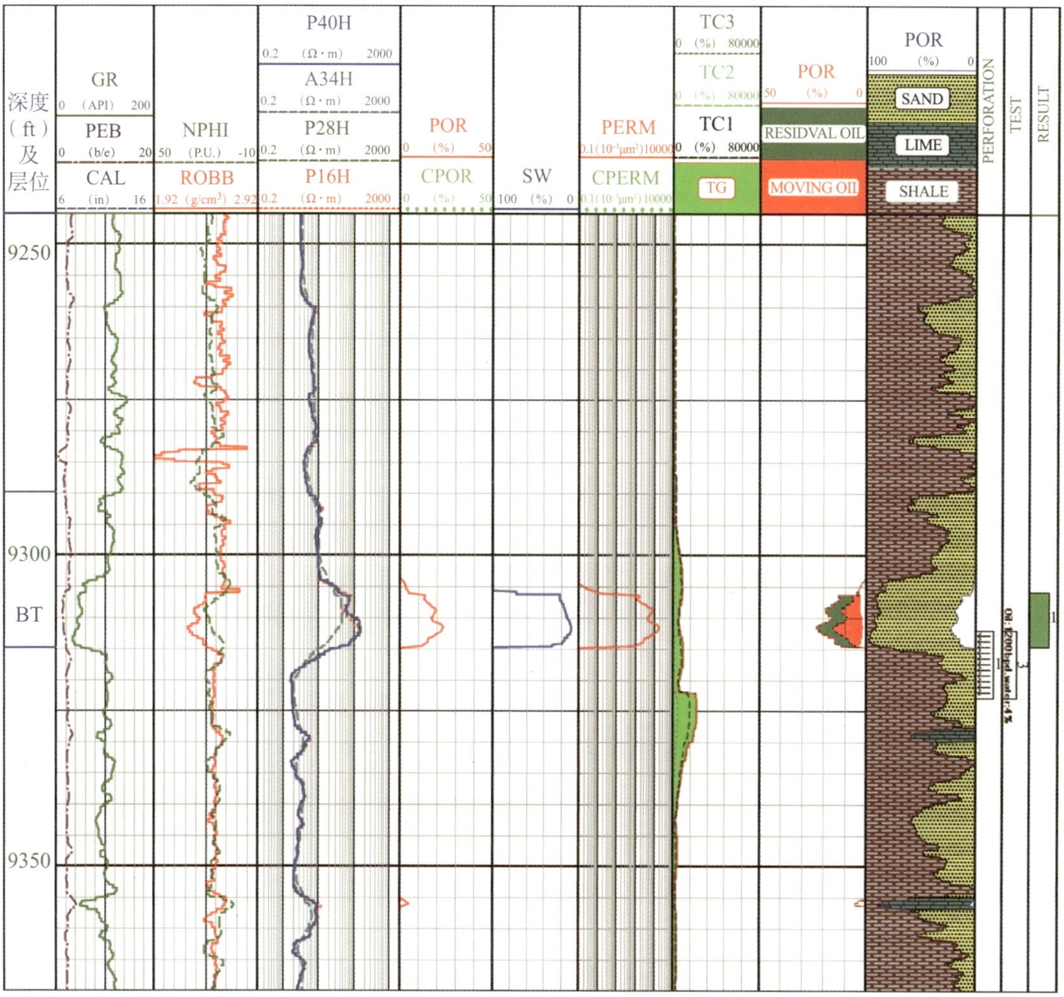

图 2-18 P-26 井 Basal Tena 段储层岩石物理特征

U 段和 T 段储层包括：TMUS、TLUS 和 TUTS、TmTS 砂层组。其中，TMUS 和 TUTS 砂岩主要为海绿石砂岩，碎屑颗粒主要为石英和海绿石，石英次生加大，呈次棱角、棱角状；海绿石呈圆球形或粪球粒状充填在孔隙中。填隙物含量较小，以胶结物为主，以颗粒结构支撑，分选较好。灰质胶结，见黄铁矿、菱铁矿、铁白云石、铁方解石和白云母。孔隙发育，主要为原生粒间孔，其次为粒内孔，裂缝不发育，储层类型为孔隙型。孔隙度较大，渗透率较低，束缚水饱和度大，含油性较差，非均质性强。储层测井响应特征主要为自然伽马值较高，光电指数较大，声波时差和中子测井值较高，密度值较低，电阻率值相对较低。储层厚度较大，储层非均质性较强，常为砂岩、泥岩互层或砂岩中夹有泥质薄层（如图 2–19）。

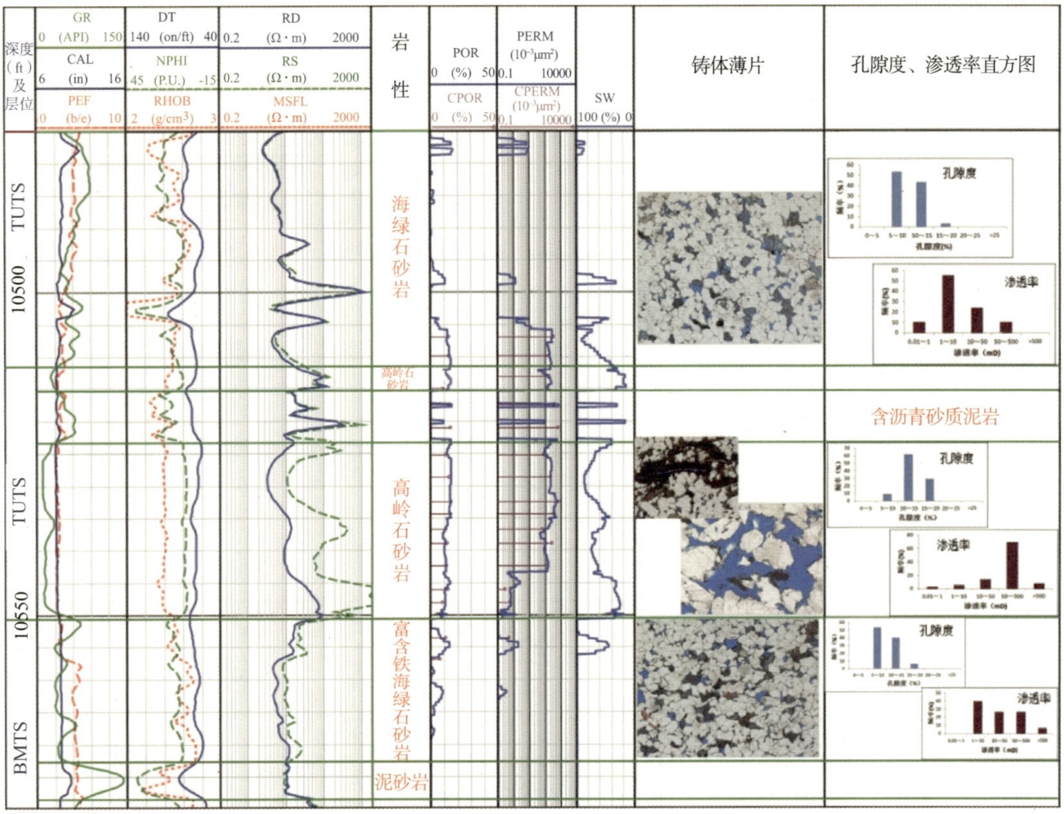

图 2–19　P–22 井 T 砂岩段储层岩石物理特征

TLUS 和 TmTS 砂岩主要为灰色、褐灰色细粒石英砂岩，局部夹有海绿石砂岩，碎屑颗粒主要为石英，局部发育少量海绿石，呈次棱角、棱角状，填隙物含量较少，以胶结物为主，钙质胶结，分选较好，非均质较强。储层厚度较大，物性好，含油性较好，为主要储层和主力产层。整体而言，TmTS 组储层较 TLUS 组储层更厚，物性更好。储层测井响应特征主要为自然伽马值低，声波时差和中子测井值较高，密度值较低，电阻率值较高（地层含水时电阻率值较低）。

3. 储集空间类型

据 T 及 U 砂岩段岩心铸体薄片分析，储层储集空间均以原生粒间孔为主，见少量晶间孔、岩屑粒内孔、粒裂孔及微裂缝（如图 2–20）。

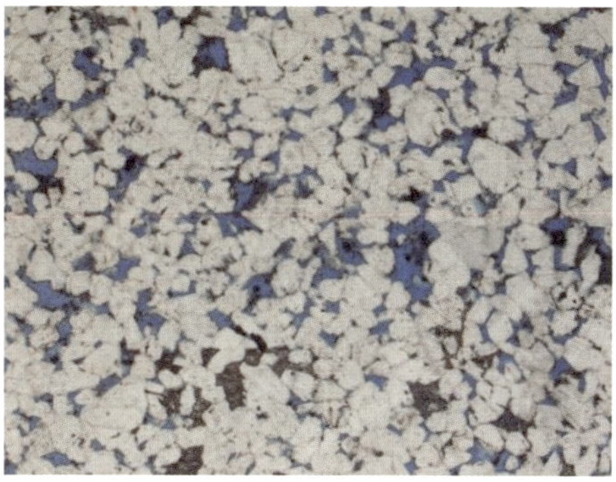

（a）10507.80ft（Z），TmTS，50×，不等粒石英砂岩

（b）10510.80ft（Z），TmTS，50×，细砂质中粒石英砂岩

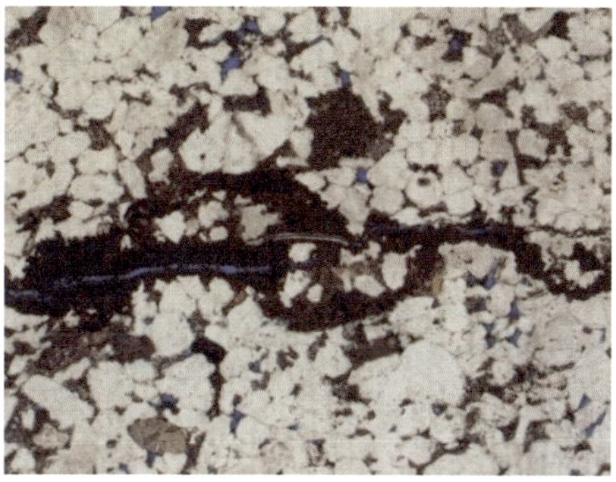

（c）10523.60ft（Z），TmTS，50×，含云中砂质细粒石英砂岩

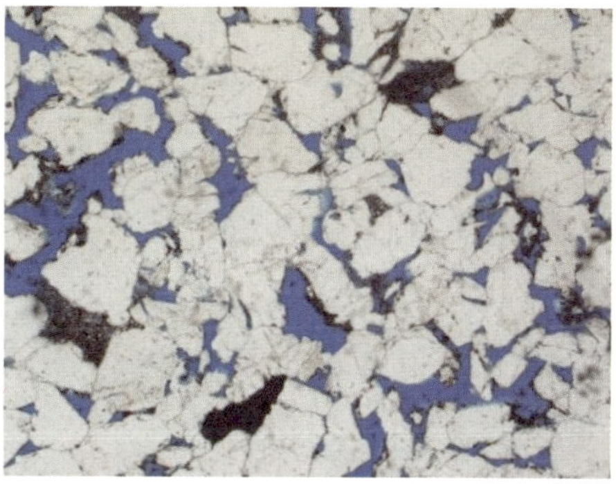

（d）10532.40ft（Z），TmTS，50×，中粒石英砂岩

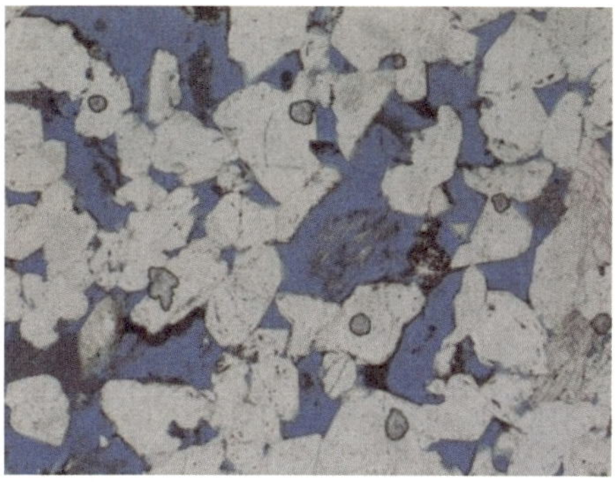

（e）9553.70ft（Z），TLUS，100×，中砂质细粒石英砂岩

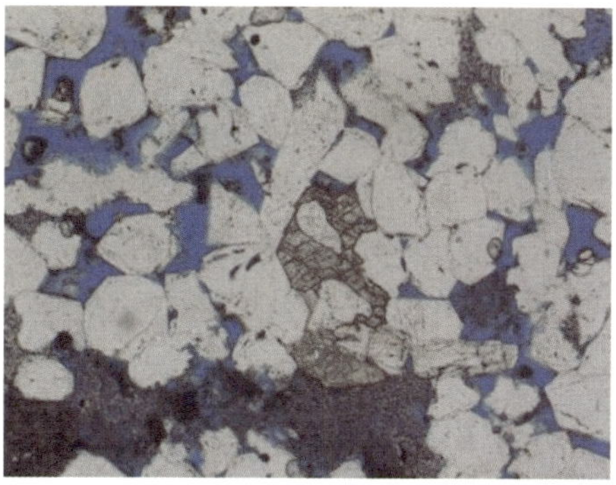

（f）9554.70ft（Z），TLUS，100×，中砂质细粒石英砂岩

图 2–20　P 油田 Napo 组 T 及 U 砂岩段岩心铸体薄片鉴定照片

4. 物性特征

P 油田岩心物性分析资料少，主要利用测井处理解释获得的物性参数分析储层物性特征。

1）Basal Tena 段储层测井解释物性特征

统计分析 P 油田 Basal Tena 段储层测井处理解释孔隙度和渗透率资料显示，储层孔隙度介于 8.9%~24.7% 之间，平均为 15.0%，主要分布于 10%~15% 之间，其次分布于

15%~20% 之间（如图 2–21）。渗透率在 9.9×10^{-3}~$2552.8\times10^{-3}\mu m^2$ 之间，几何平均值为 $231.2\times10^{-3}\mu m^2$，主要分布在 50×10^{-3}~$500\times10^{-3}\mu m^2$ 之间，其次为 500×10^{-3}~$2000\times10^{-3}\mu m^2$ 之间（如图 2–22）。

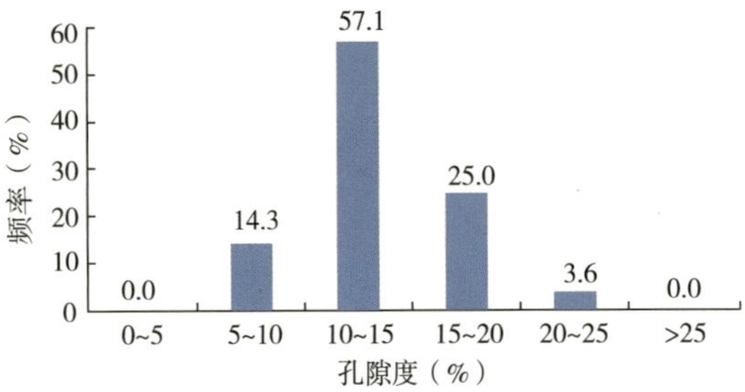

图 2–21　P 油田 TBTE 段储层测井孔隙度分布直方图

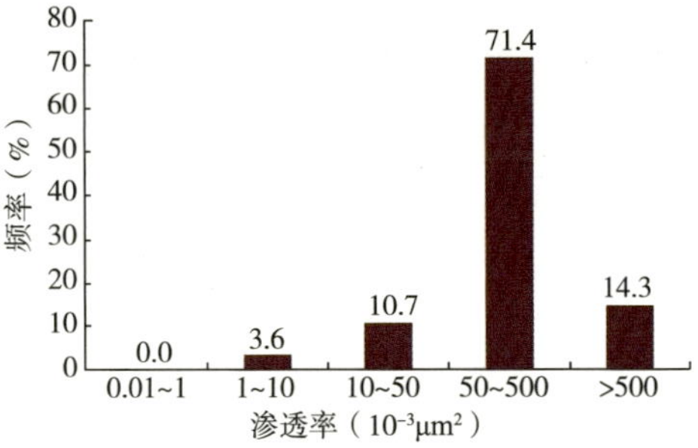

图 2–22　P 油田 TBTE 段储层测井渗透率分布直方图

按中国石油行业标准《SY/T 6285—2011 油气储层评价方法》，Basal Tena 段储层类型为中低孔、中高渗类型。

2）TLUS 层储层测井解释物性特征

P 油田 TLUS 层储层孔隙度在 8.8%~15.7% 之间，平均为 12.5%，主要分布在 10%~15% 之间（如图 2–23）。渗透率介于 26.3×10^{-3}~$460.4\times10^{-3}\mu m^2$ 之间，几何平均值为 $118.3\times10^{-3}\mu m^2$，主要分布在 50×10^{-3}~$500\times10^{-3}\mu m^2$ 之间（如图 2–24）。

按中石油行业标准《SY/T 6285—2011 油气储层评价方法》，TLUS 层储层类型为低孔、中渗类型。

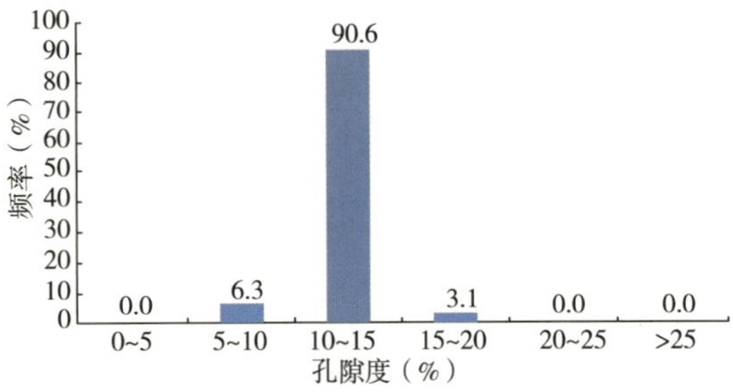

图 2–23　P 油田 TLUS 层储层测井孔隙度分布直方图

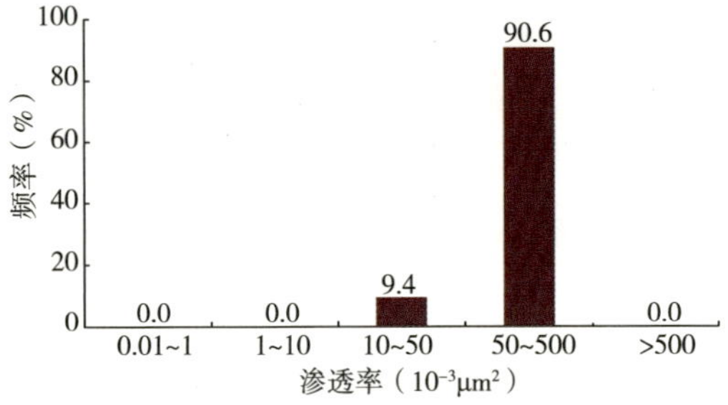

图 2–24　P 油田 TLUS 层储层测井渗透率分布直方图

3）TmTS 层储层测井解释物性特征

P 油田 TmTS 层储层孔隙度介于 8.8%~20.5% 之间，平均为 13.6%，主要分布在 10%~15% 之间，其次为 15%~20% 之间（如图 2–25）。渗透率为 1.3×10^{-3}~$615.1\times10^{-3}\mu m^2$，几何平均值为 $135.6\times10^{-3}\mu m^2$，主要分布在 50×10^{-3}~$500\times10^{-3}\mu m^2$ 之间（如图 2–26）。

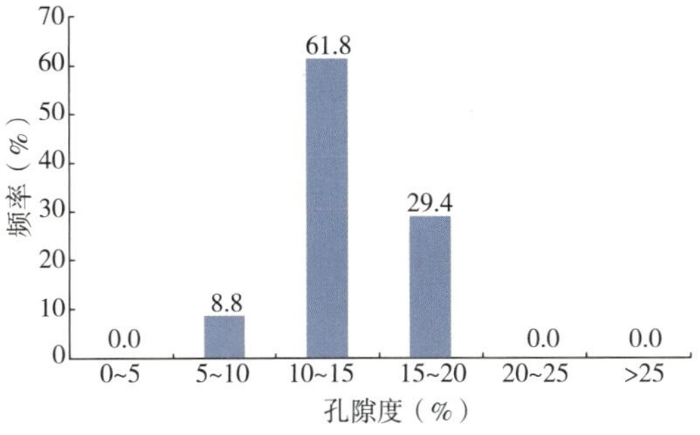

图 2-25　P 油田 TmTS 层储层测井孔隙度分布直方图

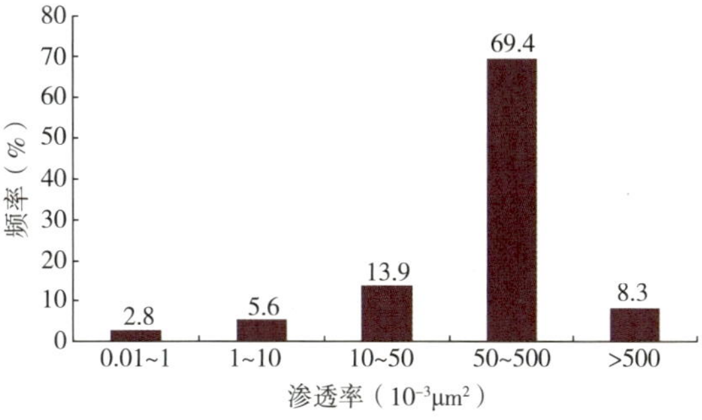

图 2-26　P 油田 TmTS 层储层测井渗透率分布直方图

按中国石油行业标准《SY/T 6285—2011 油气储层评价方法》，TmTS 储层类型为中低孔、中渗类型。

四、流体特征

P 油田共有 5 口井，在 Basal Tena、U 段和 T 段开展原油物性和 PVT 分析。PVT 数据表明，油田产层（Basal Tena、TLUS、TUTS、TmTS）原油密度偏大，且均为独立的油水系统，各层的流体性质不尽相同（如表 2-3）。TBTE 油藏原油黏度 20.4mPa·s，为稠油；U 段、T 段油藏原油黏度 0.75~1.7mPa·s，为普通黑油。

表 2-3　P 油田原油 PVT 数据

油田	地层	地层压力（psi）	体积系数（BY/BN）	黏度（mPa·s）	泡点压力（psi）	溶解度（pcs/bn）	原油重度（API）	原油密度（g/cm³）
P 油田	Basal Tena	1368	1.124	20.4	820	160	20.3	0.944
	TLUS	1792	1.206	1.31	1293	310	32.3	0.886
	TUTS	1952	1.301	0.75	1050	160	31.7	0.886
	TmTS	2057	1.301	1.70	1050	260	32.7	0.886

注：1psi=6.89kPa。

P 油田开展了天然气样品气相色谱分析，对天然气成分体积和能量进行了准确分析（如表 2-4）。分析认为，温度变化对天然气组分和性质有着较大的影响，不同温压条件下天然气挥发程度存在一定的差异。

表 2-4　P 油田天然气组分数据表

分析项目	分离器（15000）	分离器（10000）
压力（psi）	22	20
温度（℉）	89	84

续表

分析项目		分离器（15000）	分离器（10000）
成分含量（%）	氮	1.75	3.00
	甲烷	57.12	43.7
	二氧化碳	4.65	7.15
	乙烷	11.97	17.35
	水	2.58	3.82
	丙烷	12.31	15.56
	异丁烷	1.64	1.95
	正丁烷	5.02	5.72
	异戊烷	1.39	0.79
	正戊烷	1.35	0.75
	正己烷	0.18	0.18
	正庚烷	0.03	0.02
气体性质（14.7psi，60℉）	总热值（BTU/ft^3）	1473.8	1519
	净热值（BTU/ft^3）	1344.3	1387.9
	相对分子质量（g/mol）	27.5	30
	压缩系数	0.9945	0.9945
	S.G.	0.9535	1.0397
	密度（kg/m^3）	1.167	1.2725
气体性质（22psi，89℉）	压缩系数	0.9945	0.9945
	S.G.	0.9536	1.0398
	密度（kg/m^3）	2.7596	2.8712

P 油田 Napo 组 T 段和 U 段油藏的地层水矿化度接近，表明水体成因相同，水体之间的交替较频繁。Basal Tena 段油藏地层水总矿化度、Cl^- 含量明显高于 U 段、T 段油藏，表明不属于同一水体（如表 2-5）。

表 2-5　P 油田地层水组分分析表

项目	Basal Tena	TLUS	TmTS
Cl^- 矿化度（ppm）	33939	15152	12121
NaCl 矿化度（ppm）	56000	25000	20000

注：$1ppm=10^{-6}$。

五、流体界面

P 油田白垩系 TmTS 层油藏为岩性构造油藏，流体分布受构造位置、断层、岩性、物性、原油充注程度等多种因素影响，分布规律极其复杂。

1. 流体分布影响因素

综合分析 P 油田及相邻油田的测井、地质、试油和生产资料，认为 TmTS 层油藏流体影响因素主要有构造、断层、微断裂、岩性、物性、微观孔隙结构和原油充注程度等。

1）构造因素

P 油田 TmTS 层油藏为岩性构造油藏，构造的高低整体控制了油水分布关系：油田中部构造高部位各井总体以含油为主，油田北部构造低部位以含水为主，但局部存在低部位高含油、高部位高含水现象（如图 2–27）。

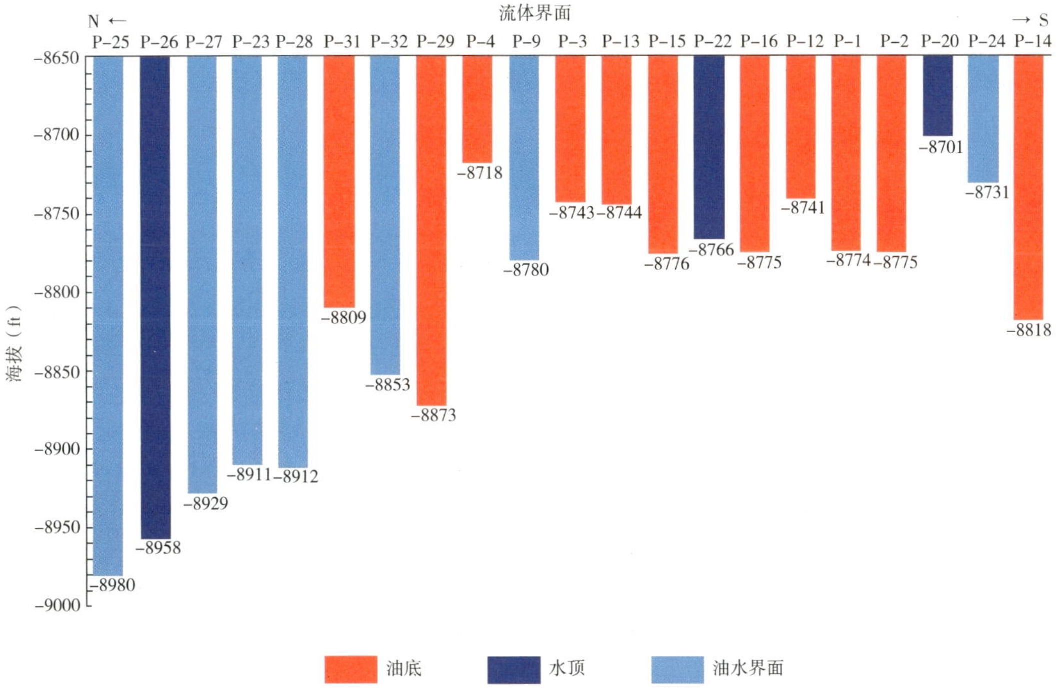

图 2–27　P 油田 TmTS 层单井油水界面分布示意图

2）断层影响

断层是影响 P 油田 TmTS 层油藏油水分布关系的第二大因素，包括：主断层缺失、主断层未封闭或短期开启、次级断裂和微断裂等。

首先，当主断层缺失或未封闭时，原油充注及保存困难，含油饱和度低，导致油水分布复杂。例如，P 油田东侧的 A 油田 TmTS 层油藏，其构造位置更高，单井砂体普遍发育，但由于远离断裂，普遍含水高，且含水与海拔高度无明显关系（如图 2–28）。

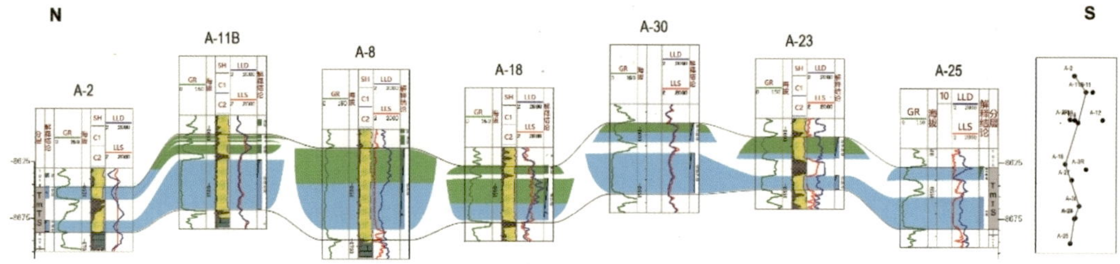

图 2-28　A 油田 TmTS 层地层流体分布测井特征图

其次，主断层局部未封闭或短期开启，油水分布复杂。例如 P 油田 A 平台井 TmTS 层油藏普遍高含水，且呈现离断层越近含水越高、含水量与海拔高度无关的特征（如图 2-29）。分析认为，A 平台附近主断层某一时期短暂开启，未有效封隔地层流体，导致该区域油水分布复杂。

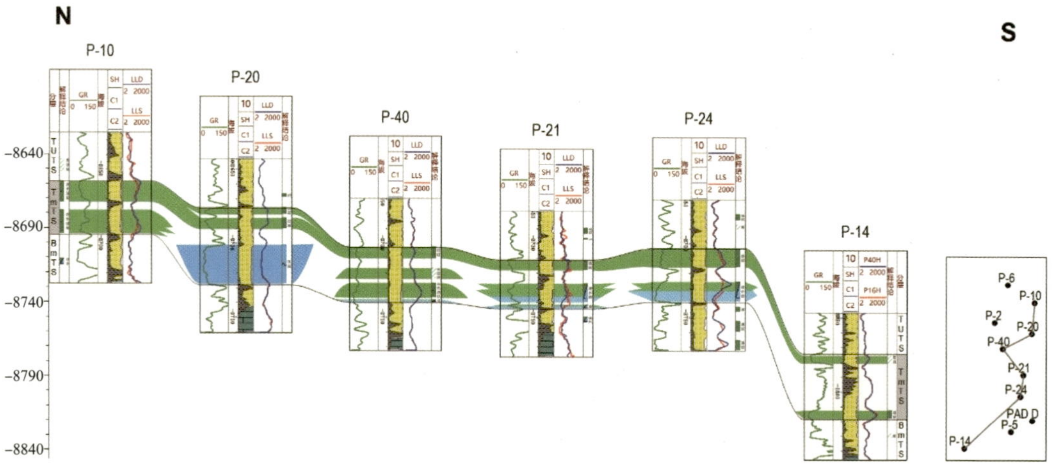

图 2-29　P 油田 A 平台附近井 TmTS 层储层含流体测井特征图

另外，次级断层发育造成相邻的局部区域油水分布复杂化。例如，受次级断层影响，P-23 井和 P-25 井 TmTS 层油藏油水分布复杂（如图 2-30）。

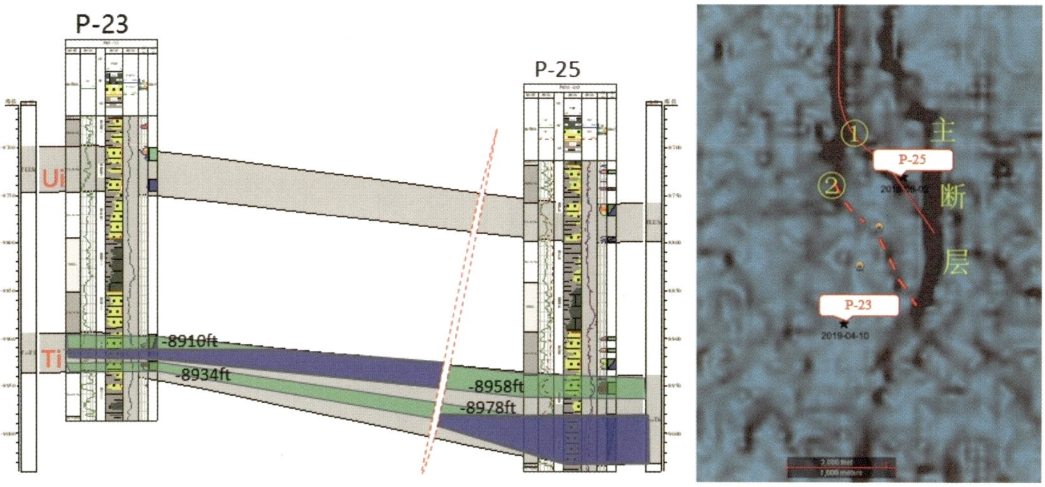

图 2–30　P–23 井和 P–25 井 TmTS 层油水分布与次级断层特征

微断裂发育时，可对附近井区的油水分布产生明显影响，导致附近区域存在高部位高含水、低部位高含油的现象，油水分布复杂。例如，P–9 井位于构造高部位，附近发育一条微断裂穿过 TmTS 层，测井资料显示 TmTS 层储层为明显油水层，井段 9760~9768ft 测试油 42bbl/d、水 483bbl/d（如图 2–31）。

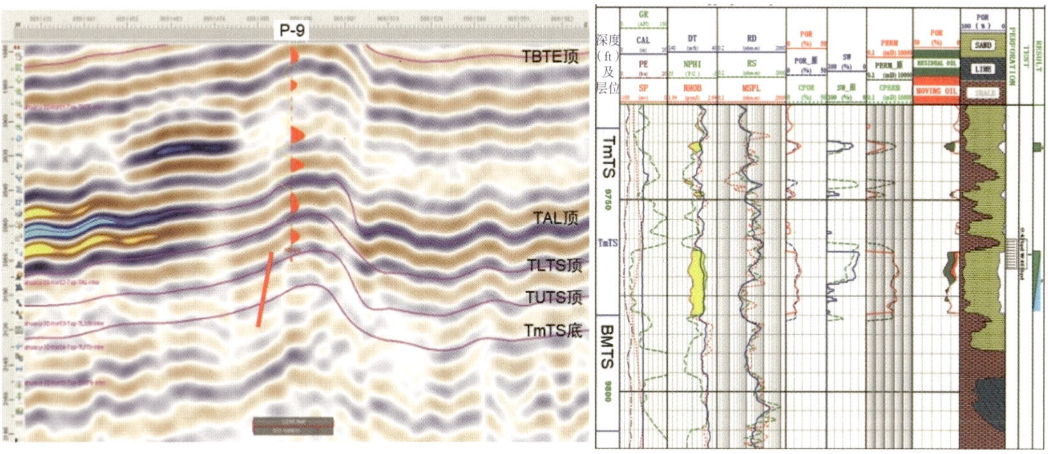

图 2–31　P–9 井 TmTS 层油水分布与附近微断裂特征

微断裂同样也影响 TLUS 层油藏油水分布，导致在高部位存在局部高含水现象。如 P–7 井附近存在微断裂（如图 2–32）。该井 TLUS 层试油为油水层，日产油 390bbl，含水 63%。邻井 TLUS 层储层均为油层（如图 2–33），生产稳定，含水低。分析认为，P–7 井附近存在微断裂，影响附近区域油水分布，造成了该井油水同产。

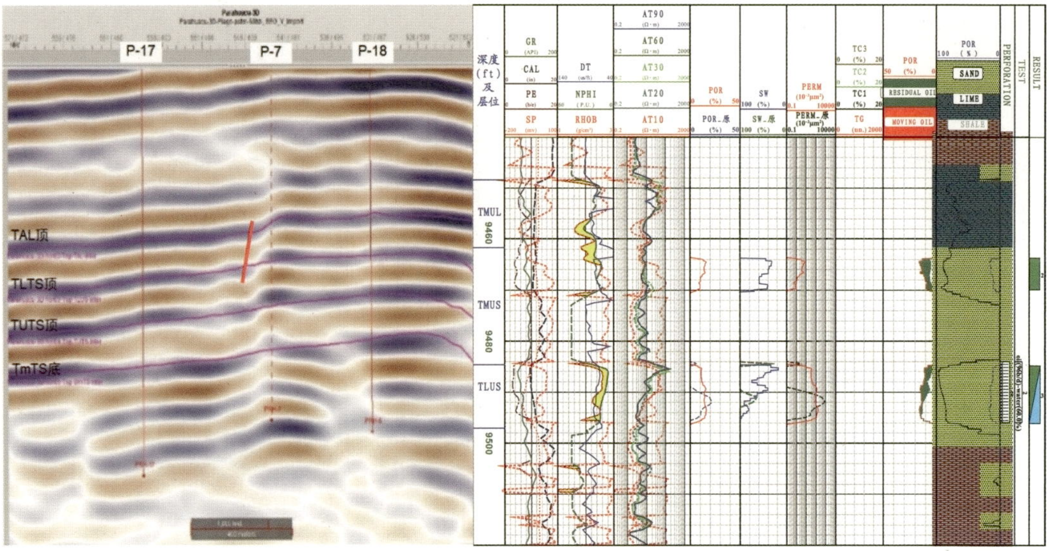

图 2-32　P-7 井 TLUS 层地层流体及附近微断裂特征

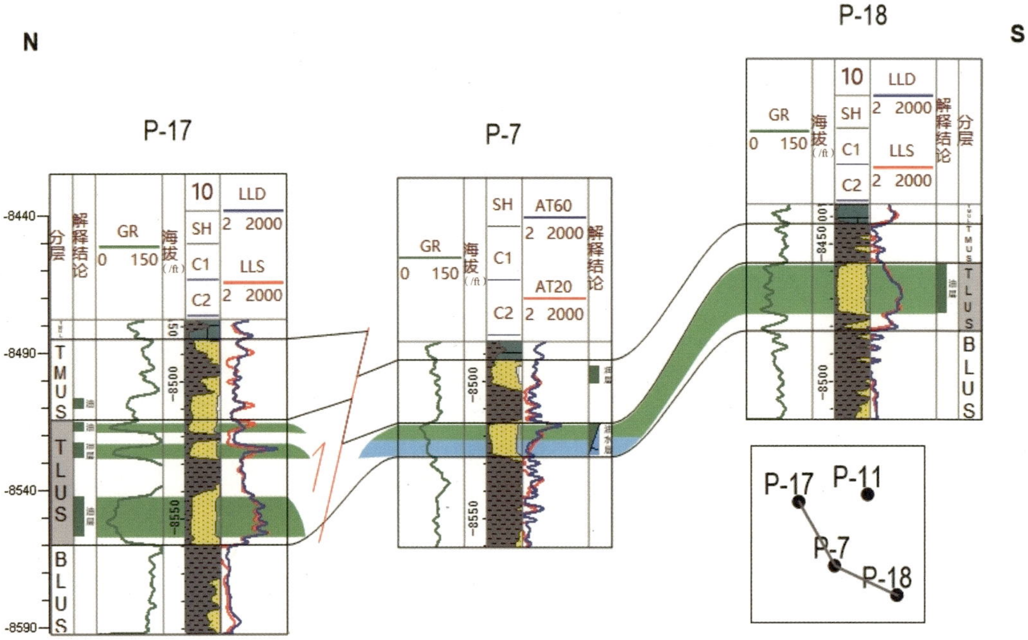

图 2-33　P-7 井及邻井 TLUS 层地层流体对比图

3）砂体微观孔隙结构影响

P 油田 Napo 组 T 段油藏成藏时，薄砂岩或粒度细的砂岩，毛管压力大，油驱水难度大，地层以含水为主，含油较少。如 P-4 井、P-6 井和 P-33 井 TmTS 层海拔位置接近，但由于砂体微观特征不同，油水赋存状态也不相同。其中，P–4 井和 P–6 井 TmTS 层上砂体岩性较纯、粒度较粗，地层含油；P–33 井 TmTS 层上砂体薄、底部砂体岩性较细，为油层和水层；P–6 井下砂体岩性较细，为油水层和含油水层；P–33 井下砂体岩性较粗，为油层（如图 2–34）。

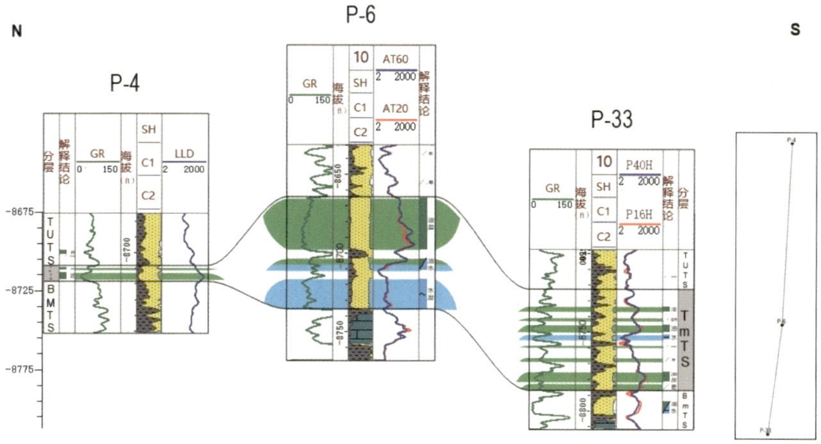

图 2–34　P–4~P–6~P–33 井 TmTS 层砂体及油水分布对比图

另外，叠置砂体内部岩性和物性有差异，其连通性存在多种可能，砂体内油水分布可能不一致。例如，由综合测井资料和地震资料可知，P–22 井和 G–35 井 TmTS 层砂体为叠置砂，内部油水分布复杂（如图 2–35、图 2–36）。

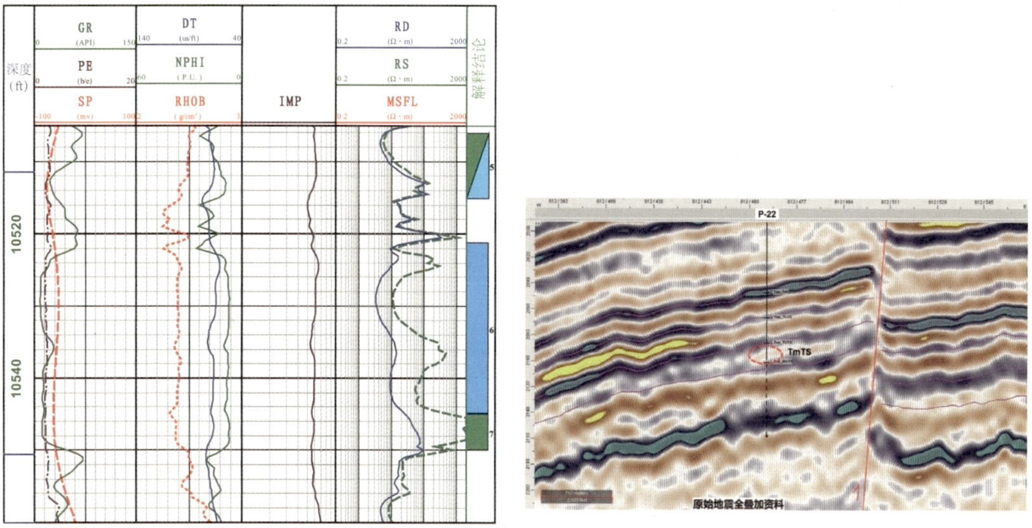

图 2–35　P–22 井 TmTS 层叠置砂体油水分布特征

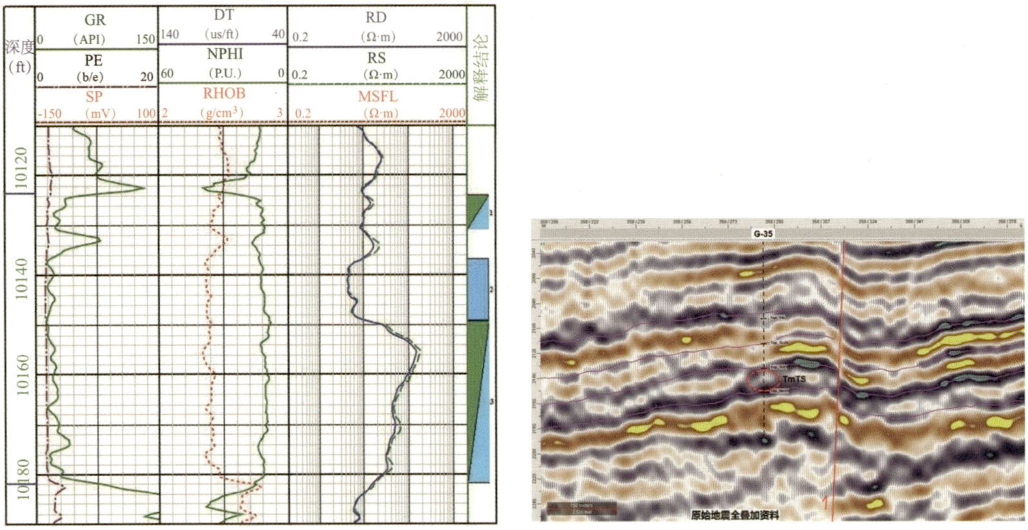

图 2-36 G-35 井 TmTS 层叠置砂体油水分布特征

4）原油充注程度影响

P 油田 Napo 组成藏时，原油充注不充分，致使某些部位含油性很差。如位于构造高部位的 P-22 井，测井资料显示 TmTS 储层为含油水层，测试产纯水；岩心照片上部颜色深且变化较大，下部偏白，指示上部含油多，下部含油少，且储层内部非均质性强，含油性变化较大（如图 2-37）。分析认为造成该井附近油水分布异常的原因可能是油藏成藏时有原油充注，但由于不同部位储层孔隙结构差异较大，上部储层孔隙结构好、物性好，原油充注程度高；下部储层孔隙结构差、物性较差，原油充注程度低。同时，由于前期高速开采，P-22 井区附近原油采出程度较高，地层压力亏空较严重，油藏边水已突破，造成该井完井测试产水。

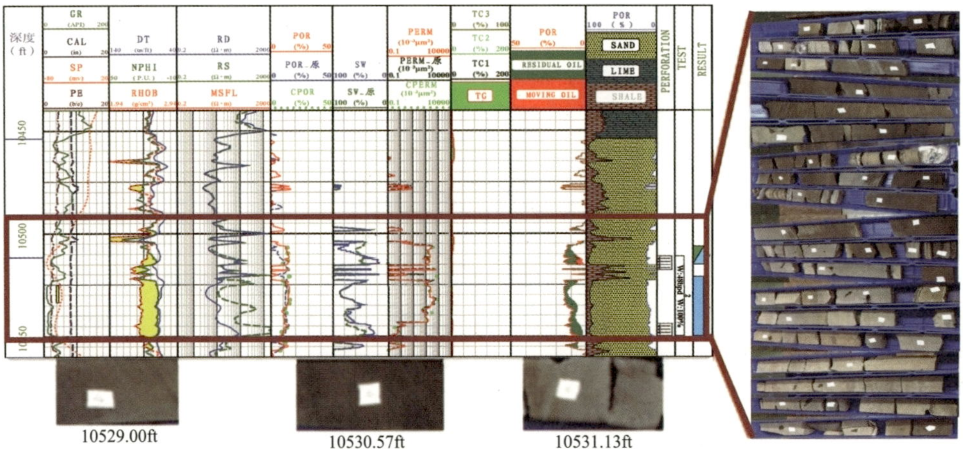

图 2-37 P-22 井 TmTS 层储层测井和岩心响应特征（原油充注不足）

总的来看，P 油田 TmTS 层油藏油水分布关系整体上受构造的影响，此外，还受断层、微断裂、岩性、物性、油气充注程度等因素综合影响，油水分布关系极其复杂（如图 2–38）。

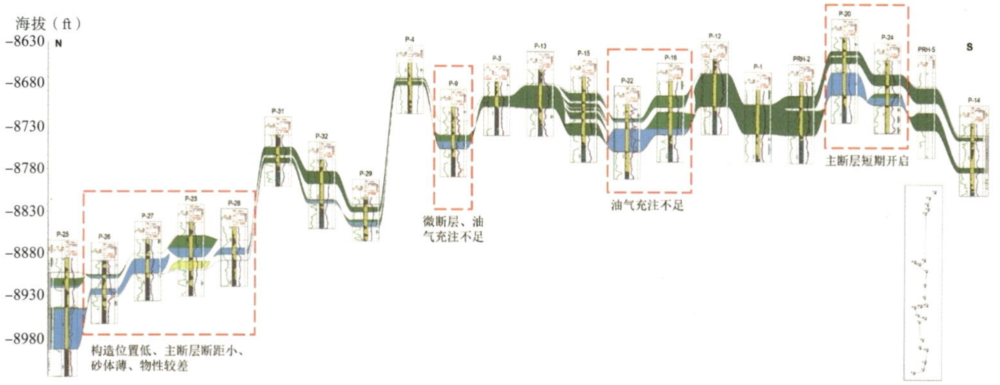

图 2–38　P 油田 TmTS 层单井油水分布特征示意图

2. 油水界面确定

测井和测试资料证实，P 油田 TmTS 层油藏为岩性 – 构造油藏，其上、下两套砂体油水界面各不相同。

1）P 油田 TmTS 层上砂体

测井和测试资料证实，P–23 井 TmTS 层油藏上砂体油水界面（OWC）为 −8910ft SSTVD，位置最低的 P–25 井为油层。综合 P 油田单井油水分布特征和 G 油田油水界面，分析认为 P 油田 TmTS 层上砂体油水界面为 −8910ft SSTVD，在油水界面以上，流体以油为主，但受岩性、断层等因素影响，局部含水；在油水界面以下为油水过渡带，构造位置越低，一般含水饱和度越高（如图 2–39）。

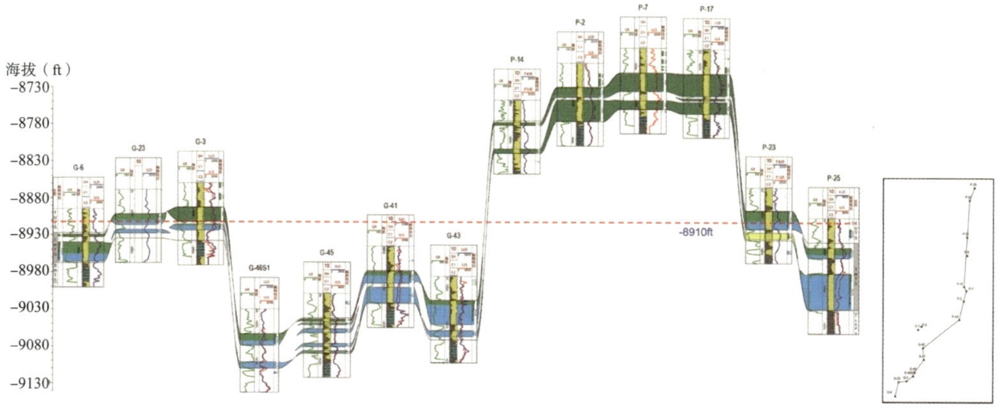

图 2–39　P 油田 TmTS 层上砂体油水界面示意图

2）P 油田 TmTS 层下砂体

测井和测试资料证实，P–23 井下砂体油水界面为 –8934ft SSTVD，P–25 井水顶（WCT）为 –8978ft SSTVD。综合分析 P 油田油水分布特征和 G 油田油水分布特征，认为 P 油田 TmTS 层下砂体油水界面为 –8934ft SSTVD，水顶（WCT）为 –8978ft SSTVD，–8978ft SSTVD~–8934ft SSTVD 为油水过渡带，油水界面（–8934ft SSTVD）以上，流体以油为主，在水顶面（–8978ft SSTVD）以下为水，过渡带内为油水层（如图 2–40）。

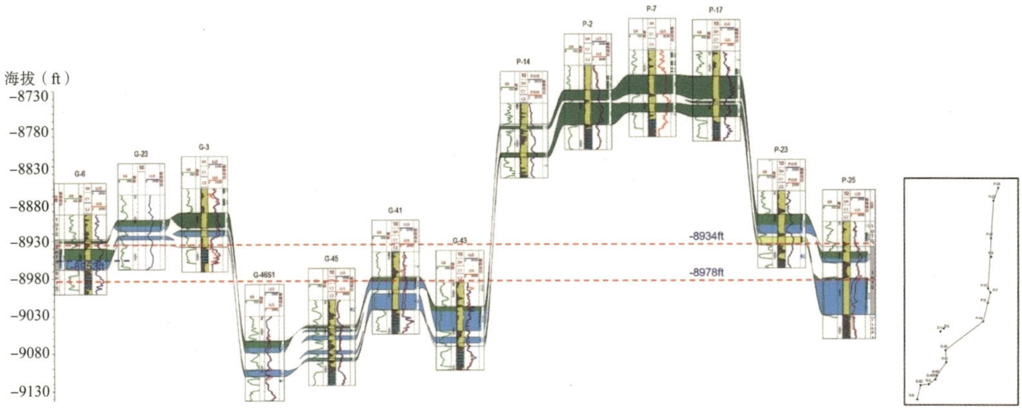

图 2–40　P 油田 TmTS 层下砂体油水界面示意图

综上所述，TmTS 层上砂体的油界面为 –8910ft SSTVD。在 –8910ft SSTVD 以上主要为油，但局部存在水，–8910ft SSTVD 以下为油水过渡带，构造位置越低，含水饱和度越高。TmTS 层下砂体油水界面为 –8934ft SSTVD，水顶（WCT）为 –8978ft SSTVD，–8978ft SSTVD~–8934ft SSTVD 为油水过渡带，油水界面以上，流体以油为主，在水顶面以下为水，过渡带内为油水层（如图 2–41）。

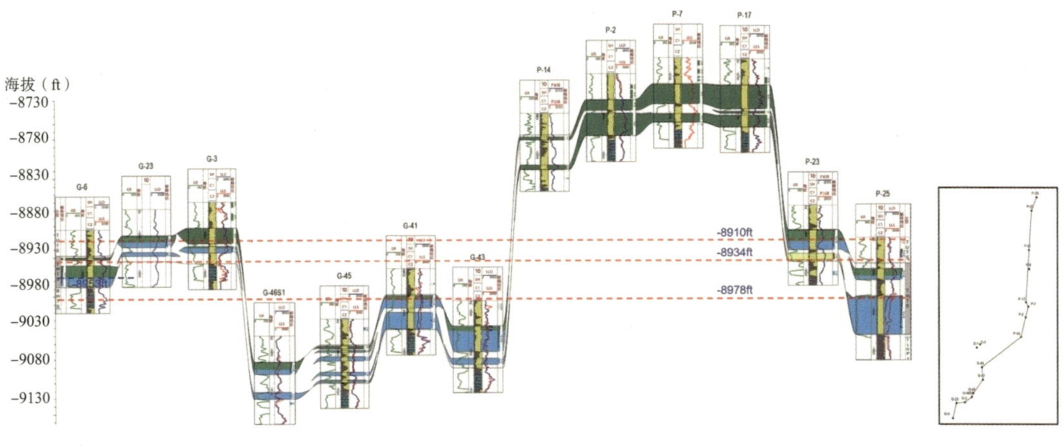

图 2–41　P 油田 TmTS 层油水界面示意图

3. 油水分布特征

受复杂多样的因素影响，P 油田 T 段油藏具有极其复杂的油水分布关系，即在构造整体控制的基础上，受断层、岩性、物性、油气充注程度等影响，P 油田在不同区域、不同位置具有明显不同的油水分布特征。油田北部构造位置低、主断层断距小、砂体薄，受局部次级断层发育等因素影响，含水高、含油低、原始油水分布复杂，具体表现为上、下砂体存在不同油水分布特征和油水界面，下砂体以含水为主；上砂体除高部位含油较多外，其他部位以油水混层为主，油水分布受多种因素影响呈现复杂特征。

整体而言，P 油田北部含水高且油水界面呈下降趋势，中部含水少，中北部含水较高，局部高部位含水高。具体特征如下：

（1）在主断层发育且有效封闭油水的区域，构造高部位（中部 –8910ft SSTVD 以上）地层含油为主，受次级断层、微断裂、岩性、原油充注不足等因素影响，局部高含水；构造较低部位（–8978ft SSTVD~–8910ft SSTVD）地层主要为油水过渡带，随构造位置降低，含油性整体呈降低趋势，但受次级断层、微断裂、岩性、物性、沉积微相等因素影响，油水分布呈复杂特征；构造低部位（–8978ft SSTVD）以下，地层主要含水，不排除受次级断层、微断裂等因素影响，局部含少量油。

（2）在主断层发育，且不能有效封闭油水或曾经短期开启的区域，构造较高 – 高部位，整体以油水同产或产水为主，受主断层封闭范围控制，同时受次级断层、微断裂、岩性、物性等因素影响；构造较低 – 低部位地层主要含水。

（3）在主断层不发育区域，构造高部位整体以油水同产或产水为主，受次级断层、微断裂、岩性、物性、原油充注程度等影响严重；构造较低 – 低部位整体以含水为主，不排除受次级断层、微断裂等因素影响，局部含少量油。

六、油藏类型

根据流体性质进行油藏类型划分的方法很多，对于 P 油田各套油藏而言，比较适合的方法主要有密度 – 黏度法。

根据石油天然气行业标准 SY/T 6365—2021 进行油藏类型划分。P 油田 Basal Tena 段油藏地层条件下原油，黏度为 20.4mPa·s，TLUS、TmTS 层油藏密度为 0.886g/cm³，原油黏度小于 1.5mPa·s。根据行业标准（如表 2–6）可知，Basal Tena 段油藏为稠油油藏，U、T 段油藏为普通黑油油藏。

表 2–6　油气藏类型判断（黏度法）

类别	黏度（mPa·s）
低黏油	＜5

续表

类别	黏度（mPa·s）
中黏油	5~20
高黏油	20~50
稠油	＞50
	相对密度＞0.92

Basal Tena 段油藏地层温度约 195℉（90.5℃），U 层地层温度约 200℉（93.3℃），T 层地层温度在 184~220℉（84.4~104.4℃）之间，均为正常温度系统（如表 2–7）。

表 2–7　P 油田主要油藏温度统计表

油藏	Basal Tena	TLUS	TmTS
温度（℉）	195	200	184~220
温度（℃）	90.5	93.3	84.4~104.4

压力系数 0.9~1.2 属正常压力油气藏，压力系数大于 1.2 属异常高压油气藏，压力系数小于 0.9 属异常低压油藏。P 油田地层压力数据如表 2–8。分析来看，P 油田 U 层和 T 层压力系数在 1.00 左右，为正常压力系统；Basal Tena 段压力系数为 1.3，为异常高压油藏。

表 2–8　P 油田主要油藏压力统计表

层位	原始地层压力		垂深		地层压力系数
	psi	MPa	ft	m	
TBTE	5109.5	35.2	8890.0	2709.7	1.3
TLUS	4096.0	28.2	9521.0	2902.0	1.0
TmTS	4166.0	28.7	9681.0	2950.8	1.0

P 油田自 1978 年 12 月投产以来，经过 40 多年的生产，油田含水上升缓慢，显示水体能量不强。从生产特征与测井解释等综合分析，T 砂岩段为弱边水构造型油藏，U 砂岩段为弱边水构造岩性油藏，Basal Tena 段为弱边水岩性油藏。

第三章

潮控陆棚沉积模式与沉积微相精细刻画技术

本书以奥连特盆地P油田为例，系统论述潮控陆棚沉积模式与沉积微相精细刻画技术。主要包括潮控陆棚沉积体系、沉积微古地貌恢复技术及井震结合的优势微相精细刻画技术。

第一节　潮汐沉积环境及典型沉积模式

一、潮汐水动力特征

潮汐是由月亮和太阳的引力引起的水面的周期性振荡，其水流运动具有周期性和往复性。潮流根据运动形式，可分为往复流和旋转流两类，在海峡水道及狭窄港湾内，多为往复流，在开阔海中，多为旋转流。潮汐沉积作用与潮汐类型、潮差大小及潮流速度密切相关。

海面受潮汐影响周期性涨落的幅度称为潮差。大洋的潮差一般不超过1m，海岸带的潮差变化较大，按照潮差可以将海岸带分为小潮差、中潮差及大潮差三类。在小潮差的区域，沉积作用以波浪作用为主，在大潮差及部分中潮差区域，沉积作用以潮汐作用为主。

潮流的方向和速度在潮汐周期内发生有规律的往复变化，当潮波传入近海区域，由于水体变浅、排水面积减小，能量相对集中，潮流速度就会增大，水动力增强。

沉积物在潮汐作用下可以形成各种沉积底形，由于潮汐是周期性的双向水流运动，其沉积构造往往具有韵律性和双向性特点。在主潮流的速度足以推动沙丘运动的情况下，形成交错层理，如果次潮流水动力较强，可侵蚀沙丘，形成微向潮流方向倾斜的再活动面，并推动沉积物向相反方向运动，形成反向交错层理。当潮流速度大幅度减缓时，在背流面形成泥皮。当次潮流搬运的沉积物较少时，次潮流形成的泥皮与主潮流形成的泥皮十分接近，构造双黏土层（潮汐沉积的典型标志之一）。在波浪作用较强或发生旋转潮流的地区，由于没有零速期，泥皮层也就不存在。在一个主潮流期内形成的砂质层系，上下界面受再活动面或泥皮限定，称为潮积束（如图 3-1）。

由于周期性的流速变化，潮积束的规模与厚度在纵向上都有明显的旋回性变化，涨大潮时形成的潮积束最厚，退大潮时最薄。

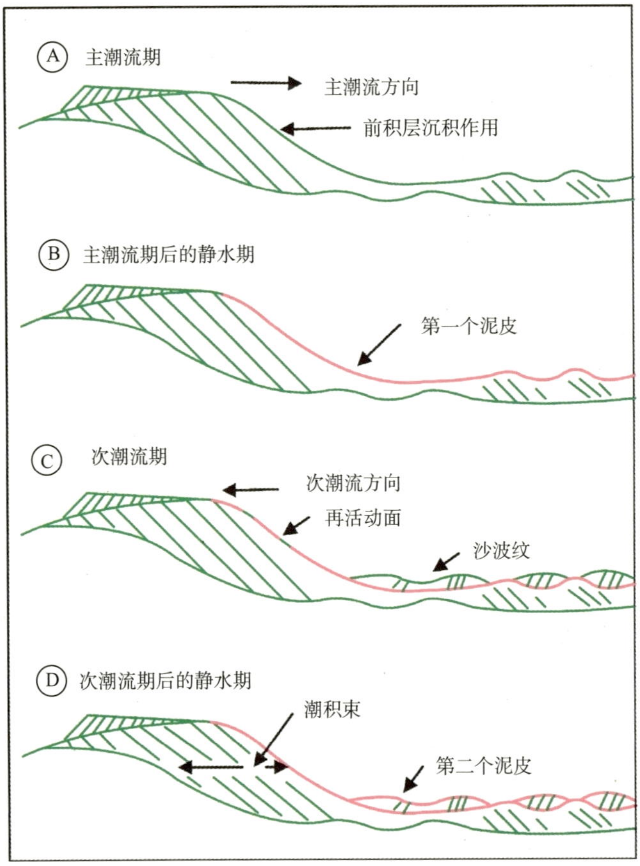

图 3-1　潮汐旋回沉积构造示意图（据 Visser，1980，有修改）

由于周期性的潮流速度的变化，沉积层厚度也会出现旋回性的变化，形成潮汐韵律，潮汐韵律层的砂层是由沙波或沙丘侧向迁移形成的潮积束，泥质层则是悬浮体垂向加积形成的泥皮。由砂层到泥皮通常为渐变过渡，没有截然的界限，由泥皮到砂层则通常为突变接触。

羽状交错层理（也叫鱼骨状层理、人字形层理），其相邻层系中细层倾向相反，呈羽状或鱼骨状或人字形，层系间夹有泥质水平薄层，它是在沉积介质具有双向流动的情况下产生的，如涨潮流形成的前积层与退潮流形成的前积层交互而成（如图 3-2）。羽状交错层理是一种典型的潮汐沉积构造，是判别潮流沉积的充分条件，但不是必要条件。在潮流有主次之分的情况下，一般形成单向层理或以单向为主、逆向为辅的潮汐层理，羽状交错层理并不多见。

图 3-2　羽状交错层理示例图

潮汐水动力强弱还可以通过潮汐层理来判断。除了羽状交错层理外，与潮汐作用相关的沉积构造还有脉状层理、透镜状层理、波状层理。脉状层理，又称压扁层理，层系界面波状起伏，砂质沉积物中夹有脉状泥质条纹，反映潮流速度较大，沉积物以砂质为主，表现为“砂包泥”的特征（如图 3-3）。

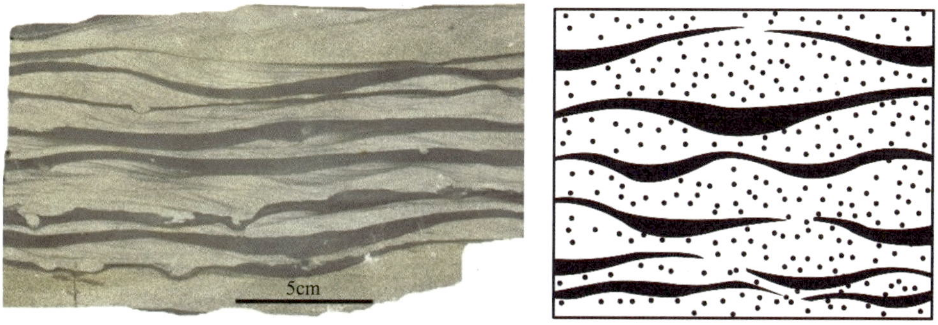

图 3-3　脉状层理示例图

透镜状层理以泥质层系为主，砂质交错沉积层系呈透镜状断续地夹在泥质沉积层系中，反映潮流速度较小，沉积物以泥质为主，表现为“泥包砂”的特征（如图 3-4）。

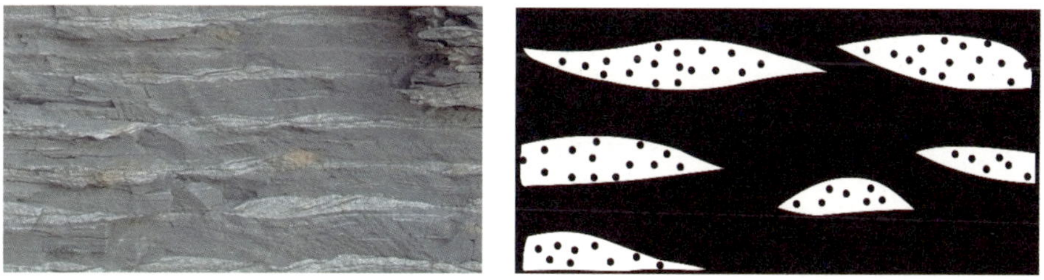

图 3-4　透镜状层理示例图

潮汐波状层理主要是砂质条纹与泥质条纹间互出现，通常表现为一层砂一层泥的沉积特征，反映了潮汐水动力条件介于脉状层理和透镜状层理之间。

二、潮汐沉积模式

1. 海侵型（退积）潮汐沉积

海侵型潮汐沉积序列主要有潮控河口和潮控陆棚沉积。

1）潮控河口

在海侵过程中，随着沉积基准面的升高，潮汐作用向陆地方向推进，原来河口的沉积物，在潮流的侵蚀和改造作用下，泥质组分不断向滨外带迁移，砂质组分或向陆地方向搬运或滞留在原地。潮控河口的沉积物一部分来自陆上河流，一部分来自相邻的陆棚。沉积物的粒度在河口顶端较粗，潮控河口一般没有粒度向上变细的沉积序列，这是与浪控河口最大的区别之一。

潮控河口沉积体系中，河流的动力自潮流上界向湾口减弱，潮汐能量则随着河口湾变窄而增强，因此，在河口湾湾口附近有利于潮流砂脊的沉积。向上至河口湾中部，地形变窄，水深变浅，潮差和潮流增至最大。潮流砂脊被高流态沙坪（席状沙）取代。再往上游方向，潮能迅速降低，河流能量占据主动地位，沉积物逐渐由潮流相、潮汐－河流相过渡到正常的河流相沉积（如图 3–5）。

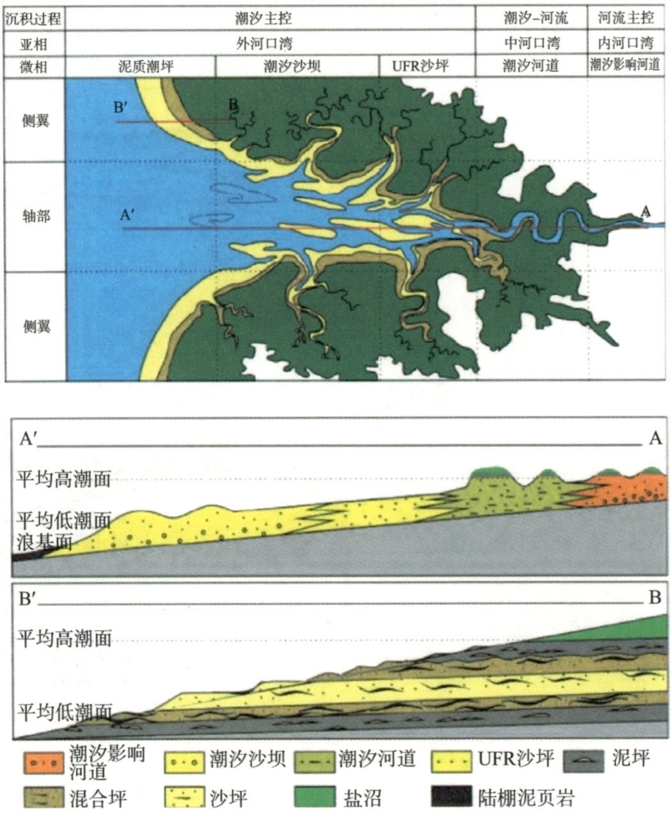

图 3–5　潮控河口湾动力和沉积物分布模式图

潮控河口的潮流运动都是沿着河道进行，河口两侧均为泥质潮坪或滨海沼泽。河道轴部沉积碎屑物质，其粒度取决于河流的类型和来砂，远源河流的粒度通常比较细。在潮汐和河流的过渡区域，为悬浮沉积物最大浑浊区域，常有大量泥皮。

在持续海侵的情况下，河口的相带将随着海平面的升高而向内陆方向迁移，早先形成的沉积物部分或全部遭受侵蚀。在海侵达到最大时，河口退到陆内最深位置，随后开始充填，形成一个自下而上依次由冲积砂砾–内河口砂泥质互层–具平行层理的细粒沙坪沉积物–具交错层理的长条形中粒砂坝沉积物组成的沉积序列。

2）海侵型潮控陆棚

由于潮汐作用强烈，是制约沉积物搬运和沉积的主控因素，这样的陆棚为潮控陆棚，当沉积基准面在整体上升时，称为海侵型潮控陆棚。沉积物沿着潮流的轨迹进行搬运，当涨潮流与落潮流强度不等时，沉积物的搬运通常是单向的。在沉积物的搬运通道上，沉积底形发生有规律的变化，在潮流速度小于 0.5m/s 时，形成波纹沙席和孤立的片状砂质沉积；当潮流速度大于 1.0m/s 时，如有充足的砂质沉积物供给，可形成潮流砂脊。在搬运通道末端，常因潮流减弱而形成泥质沉积，海侵型沙席结构成熟度很高，泥质的混入物很少，是很好的油气储层。

海侵型潮流沙席厚度一般只有几米，在北海南部不超过 5m，砂脊的厚度相对较厚，可达 30m 以上。沙席的沉积构造主要是沙波移动形成的单向交错层理，交错层理的层系厚度沿着水流方向减小。

海侵型潮流沉积具有非常鲜明的沉积学特征，其底部往往是一个起伏很大的代表深切河谷的剥蚀面，其中有冲积相的沉积物充填，其上为潮控的河口沉积物，河口沉积物之上可以有一个侵蚀面，也可以为陆棚潮流沉积物整合覆盖。

主要河口之间的海岸常以潮汐和波浪混合作用为特征，往往形成潮沟切割的粗短的障壁岛，并可见到障壁岛序列覆盖在潟湖和潮坪沉积之上。

2. 海退型（进积）潮汐沉积

海侵达到最大限度后逐渐变缓，河口已经淤满，河流沉积物直达滨线附近向陆棚倾斜，形成进积型潮汐沉积，主要分为以下几种情况。

1）潮控三角洲

在潮差较大的海岸，常见潮控三角洲。三角洲的水上部分为宽阔的潮坪，向海洋方向变为砂坝，向陆地方向则渐变为沼泽（潮湿气候）或蒸发潮坪（干旱气候），潮坪上面有曲流型潮沟。在水下三角洲前缘，常常出现与海岸呈高角度相交的砂脊，砂脊高度可达 20m，向外海迅速降低，一般在水深 10~30m 处变为平缓的泥质三角洲前缘或前三角洲（如图 3–6）。

潮流砂脊沉积物具有发育的交错层理，细层倾向退潮流方向。砂脊之间的潮道里常有浅滩和河心岛，其上布满涨潮和退潮方向的底形。大量的黏土和粉砂级碎屑物质，在

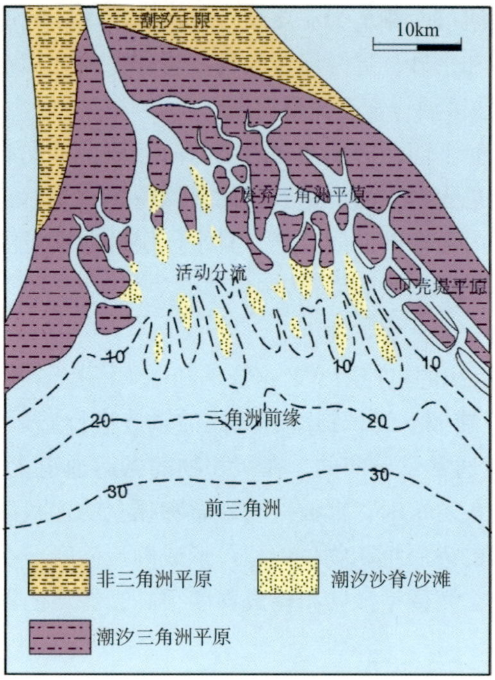

图 3-6　潮控三角洲示意图

高潮侵满时被带入三角洲沼泽环境中，部分被退潮流带到深水区。

随着海平面相对下降，进一步进积沉积，潮流砂脊之上为粒度向上变细的潮坪或沼泽沉积覆盖，分流河道可以切割到砂脊区。同其他河流沉积物一样，分流河道的沉积物也具有下粗上细的纵向序列，与一般河流不同的是，常含有大量静水条件下形成的泥皮。

潮控三角洲的形成取决于沉积物的供应量和沉积作用。河流是沉积物的主要供应者，三角洲的形成过程主要由潮流完成。潮控三角洲是潮道沉积、潮流砂脊、潮坪沉积和沼泽相间的有序组合，具有向上变细的粒序特征。

2）开放海岸潮坪

在邻近大三角洲的海岸带区域，潮流和陆棚流驱使沉积物沿着海岸线发生搬运，形成开放海岸潮坪，一般由风暴层序和正常潮汐沉积组合而成。平静天气时以“淤”为主，形成正常层序，每个潮周期形成的砂质纹层一般以毫米计。强风浪天气时以“冲”为主，形成风暴层序，沉积物变粗。

砂质成分随着与三角洲的距离增加而增加，并由于波浪作用的增强而变为沙滩。沙滩沉积物由砂和介壳碎屑组成。由于三角洲的横向摆动，潮坪的进积期与波浪的侵蚀期交替出现，形成贝壳堤平原。

3）海退型潮控陆棚

潮汐作用的一些基本特点，如沉积物和沉积底形的动力分带以及沉积物的纯搬运，与海平面的变化趋势并无直接关系。某一瞬时在海侵潮控陆棚上见到的沉积物相带分布和沉积现象，诸如再活动面、泥皮、潮积束、潮汐韵律、生物扰动作用等，在海退型潮控陆棚上也可以见到。只有在纵向沉积序列上，才能看到海退型潮控陆棚的独特沉积特征。

在海退的情况下，沉积物向陆棚的运输将使相关的沉积环境逐渐变浅。陆棚、三角洲和滨岸潮坪沉积依次下超在海侵沉积物之上。滨外带和前三角洲的泥质沉积，向上变为多虫孔的、具有交错层理的陆棚砂或三角洲砂脊带。

当代见不到海退型的潮控陆棚，古代沉积物中也不多见，因此，海退型潮控陆棚的沉积模式还只能停留于概念模式的阶段。

第二节　浅海潮控陆棚沉积

浅海陆棚环境水动力以波浪和海流为主，海底地形较平坦。在近岸的浅海沉积区水循环良好，阳光充足，氧气充分，底栖生物大量繁殖。而在远岸的浅海较深水沉积区（70~100m 水深以下）水循环则很差，天气较好时处于缺氧的静滞状态，只有在大风暴潮期才能搅动海底沉积物。浅海陆棚相沉积物以粉砂、砂和泥为主，砾石极少，也可发育大量的碳酸盐岩，沉积物中常见海绿石、胶磷矿。按水动力状况，浅海陆棚可划分为两种成因类型：其一是潮控陆棚，通常位于潮汐三角洲和河口湾的外侧，无论在平面上还是在剖面上，都由低能的陆棚泥和高能的潮汐砂脊（广义的潮汐砂质沉积物）交替组成；其二为浪控陆棚，以在大套浅海陆棚泥的沉积序列中，频繁出现风暴流形成的大型丘状层理和风暴流沉积层序为特征，在砂质组分供给充沛的地区，由持续的风浪颠选作用可形成厚度大、分布广、层位稳定和物性好的砂质陆棚浅滩，对储层发育非常有利。

一、海洋水动力条件及环境划分

1. 海洋的动力条件

海洋面积约占地表面积的 70%，是重要的沉积场所。海水的运动可分为波浪和海流两大类，波浪主要是由风力产生的，海洋面积巨大，风的吹程很长，可形成规模很大的波浪。在现代海洋中观测到的巨大波浪波及深度可以达到 200m 左右。在近岸浅水环境中波浪对沉积作用有重要影响，它侵蚀海底，搬运、改造沉积物。

海流依据其不同成因可以分为潮汐流、洋流和气象流三大类。潮汐主要起因于月球和太阳对海水的引力作用，其中以月亮引力为主，太阳引力因为与地球距离过大而处于次要地位，月球的引潮力约为太阳引潮力的 2.17 倍。在朔日（农历初一）和望日（农历十五），日、月、地三个天体中心大致位于同一直线上，由于日、月的引潮力叠加使得潮差最大，形成大潮，称为大潮或朔望潮。当月相处于上弦（农历初八）和下弦（农历二十三）时，日、月、地三者的位置形成直角，日、月的引潮力相互抵消一部分，使得潮差最小，称为小潮。但实际观察到的大小潮并不一定在朔望日和上下弦日，常有所滞后（大陆对海水阻隔作用，海洋深浅不一、海底崎岖不平，海水黏滞性和惯性等影响），一般会“迟到”1~3 天。

在潮汐较强的区域，潮汐可能成为该区沉积过程的主要控制作用，其对沉积作用的影响不局限于海岸的浅水区域，还影响到远离海岸的陆棚区。

洋流是大范围内海水环流，主要起因于海水因温度或盐度差异造成的密度差异。在表层海水中赤道附近的暖水向两极方向流动，极地冷而咸的海水以底流的形式流向赤道。目前对洋流的搬运、沉积作用的了解非常有限。

气象流是直接受气象力的影响造成的海流，主要包括风生流、风暴潮和近岸波生沿岸流等。

2. 海洋环境的划分

依海底地形可将海洋划分为陆棚、大陆坡、深海盆地三个地貌单元（如图 3-7）。依据海水深度，大致对应地分为浅海、半深海、深海三个区域。

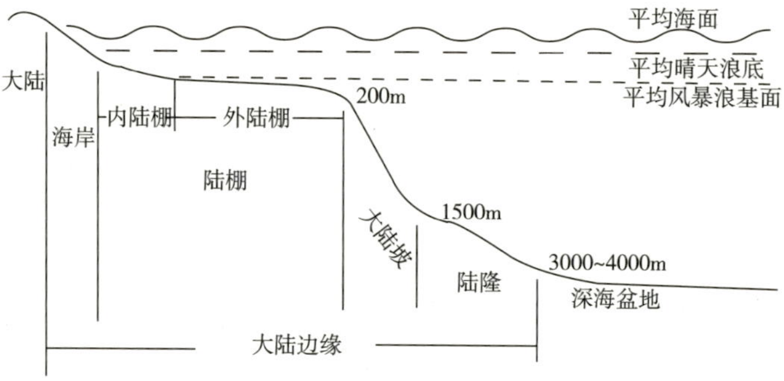

图 3-7　海洋环境分带示意图

陆棚又称陆架、大陆架，水深通常认为在 200m 以内，坡度较缓（现代陆棚平均坡度仅 0.1°），其紧靠大陆，是重要的沉积场所。影响陆棚沉积过程的水动力主要有潮汐流、风暴流和洋流。依据平均风暴浪基面将陆棚划分为内陆棚和外陆棚，内陆棚更靠近大陆。按水动力类型又可将陆棚划分为主要受风暴作用影响的浪控陆棚和主要受潮汐流作用影响的潮控陆棚。

大陆坡是陆棚与深海盆地之间的过渡环境，它从 200m 深向下延伸到 2000m 左右的海底。大陆坡的坡度较陡，一般为 4°~7°，最大的可达 20° 以上，宽 20~90km。大陆坡上常具有界限清楚的洼地、突起、阶状地形等，有时被海底峡谷切割。大陆坡底部常因浊积扇的沉积使坡度变缓，或称为隆起。通常将陆棚、大陆坡及陆隆合称为大陆边缘。

地表深海盆地所占面积约为整个海洋面积的三分之二，水深平均约为 4000m。深海盆地地形十分平缓，但也有一些海底山，有的地区深海盆地与大陆边缘之间有深海海沟存在。

3. 海洋沉积体系

陈洪德教授等人 2005 年提出沉积体系分类方案（如表 3-1）。该方案主要依据沉积环境的不同，划分出大陆沉积体系组、海陆过渡沉积体系组和海洋沉积体系组 3 个一级单元，在不同的体系组中再划分出二级单元（沉积体系），各沉积体系下再细分不同的沉积相类型。潮控陆棚属于浅海陆棚沉积体系。

表 3-1　沉积体系分类表（据陈洪德等，2005）

沉积体系组	沉积体系		相类型
大陆沉积体系组	沙漠		
	冲积扇		湿地扇、旱地扇
	河流		曲流河、辫状网、网状河
	湖泊三角洲		曲流河三角洲、辫状河三角洲、扇三角洲
	湖泊		硅质碎屑湖泊、碳酸盐岩湖泊、蒸发岩湖泊
海陆过渡沉积体系组	三角洲		河控三角洲、浪控三角洲、潮控三角洲、扇三角洲
	河口湾		
海洋沉积体系组	碎屑岩沉积	陆漂碎屑海岸	无障壁海岸、障壁海岸
		浅海陆棚	潮控陆棚，风暴浪控陆棚和海流控陆棚
		大陆斜坡	斜坡扇、滑塌堆积、进积复合林
		深海盆地	盆底扇、远洋浊流、远洋沉积
	碳酸盐岩沉积	浅水碳酸盐	碳酸盐岩台地、碳酸盐岩缓坡
		碳酸盐岩斜坡	沉积型斜坡、沟槽型斜坡、侵蚀型斜坡
		远洋盆地	盆底扇、远洋浊流、远洋沉积

二、潮控陆棚沉积

据区域沉积背景演化调研可知，奥连特盆地从下白垩统 Hollin 组到上白垩统 Napo 组整体上是由西向东的海侵过程。其中，Napo 组是最主要的油气生储层系，该组地层是整体海侵过程中几次海水进退交互形成的滨浅海沉积。每个沉积旋回的初期沉积一套潮坪、潮控河口湾或潮控陆棚相细砂岩，盆地内不同区域所处相带有所差异，水动力均以潮汐流为主导，其成分成熟度和结构成熟度均较高，是优质储层段。在每个沉积旋回的末期，沉积一套相对较深的灰色浅海陆棚灰岩（俗称 A 灰岩层、B 灰岩层、C 灰岩层），该石灰岩全区稳定分布。

P 油田地处奥连特盆地中北部，离东部岸线较远，根据周边其他油田的沉积相带研究及区域沉积演化背景，不难推测出 P 油田上白垩统 Napo 组主要相带为陆棚相，且以内陆棚亚相为主（如图 3-8）。在潮汐作用作为主导水动力的 TmTS 和 TLUS 地层中，优质砂体主要由潮道微相控制，是该油田最主要的储集层系。

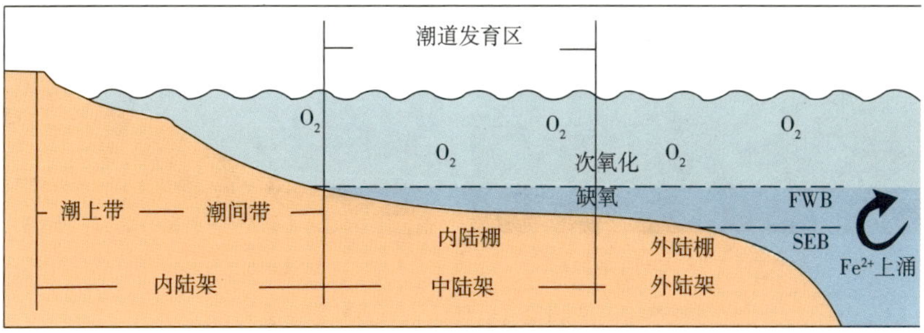

图 3-8　浅海陆棚－滨岸带沉积环境划分示意图

1. 相标志分析

1）岩石学标志

Napo 组储层的主要岩石类型是砂岩，砂岩广泛分布于 T 段和 U 段。总体上来说，砂岩粒度呈向上变细的趋势。在 TmTS 层主要发育高岭石砂岩，向上在 TUTS 层出现海绿石砂岩。向上砂岩厚度逐渐减小。

据 30 个样品薄片鉴定资料，TmTS 层砂岩碎屑成分主要为石英，其含量为 59%~98%，平均为 90.5%，TmTS 层砂岩不含长石，岩屑含量变化大，从 1%~37% 不等，岩屑含量大于 10% 者多为海绿石砂岩。碎屑成分还见少量的燧石、黄铁矿及云母等片状矿物。碎屑颗粒接触关系主要为点线接触，胶结类型以孔隙型为主，分选以中为主，个别分选好或差，磨圆度以次棱次圆为主，部分为次圆（如图 3–9），填隙物以胶结物为主，杂基相对较少，胶结物以白云石、高岭石及石英加大为主。

而 U 段下部 TLUS 层也主要为高岭石砂岩，局部夹有海绿石砂岩。高岭石砂岩主要岩性中 – 细粒石英砂岩，基质主要为高岭石黏土，其次是伊利石，钙质胶结，见石英次

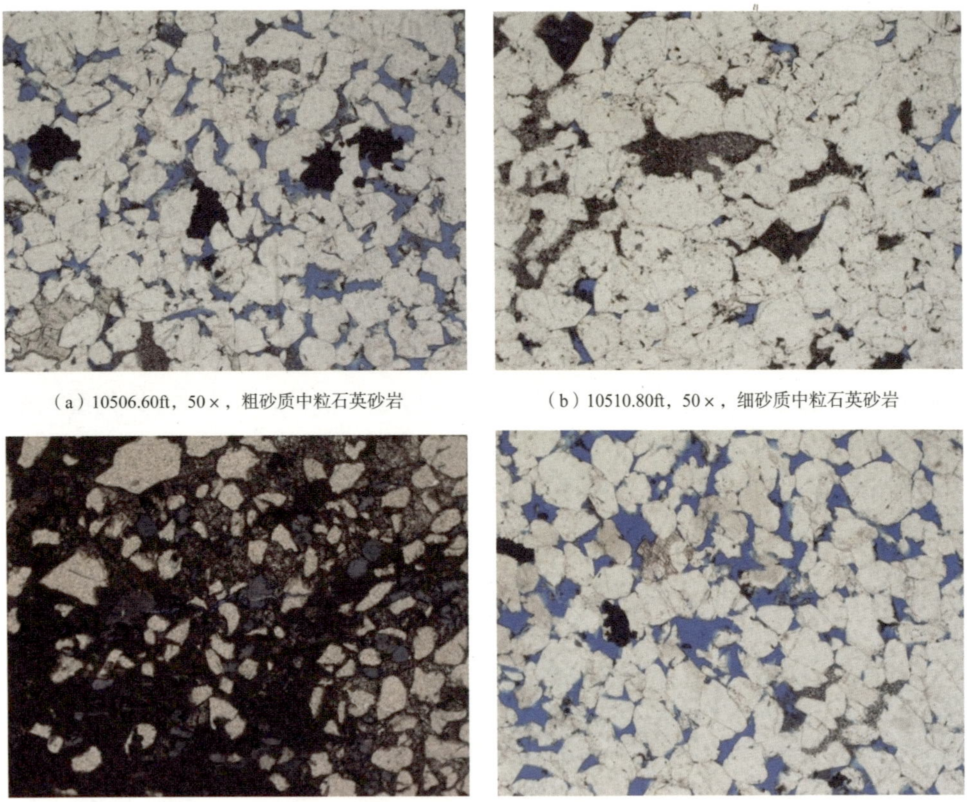

（a）10506.60ft，50×，粗砂质中粒石英砂岩　（b）10510.80ft，50×，细砂质中粒石英砂岩

（c）10512.10ft，50×，云质细砂质中粒岩屑砂岩　（d）10518.70ft，50×，不等粒石英砂岩

图 3–9　P 油田 TmTS 层岩心薄片鉴定照片

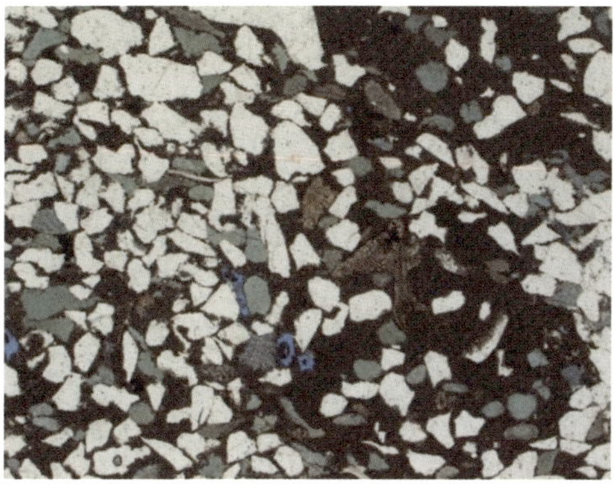

（e）10548.45ft，50×，云质中砂质细粒海绿石砂岩

（f）10538.00ft，100×，中砂质细粒岩屑石英砂岩

图 3–9　P 油田 TmTS 层岩心薄片鉴定照片（续）

生加大，见黄铁矿、菱铁矿和白云母；分选较好，可见残余油、有机质和泥岩条带或团块充填在砂岩中。

2）沉积构造标志

潮下带沉积层的最突出的特点是潮汐活动的记录非常普遍，其中最具有指向意义的是羽状交错层理、双黏土层、似“单向”水流构造，以及潮汐束状体和横向束状体序列。潮流活动的双向性导致羽状交错层理的形成，其相邻两个斜层系的前积纹层倾向相反，大致相差 180°，分别代表涨潮流和退潮流流向。在潮流活动期（涨潮期和退潮期）与静止期（平潮期和停潮期）周期性交替的影响下，涨潮流砂层与退潮流砂层分别被平潮黏土层和停潮黏土层分隔开，此两层黏土层极薄（几毫米至 2 厘米），均代表潮流静止期的悬移质沉积。这两层黏土层称为双黏土层，它是潮汐流的特有产物（如图 3–10）。由于涨潮流和退潮流活动在空间上的分离和潮流活动本身的非对称性，主潮流强大，多形成大波痕；次潮流较弱，只形成小波痕叠加在大波痕的前积纹层上。二者倾向虽相反，但宏观上因大波痕前积纹层规模大而明显，貌似单向水流波痕交错层，所以称作似单向水流构造。

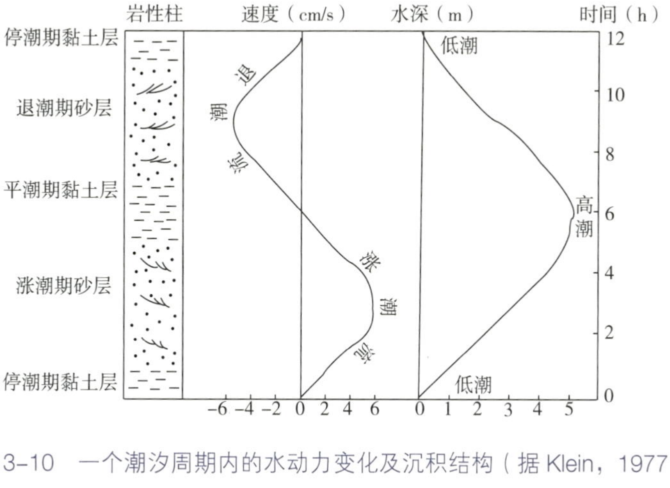

图 3–10　一个潮汐周期内的水动力变化及沉积结构（据 Klein，1977）

潮汐活动非对称性越强，此种似“单向”水流构造越明显。两个相邻双黏土层所围限的一组前积纹层称作潮汐束状体，代表主潮流活动时形成的一个斜层系，其内部的前积纹层与层系面的接触关系及其形态变化呈现锐角直线相交–切线相交–“S”形切线相交的特点，反映主潮流活动期随水位变化出现流速逐渐变化的情况（如图 3–11）。横向连续排列的一系列潮汐束状体形成横向潮汐束状体序列。

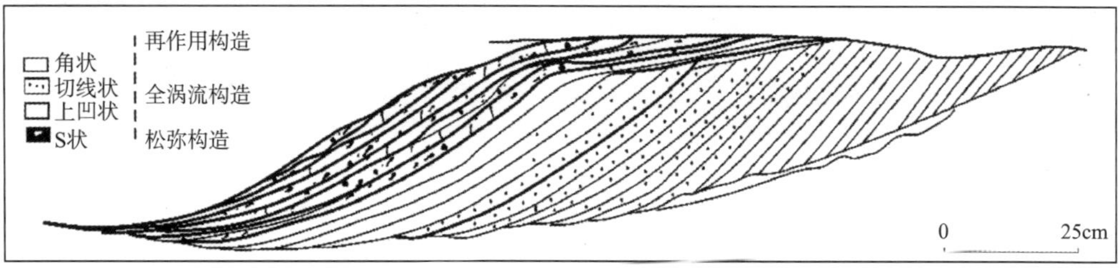

图 3–11　一个潮汐束状体内部前积纹层形态的变化示意图（据 Kohsiek 和 Terwind，1981）

在横向束状体序列中，相邻两个束状体的厚度常表现为一厚一薄的变化，这是由于潮汐活动的日不等量引起的。厚的束状体代表一次较强的主潮流，薄的束状体代表一次较弱的主潮流。

此外，由于潮汐活动的月不等量效应，大潮期潮流活动强，形成厚的束状体和薄的黏土层，双黏土层间隔大，宏观上呈现黏土层稀薄的疏带；而在小潮期间潮汐活动较弱，形成薄的束状体和相对较厚的黏土层，双黏土层分布也较密集，呈现黏土层的密带。所以，一个完整的潮汐横向束状体序列中的黏土层总是呈现疏密波状排列特点（如图 3–12）。每个疏带或密带中潮汐束状体的个数，或双黏土层的数量均与潮汐周期的次数相符。

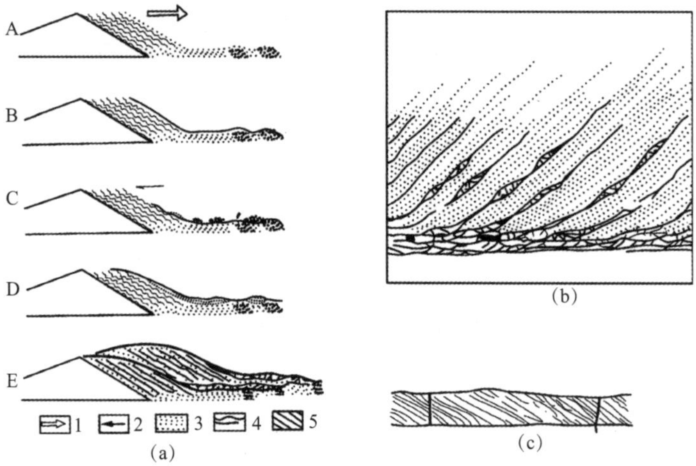

图 3–12　双黏土层与潮汐束状体的形成过程（据陈昌明和王寿松，1988）

据 P–22 井及 P–8 井的 TmTS 层（如图 3–13）、TLUS 层岩心照片观察发现，TmTS

层岩石颜色主要为灰白色－灰色，属于水下还原环境产物。TmTS 层也发育较为丰富的潮汐环境典型沉积构造，如脉状层理、透镜状层理、羽状交错层理（潮汐双向水流作用）、波纹层理、前积纹层等，总体反映了潮汐水体的往复作用。从岩心照片及薄片鉴定结果看，P 油田 TmTS 层见有明显的虫孔，显示了 TmTS 层沉积期为水体能量相对较强、相对浅水的沉积环境。潮下带的生物以正常海底栖生物为主，由于受波浪干扰较小，常有大量浅穴等生物。

3）古生物标志

从 P 油田 TmTS/TLUS 层的岩心照片及薄片鉴定结果中，未发现有明显的古生物化石，仅个别岩心见虫迹。

（a）波纹层理　（b）羽状交错层理　（c）泥质夹层中透镜状潮汐层理

（d）透镜状层理、脉状层理　（e）前积纹层　（f）虫孔

图 3-13　P 油田 TmTS 层岩心沉积构造图

4）地球物理标志

综合测井、岩心等资料，分析研究了白垩系 Napo 组 TmTS 砂层，TLUS 砂层的岩性及测井响应特征。对 P 油田 34 口单井沉积微相，主要通过测井数据进行测井相的识别，并将测井相与岩心相进行标定，以两口典型单井 P-11 井（如图 3-14）和 P-26 井（如图 3-15）

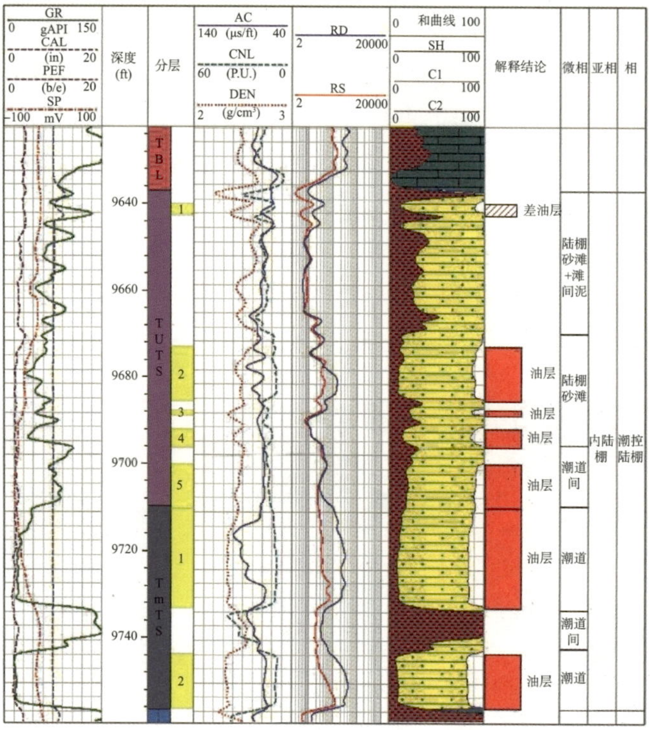

图 3-14 P-11 井测井相

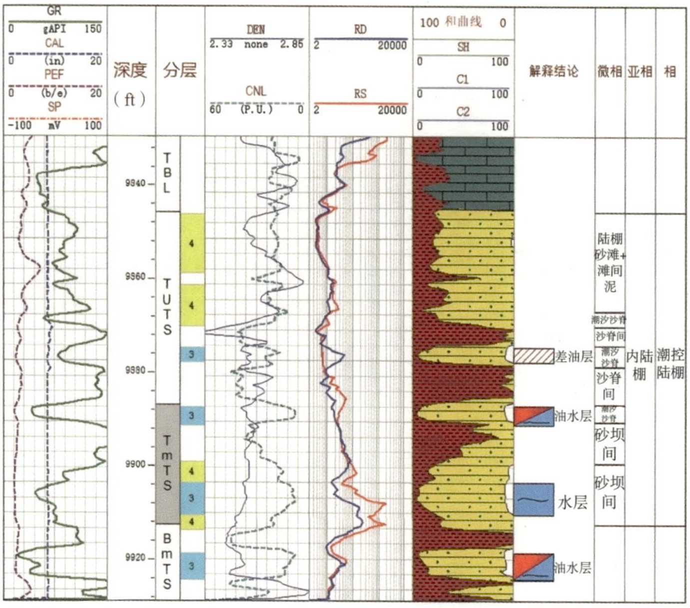

图 3-15 P-26 井测井相

为例展开典型沉积微相的分析。潮汐水道微相在测井曲线形态上显示为自然电位正旋回叠加模式，自然伽马值低，自然伽马曲线形态为箱形或箱形－钟形组合，底部多为突变接触，声波时差和中子测井值较高，密度值较低，电阻率值相对较高；岩心显示为发育楔状交错层理和侵蚀面的沉积构造。

潮汐砂脊微相在测井曲线形态多显示为指状、刺刀状，伽马（GR）值较低；岩心上发育透镜状交错层理。潮汐砂坝微相的测井曲线形态介于潮道、潮汐砂脊之间，齿化现象明显，多呈漏斗状，GR 值较低；岩心和薄片观察为发育有海绿石砂岩。潮道间微相在测井上显示为线形形态，GR 值较高。

2. 岩－电－相解释模型

岩心资料分析是沉积相研究的有效手段，对于无取心井段的沉积相研究，须通过建立取心段岩心、测井曲线特征和沉积相的对应关系来进行。通过对奥连特盆地 P 油田 P–22 井区的岩心观察分析可知，白垩系 Napo 组 TmTS/TLUS 层主要包括灰色含油中－细砂岩、浅灰色细砂岩、灰色泥质细砂岩、深灰色页岩等岩石类型，细砂岩中可见黑色泥质条带。综合岩石类型、岩石组分、沉积构造和测井相等特征（如表 3–2），充分利用测井曲线所反映的地质信息，建立 P–22、P–4 井区 Napo 组 TmTS/TLUS 层岩－电－相模型（如图 3–16~ 图 3–18），以指导沉积相研究。

表 3–2　Napo 组测井相标志

沉积微相	岩石类型	沉积构造	伽马值	密度值	电阻率值	测井曲线幅度	曲线交会关系
潮道	浅灰色中－细砂岩、灰色细砂岩、含泥砾砂岩	再作用面、双黏土层、交错层理、底部普遍具有冲刷形成的泥岩撕裂屑	$\frac{13.80}{8.70\sim36.50}$	$\frac{2.39}{2.36\sim2.43}$	$\frac{6.78}{3.33\sim16.17}$	低 GR，低电阻率	箱形或箱形－钟形组合，底部多为突变接触
潮汐砂坝	浅灰色细－粉砂岩、浅灰色细砂岩	斜层理、双向交错层理、前积砂纹层理	$\frac{34.79}{23.70\sim52.00}$	$\frac{2.37}{2.25\sim2.49}$	$\frac{42.31}{14.43\sim99.68}$	中低 GR	形态介于潮道、潮汐沙脊之间，齿化现象明显，多呈漏斗状
潮沙沙脊	浅灰色细砂岩	交错层理、羽状交错层理、底部常见泥披层和再作用面构造	$\frac{66.90}{24.10\sim115.70}$	/	$\frac{18.80}{8.71\sim37.92}$	中 GR	指状、刺刀状
潮道间	深灰色页岩	砂泥岩薄互层	$\frac{57.08}{36.52\sim63.73}$	$\frac{2.35}{2.26\sim2.49}$	$\frac{72.18}{9.43\sim312.90}$	中高 GR，高电阻率	线形

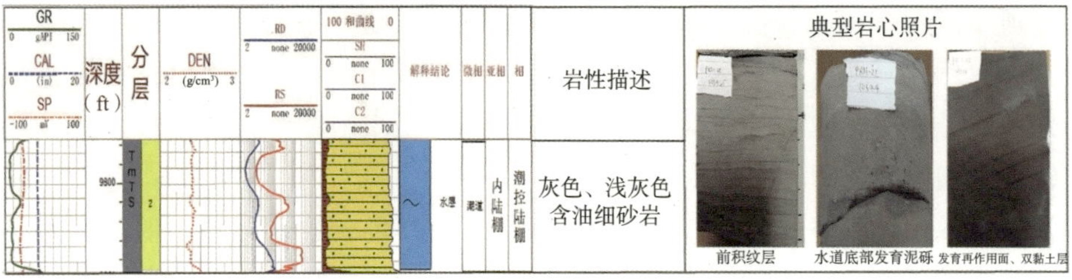

图 3-16　P-22 井 Napo 组 TmTS 层潮道岩 - 电 - 相模型

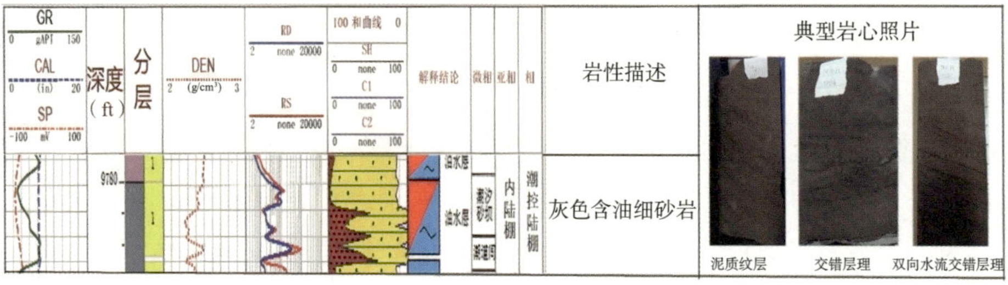

图 3-17　P-22 井 Napo 组 TmTS 层潮汐砂坝岩 - 电 - 相模型

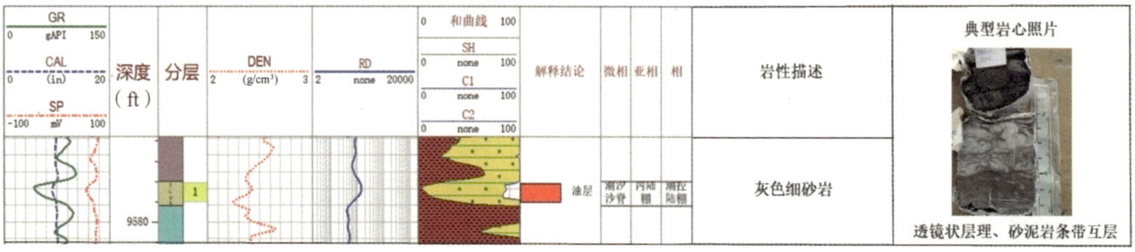

图 3-18　P-4 井 Napo 组 TLUS 层潮汐砂脊岩 - 电 - 相模型

3. 沉积相类型及特征

根据区域沉积背景、前人研究成果及 P 油田岩心资料，上白垩统 Napo 组 TmTS 层及 TLUS 层沉积相类型为受潮控作用控制的浅海陆棚相（潮控陆棚相），沉积亚相为内陆棚，主要发育有潮道、潮汐砂坝、潮汐砂脊和陆棚泥等 4 种沉积微相类型（如表 3-3）。

表 3-3　P 油田 Napo 组 TmTS/TLUS 层沉积微相类型

地层	沉积相	沉积亚相	沉积微相
Napo 组 TmTS/TLUS 层	潮控陆棚	内陆棚	潮道
			潮汐砂坝
			潮汐砂脊
			陆棚泥

潮控陆棚的水动力状况比较复杂，该带始终处于水下环境，受波浪和潮汐共同作用，

但潮汐作用较强，是潮汐控制的滨海带中水动力较强的高能地带。在往返潮流的冲刷下，潮控陆棚上部发育有许多与海岸大致垂直的潮道、潮汐砂坝和潮汐砂脊，潮道内水深流急，发育有许多大型砂波；砂坝和砂脊上则以各种小型水流波痕和浪成波痕为主，在整个潮控陆棚内，潮汐活动的记录非常普遍。

1）潮道

潮道包括潮下的潮汐水道和发育在潮间带的潮沟和潮渠。这些潮道相对于浅滩水位更深，流速更急，以大型（甚至巨型）潮汐沙波为特征，主要沉积物为大型交错层理砂岩。泥的含量随砂的粒度增大而减少。生物扰动构造不发育或没有。潮道（尤其是切割潮间坪的潮沟和潮渠）具有曲流河道的特点，由于水道迅速侧向迁移，形成向上变细的层序，层序底部具有明显的侵蚀面，侵蚀面上分布有滞留的砾石、泥砾，以及海相和半咸水的生物碎块和贝壳。边部发育潮道边滩与潮道堤岸沉积，为高能环境，主要沉积中粗砂岩及砾岩，大型潮汐层理、交错层理较发育。

研究区内潮道以灰色沉积中粒石英砂岩、高岭石砂岩为主，分选中等，磨圆多呈次圆状。潮道微相通常表现为向上变细、变薄的沉积序列，在垂向上，自下而上具有粒度由粗变细、交错层规模和厚度变小变薄的正旋回层序。其底部为残留沉积物，通常由贝壳、砾石及其他粗粒沉积物组成，并具侵蚀底面；下部是由较粗粒砂组成的深潮汐水道沉积，具双向板状交错层理和槽状交错层理；上部为中细砂组成的浅潮汐水道沉积，具双向小型到中型槽状交错层理和平行层理及波纹层理。GR 曲线上呈钟形或箱形（如图 3–19）。

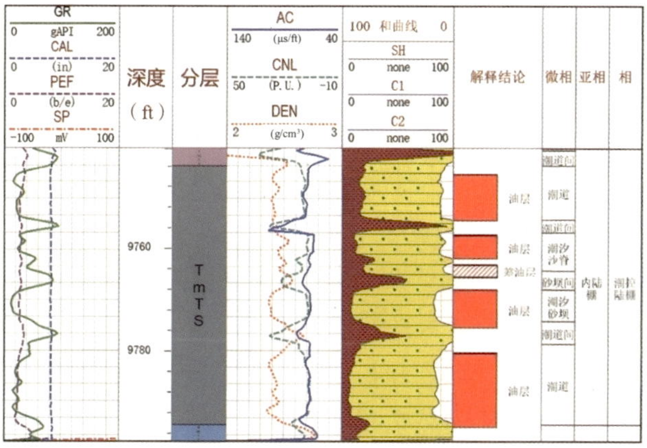

图 3–19　P–15 井沉积微相柱状图

2）潮汐砂脊

砂脊不管是由潮汐形成的（Houbolt，1968），还是与风暴有关（Swift，1976），其走向总是平行于主要的海流方向。在以潮汐作用为主的北海，砂脊在平面上是线状的，高达 40m，剖面上是不对称的，其延伸方向平行于潮流方向和沉积走向。

P 油田中潮汐砂脊沿平行于最大潮流方向展布，并沿较弱水流的方向侧向迁移。P 油田 TmTS 砂层、TLUS 砂层中的潮汐砂脊以灰白色、灰绿色中 – 细粒石英砂岩为主，底部冲刷面之上具有生物碎屑等粗粒滞留沉积，内部具有交错层理、羽状交错层理以及复合交错层理等，底部常见泥披层和再作用面构造。由于潮汐砂脊顶部水深较浅，潮流和波浪作用最强，潮汐砂脊整体呈向上变粗的沉积序列。潮汐砂脊一般厚度不大，主要由于突然的海侵作用，水深突然增加使其沉积被抑制。GR 曲线多呈齿状或刺刀状。

3）潮汐砂坝

潮汐砂坝分布在潮道之间，随着潮汐水道凹岸一侧不断发生侵蚀，沉积物向上沉积在平缓的凸岸一侧，从而形成了侧向加积的潮汐砂坝沉积。潮道底部沉积最厚、含有滞留沉积物（泥砾等），而迁移的潮汐砂坝逐渐覆盖了活动的潮道，从而在垂向上构成了一个完整的向上变细的沉积旋回。研究区潮汐砂坝岩性以细 – 中粒石英砂岩、高岭石砂岩为主，分选中等、磨圆度较好，结构成熟度较高。潮汐砂坝垂向上依次发育具有板状或楔状交错层理、含脉状层理和平行层理，泥披层含量较低。潮汐砂坝随着潮道迁移而发生侧向迁移，形成一系列具有交错层理的侧积层。向陆方向上涨潮流速度降低，平坦的砂坝顶部流速较高，发育高流态沙坪沉积，形成平行层理和脉状层理。由于水动力较强，粒度以中 – 粗粒为主，泥披层含量较少，潮汐砂坝沉积序列总体上呈弱的正旋回特征，GR 曲线形态上介于潮道和潮汐砂脊之间。

4）陆棚泥

陆棚泥微相主要分布在潮道间、砂脊间，以灰色、深灰色泥质沉积为主，也见泥质粉砂岩、粉砂质泥岩等岩性。电测曲线表现为 GR 值高，曲线呈线状和锯齿状，发育互层层理和韵律层理等沉积构造。

4. 沉积相模式

P 油田 TmTS/TLUS 层发育于以潮汐作用为主、坡度极缓的海陆过渡环境，从而形成了潮控陆棚相沉积模式。潮控陆棚具有中等到低的斜坡的特征，其分布范围从下临滨（深度大约 5m）到海平面以下平均约 200m 的大陆斜坡坡折，最有效的沉积物搬运与潮流有关。其中，潮流作用可以是永久的。陆架的潮汐与月球和地球、太阳和地球之间的万有引力所产生的半日、全日、双周和长期海平面变化有关。由于潮波是从开阔大洋传播到陆架上的，所以它在向岸方向越来越变得不对称，而且有涨潮流速超过退潮流速的趋势，从而导致沉积物的向陆搬运和沉积；也可能作为前进潮波沿海岸运动（Mofjeld，1976）。在每两周一次的大潮期间，尤其是在得到每半年一次的强潮叠加时，潮差和共生的潮流最大。潮流速度的变化随水深变浅而增大。

潮道、潮汐砂坝和潮汐砂脊主要发育在潮控陆棚的内陆棚亚相中，潮道也称潮汐水道、潮汐通道、潮沟、潮渠。其发育程度取决于潮差，潮差小则很少形成潮道。它们的宽度、深度不等，这主要取决于潮汐强度和持续时间。潮道属潮下高能环境。其沉积物主要由沿平行海岸方向的侧向迁移形成（如图 3-20）。

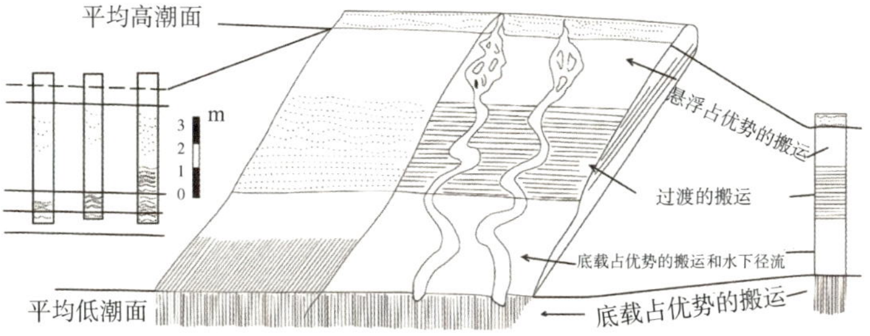

图 3-20　北海海岸的潮道模式（据 Klein，1971）

潮汐砂脊主要形成于物源供给充足的、表层潮流速度大于 50cm/s 的浅海陆棚地区，平行于最大潮流方向呈线性、放射状分布。潮汐砂脊高几十米，宽几百米到几公里，长达几十公里。潮汐砂脊常成群出现，砂脊间距离为几百米到几公里。由于潮流速度的变化，砂脊线可平直或弯曲，分布于潮道之间。

潮汐砂坝形成于物源供给丰富的潮控浅海，是一种较大规模的横向坝形体，是现代潮汐陆棚中典型的沉积底形。沙波延伸方向垂直于涨潮与落潮方向，可发育层系厚度达 1m、低角度的交错层理。波长为几十米到几百米，波高几米到几十米，形态可以对称，也可以不对称，这主要取决于双向潮流的作用强度（如图 3-21）。

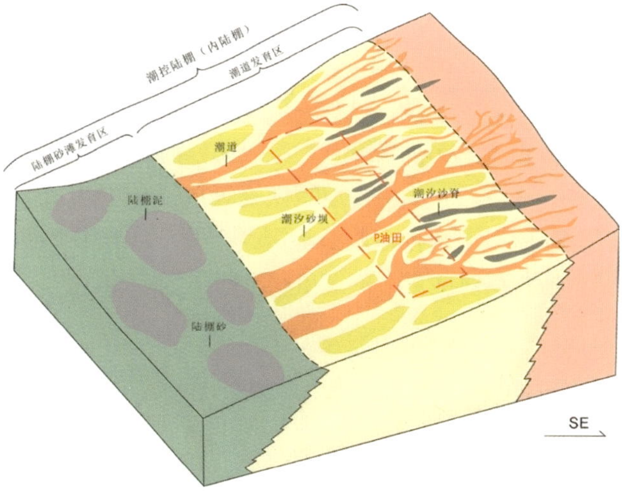

图 3-21　P 油田 TmTS/TLUS 层沉积相模式图

第三节　沉积微古地貌恢复技术

一、微古地貌恢复

微古地貌恢复研究主要是揭示物源区、搬运通道、沉积低势区三者之间的关系，不同的古地貌单元对砂体分布的控制作用不同，只有在时空上耦合，才能重建物源的输导、分配及堆积。古地貌恢复及沉积过程分析可以预测富砂沉积体系的分布、发育类型及沉积充填序列，成为预测有利储集砂体展布的有效途径。目前常用的古地貌恢复方法有残余厚度法、印模法等。

残余厚度法的基本理论是以目的层下伏某个标志层作为等时基准面，以待恢复古地貌顶界面与该基准面之间的残余厚度来描述古地貌形态，残余厚度小的地方表征古地貌低势区，残余厚度大的地方表征古地貌高势区（梁峰，2008）。

印模法基本原理为：古侵蚀面是一个高低起伏不平的面，上覆沉积层将按照“填平补齐”的原则进行沉积充填，由于地层是逐渐地一层一层向上加积的，因此在古侵蚀面上地势低洼地区的上覆沉积层较厚。相反，地势较高地层的上覆沉积层则较薄，故可以利用上覆充填沉积的标志层至侵蚀面厚度来镜像反映侵蚀面的微地貌分布。

在运用印模法进行古地貌恢复时，上覆沉积层中的标志层的选择比较重要，一般应尽可能选择靠近侵蚀面（转换面）的某一界面，而且此界面最好是一个基本上与古海（湖）平面平行的面或近似的水平面。根据补偿沉积原理，将目的层上覆某一地层顶界作为等时基准面，以待恢复侵蚀面顶界与该基准面之间的厚度，通过镜像关系来描述古地貌形态，厚度小的地方为古地貌高势区，厚度大的地方为古地貌低势区（胡修权，2014；江青春，2012）。

研究区 TBL 灰岩顶面和 BMTS 灰岩顶面均为层序转换面，白垩系 TmTS 层海相碎屑岩居于其间（如图 3-22），因此，研究采用印模法，对上述两套灰岩之间的碎屑岩厚度进行分析，完成微古地貌恢复。从拉平 TBL 层灰岩顶面来看，当灰岩之间的碎屑岩厚度较厚时，为微古地貌低势区，上覆沉积层较厚；当灰岩之间的碎屑岩厚度较薄时，为微古地貌高势区，上覆沉积层较薄（如图 3-23）。

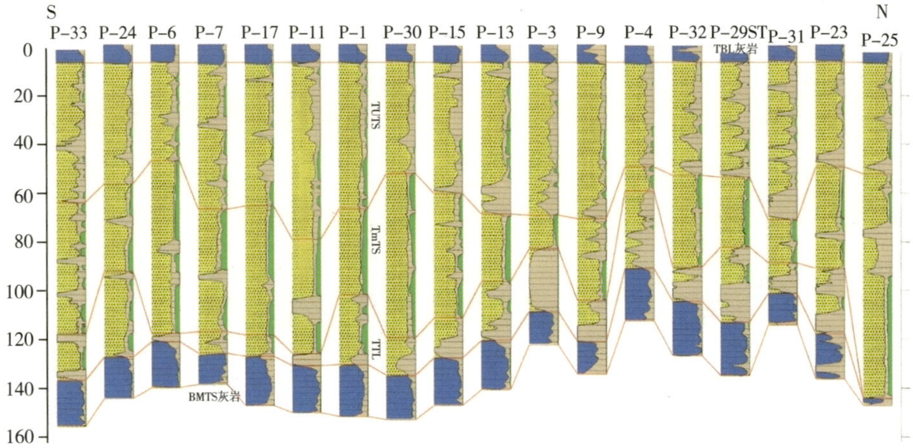

图 3-22　P 油田南北向地层对比图（拉平 TBL 灰岩底，单位：ft）

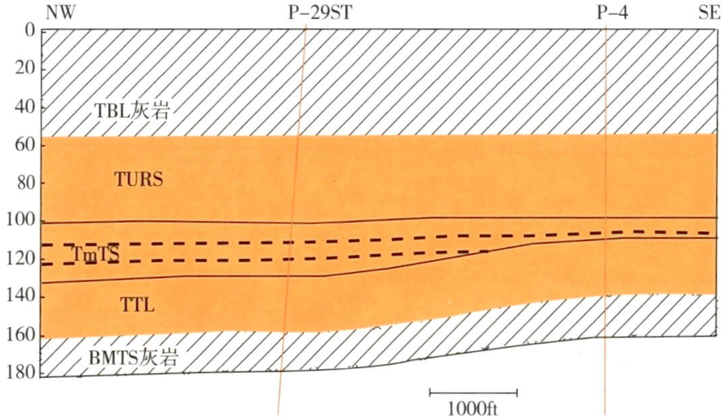

图 3-23　P 油田中北部 TmTS 层微古地貌模式图（TBL 灰岩底去褶皱，单位：ft）

二、微地貌控砂作用

P 油田沉积砂体明显受控于沉积期古地貌，通过已钻井地层垂厚与储层垂厚交会分析，古地貌高低与储层厚度呈明显正相关关系（如图 3-24），微地貌控砂作用明显。古地貌低势区，储层厚度厚，砂体较为发育；反之，古地貌高势区，储层厚度薄，砂体发育程度弱。

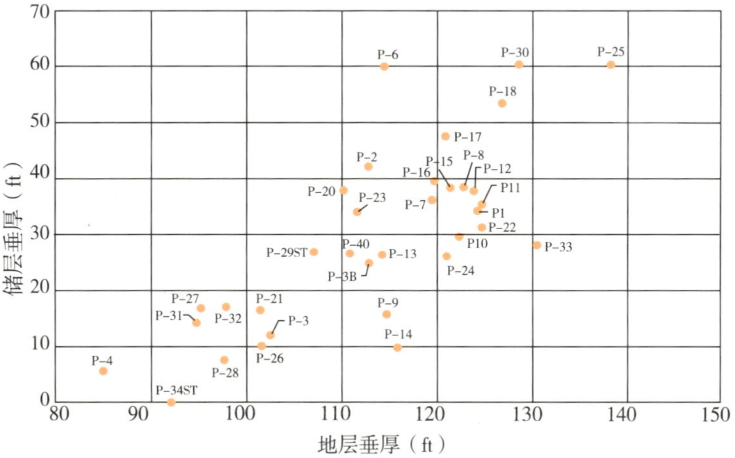

图 3-24　P 油田 TUTS+TmTS+Base Tinf 地层垂厚与储层垂厚交会图

以研究区中北部为例，完成微古地貌平面刻画。研究区 P-4 井，处于微地貌明显高势区（如图 3-25），沉积砂体发育条件差，储层仅发育 5.9ft（油田钻井钻揭储层平均厚度 28.6ft）。对 TBL 层灰岩顶面进行去褶皱恢复后，使用印模法，完成 TmTS 层微古地貌恢复，从恢复成果来看，P-4 井高势区向南延伸，该井北部微地貌地势条件有利，沉积砂体条件优越，预测 P-4 井向北沉积砂体发育，依托沉积微古地貌恢复成果，上钻新井

P–31 井，钻获厚约 16.5ft 的 I 类优质砂体，初产获 1000 余 bbl/d 的高产油流，证实微古地貌恢复成果可靠。

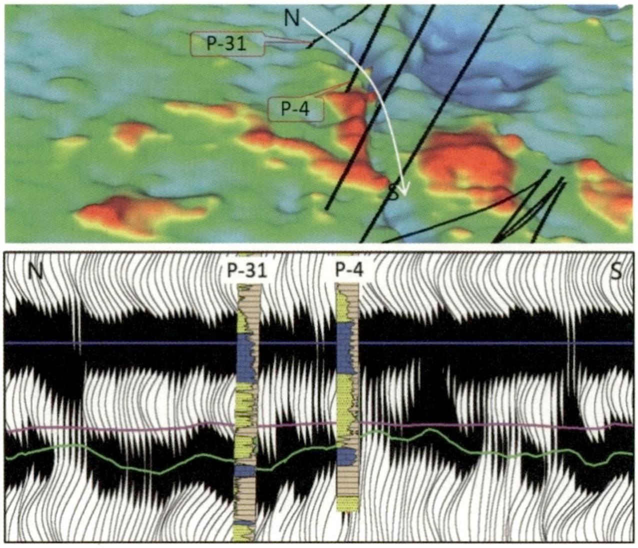

图 3–25　P 油田中北部 TmTS 层微古地貌平面分布图

第四节　基于半监督波形分类的沉积微相精细刻画技术

地质上沉积相研究通常基于单井岩心资料、钻井资料和测井资料，在已钻井区域有较充足的资料用于描述微相类型，在井间和无钻井控制的区域，通常需要借助地震资料来预测沉积相的展布。地震相研究方法较多，概括起来可以分为基于反演、基于地震属性和基于波形的三类地震相分析技术。其中，基于波形的地震相分析技术目前应用最为广泛。

一、波形分类地震相研究概述

地震波形是振幅、频率、相位等地震属性的综合反映。地震波形分类是常用的储层预测方法。地震波形聚类是地震波形分类中的一种，它只依赖地震数据本身而不依靠先验信息，使得相同分类相的地震数据聚在同一类簇下。

波阻抗反演及地震属性技术均无法评价地震信号的总体变化程度，但是，任何与地震波传播有关的物理参数变化都反映在地震道波形的变化中，可以使用样点值随时间的变化来刻画和衡量地震道的波形变化，基于波形的地震相分析技术便由此而生。

基于波形的地震相分析技术较基于属性的地震相分析技术有独特的优势。基于属性的地震相分析技术利用某些对地质情况敏感的属性（如振幅强弱）划分出与沉积相对应的地震相，但前提是这些属性存在且对地质信息敏感，然而，寻找这些敏感属性或属性组合往往比较困难。另外，属性不能反映地震信号的总体变化，没有一个单一属性或几个属性的组合能描述整个地震信号的非均质性。基于波形的地震相分析技术综合利用了地震波的频率、相位、速度、能量等各种信息，是基于地震信号整体差异的分类，克服了属性分析技术的缺陷。

地震相分析是在地震道的波形特征的识别和分类的基础上进行的。地震道波形是地震响应参数（振幅、相位、频率等）的综合反映，因此，它的变化将直接影响到地震响应的各种参数的综合变化。基于这一原理，在地震相分析中对地震道波形形状的有效识别和准确分类对分析效果至关重要，分类方法如下：

（1）地震道形状的变化可定量地表述为从一个采样点到另一个采样点值的变化，也就是采样点波形是强负、负值、零、正值还是强正的变化。对分析层段内的每一个地震道进行样点间梯度变换 $G=\mathrm{d}x-\mathrm{d}y$，形成地震道梯度变化序列，如图 3-26 所示。

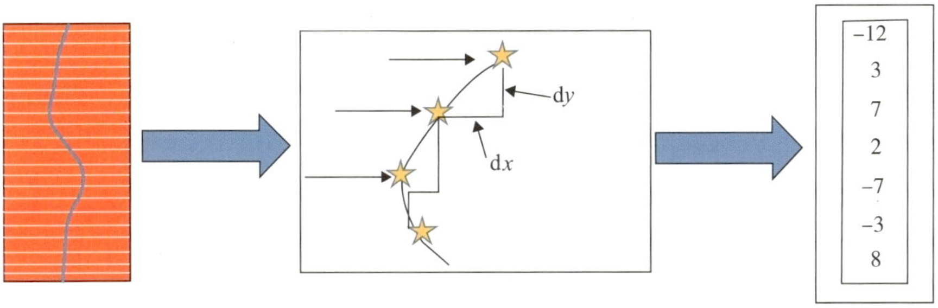

图 3-26　地震道梯度变化序列

（2）对梯度序列进行归一化并进行自组织神经网络分析，建立能代表全区地震道形状变化的典型梯度序列，如图 3-27 所示。

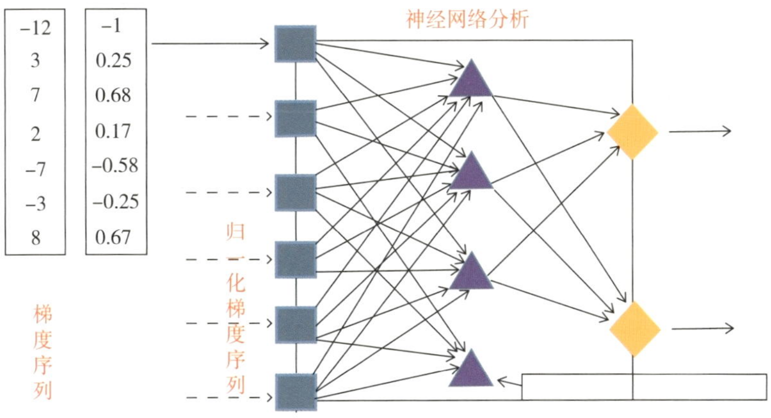

图 3-27　新的梯度序列

（3）利用典型梯度序列，形成地震相分类的模型道，完成地震道形状的识别，如图 3–28 所示。

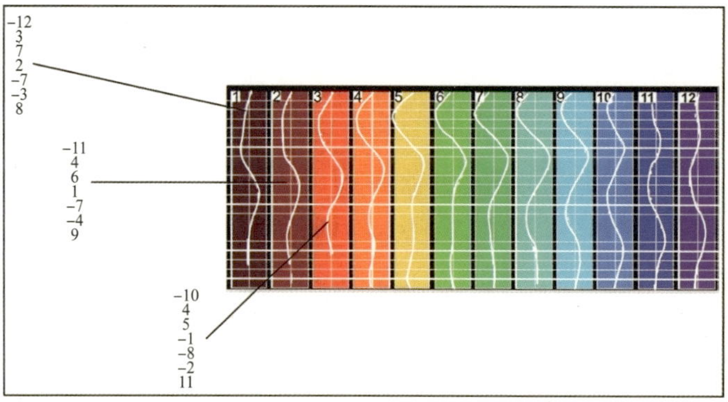

图 3–28　地震道形状的识别

总之，用地震道波形对地震道进行分类，一方面将有助于减少用单一地震属性，如振幅、相位、频率等对相划分带来的多解性；另一方面还可引入合成地震记录曲线，参与到地震相分析中，进一步提高地震相分析的精度，有利于地震相划分和沉积环境的研究。

地震相参数是识别地震相的标志。在地震相分析中，最常用的地震相参数包括内部反射结构、外部几何形态、连续性、振幅、频率、层速度等。地震相参数与相应的地质解释如表 3–4。使用人工神经网络技术，根据每个地震道的形状进行分类，即是基于波形的地震相划分。

表 3–4　地震相参数与相应的地质解释

地震相参数	地质解释
内部反射结构	总的岩层模式、物源方向沉积过程、侵蚀作用、古地理及流体界面
外部形态	总的沉积过程、物源方向、地质背景
反射连续性	地层连续性、沉积过程
反射振幅	地层岩性、地层厚度、地层结构、流体成分
反射频率	地层厚度、流体成分
层速度	岩性、孔隙度、流体成分

二、地震波形分类方法与流程

1. 地震波形分类

地震波形分类技术作为地震学的重要部分，按照是否需要训练集对照可以分为有监督地震波形分类、无监督地震波形分类和半监督地震波形分类。常用的无监督地震波形分类算法有 K-Means 方法、SOM 算法等；常用的有监督地震波形分类算法有贝叶斯决策论、人工神经网络和支持向量机等。半监督算法对于地震数据要求较高且需要满足平滑假设、聚类假设、流体假设。在处理巨量地震数据时，冗杂多余的信息将导致计算速度大幅降低，使用特征提取能够加强巨量地震数据中的有效特征，降低巨量地震数据维度，提高运算速度，减少运算时间和成本；常用的特征提取方法有主成分分析等。相似性度量是描述两道地震数据的相似性程度，地震波形分类中，需要综合评定波形的相近程度，相似性程度越高、形态越接近，相似性度量结果越高；相似性程度越低、形态越疏远，相似性度量结果越低。

地震波形分类流程如图 3–29 所示，将目的层段的地震数据按时窗大小提取出来后，根据有无标签数据等选用合适的波形分类方法获取分类相。通过在特定层位上提取一定时窗的地震波形数据后，根据数据资料情况，选择无监督学习或有监督学习方法，在得到分类相后，将分类结果与测井数据等结合以解释地质相。

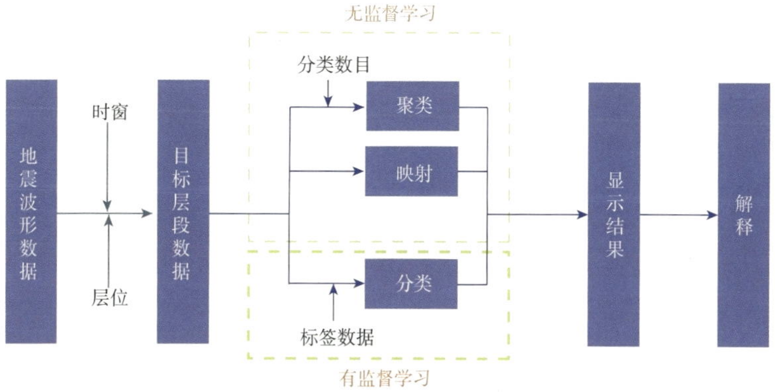

图 3–29　地震波形分类流程

2. 无监督算法

无监督算法在地震波形分类中也称为地震波形聚类方法。对于不同的数据样本，要根据类簇的类型、类簇的特性、样本数量和属性的维度选择合适的聚类算法。

整体的聚类过程如下：

（1）根据样本信息，选取合适的相似性度量。

（2）根据数据特性选择适当的聚类算法。

（3）对分类相进行评估，若不合适则调整参数和聚类算法。

（4）针对不同维度和不同特征的数据选择合适的显示方法。

无监督算法在地震勘探中是最常用的地震波形分类技术，因为勘探过程中，由于测井成本的昂贵，往往测井资料是缺失的，此时只能利用地震数据本身来进行处理和分析，因此无监督算法能够应用到早期的资料处理中。在地震波形聚类方法中，K-Means 波形聚类方法是最为主流的算法之一。它只需要输入地震数据和分类数目，依据地震数据自身的内在联系，在无人为干预情况下，使得地震数据按照聚类算法得到分类相。K-Means聚类算法常用于搭配欧氏距离作为相似性度量。

K-Means 方法实现步骤（如图 3-30）：

（1）在数据集合中随机选取 K 个点称为均值，K 值为分类数。

（2）比较剩下的点与选取的均值点的距离，选择距离最近的均值，将该点归为该均值代表的类别中。

（3）分别计算已经形成的类别的均值，得到新的均值。

（4）利用新的均值，再次计算其他点与每个均值的距离，将该点归为最近的均值分类中。

（5）重复执行第③步和第④步直到不再发生变化为止。

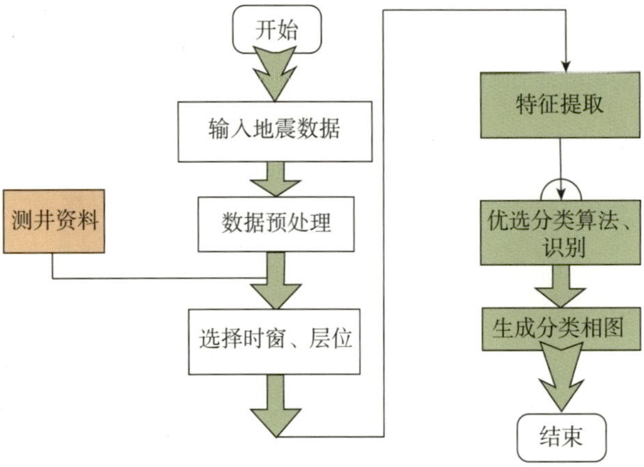

图 3-30　无监督地震波形聚类流程

3. 有监督算法

有监督算法是指充分利用已有的测井等先验信息，根据已有的测井数据，获取目的层段上相应位置的岩性信息来建立标签数据库，再依据分类算法的结果联系已有的标签数据库，对分类相进行岩性解释（如图 3-31）。有监督地震波形分类算法中，贝叶斯算法最为常用。

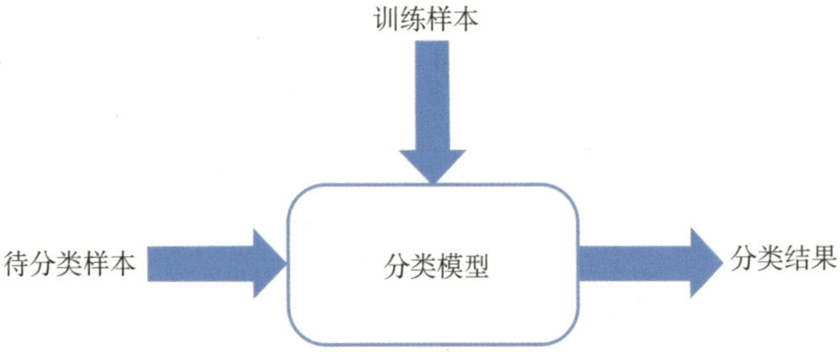

图 3-31　有监督地震波形分类步骤

4. 半监督算法

半监督算法是根据实际数据中标签数据的数量提出的。在实际的地震资料处理中，有标签数据是有限的，远远少于无标签数据，针对此情况，提出半监督算法来削弱对于标签数据的依赖。因此半监督学习需要对有限的标签数据进行强化，使用已有的标签数据辅助学习设计模型，在进行半监督算法时，需要满足一些特定条件，否则可能会适得其反，该条件包括：

（1）平滑假设：密度越高的地震数据区域标签类似度越高，密度越低的地震数据区域标签类似度越低。

（2）聚类假设：数据能够被分类，数据稀疏区域处存在分类决策边界，高密度区域处无决策边界。

（3）流体假设：地震数据连续不间断变化，在不考虑数据采集误差的情况下，地震数据应是连续变化的，当地质变化范围无限趋近于零时，地震变化趋近于零，标签变化趋近于零。

三、基于半监督地震波形分类的沉积微相精细刻画技术

地震相与沉积相之间往往是对应的，但是这种对应并不是绝对的，有时某一地震相单元可能包括两种甚至两种以上的沉积相，反过来，某一沉积相也可能形成多种地震反射特征，造成这种现象的主要原因有以下几个方面：

（1）地震分辨率远远小于地质方法的分辨率，地震剖面上不能反映较细致的岩性、岩相变化。

（2）地震资料中存在非地质因素和非沉积因素的干扰。

（3）同一沉积相在不同地区或盆地的不同内部，由于区域地质背景和沉积条件的差异等，使同一沉积相的地震响应也不尽相同。

在实际项目运行中，往往单井微相与地震相之间并非一对一的对应关系，那么就需要根据单井对应的地震反射特征进行约束。当单井内部微相存在多种类型时，往往需要简化微相组合，P 油田 TmTS 层内部可分为两个砂层组，因此，从微相优劣角度可将单井纵向上简化为“上好下差”“上差下好”“上下都好”“上下都差”四种组合关系。

通过简化单井微相组合及其与地震相（如图 3–32）分类对比研究，建立不同砂体组合的地震反射特征（如图 3–33），进而刻画出优势微相（P 油田 Napo 组 TmTS 层优势微相为潮道微相）的平面变化特征（如图 3–34），表明 P 油田 TmTS 层优质储层发育方向主要为北西西向。

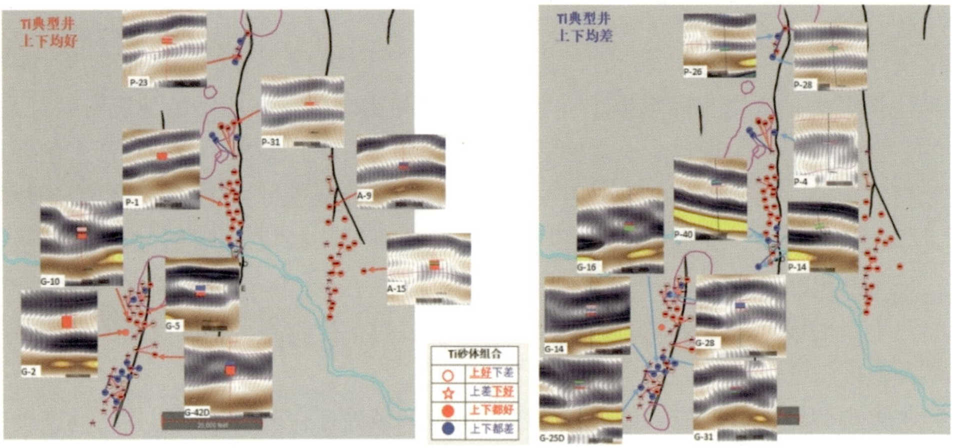

图 3-32　P 油田 TmTS 层沉积微相平面图

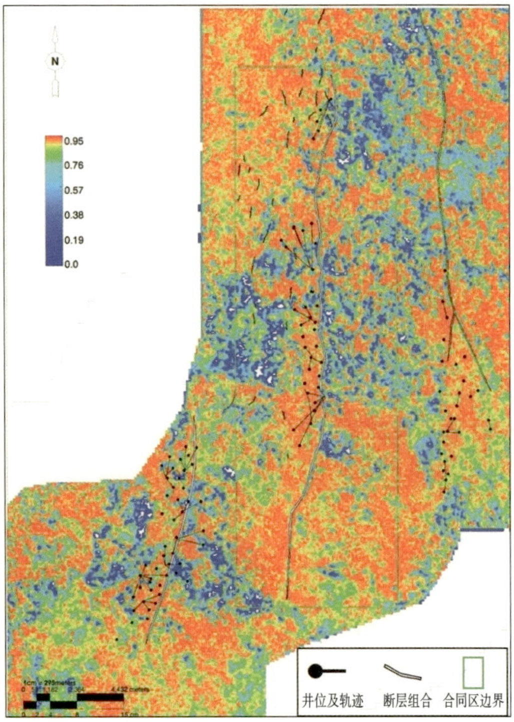

图 3-33　G-P-A 油田群 TmTS 层波形聚类地震相平面图

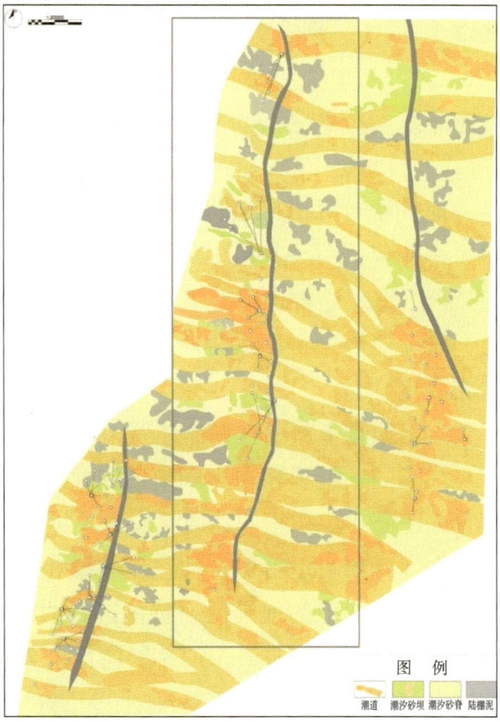

图 3-34　G-P-A 油田群 TmTS 层沉积微相平面图

第四章

海相潮控多期叠置砂体分布地震预测技术

第一节　优质砂体地震多参数响应模式分析技术

一、技术难点

P 油田 TmTS 地层平均厚度 42.15ft，储层平均垂厚 28.6ft。结合多井储层精细标定成果，该目的层对应时间域地震时窗约为 10ms，其中 15 口井对应波谷反射，11 口井对应下波谷 + 上波峰反射，7 口井对应波峰反射（如图 4–1）。

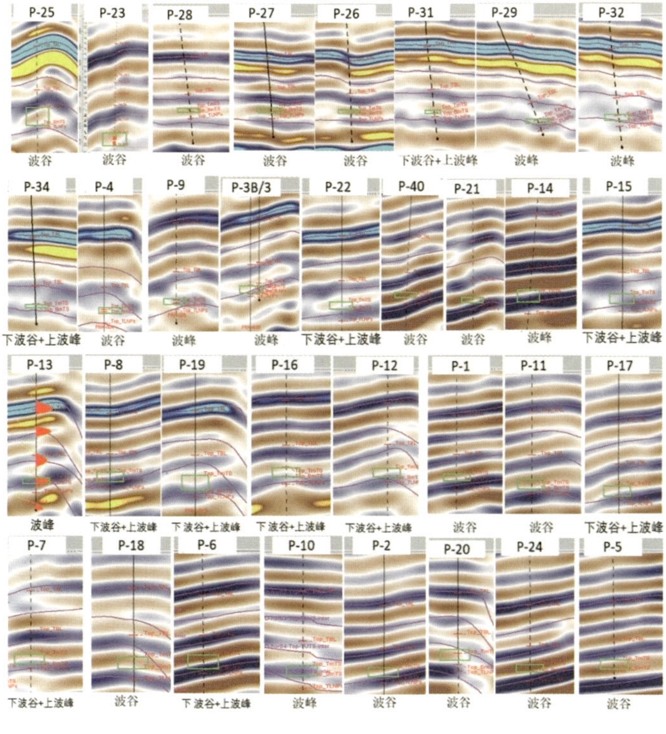

图 4–1　P 油田 TmTS 层储层地震标定位置

设计地质模型开展地震正演研究，在上覆的 TUTS 层和下伏 BMTS 层海绿石砂岩发育稳定情况下，TmTS 层优质砂体发育时，上波谷和下波峰振幅值分别为 –42 和 160，当层内有发育厚度不等的泥岩、层内夹泥岩或致密砂岩时，振幅能量增强；当层内仅夹致密砂岩时，振幅能量减弱（如图 4–2）。

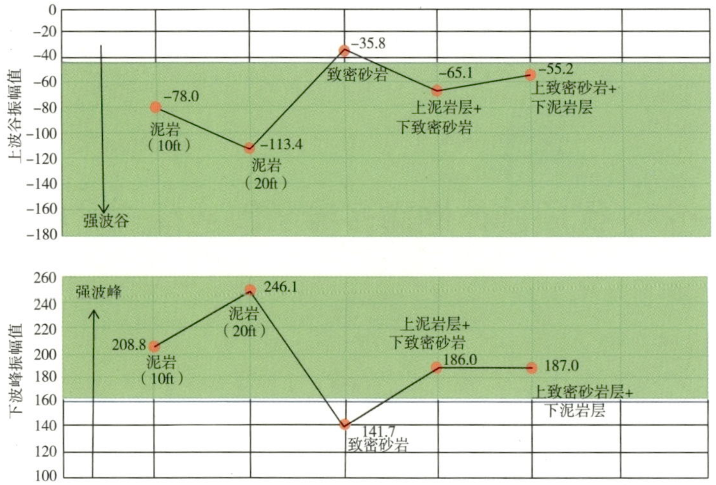

图 4–2　P 油田 TmTS 层内岩性变化情况下地震正演（下伏岩性稳定发育）

若 TmTS 层优质砂体稳定发育，上波谷和下波峰振幅值分别为 –42 和 160，当下伏 BMTS 层岩性及厚度发生变化时，目的层振幅能量有强有弱（如图 4–3）。

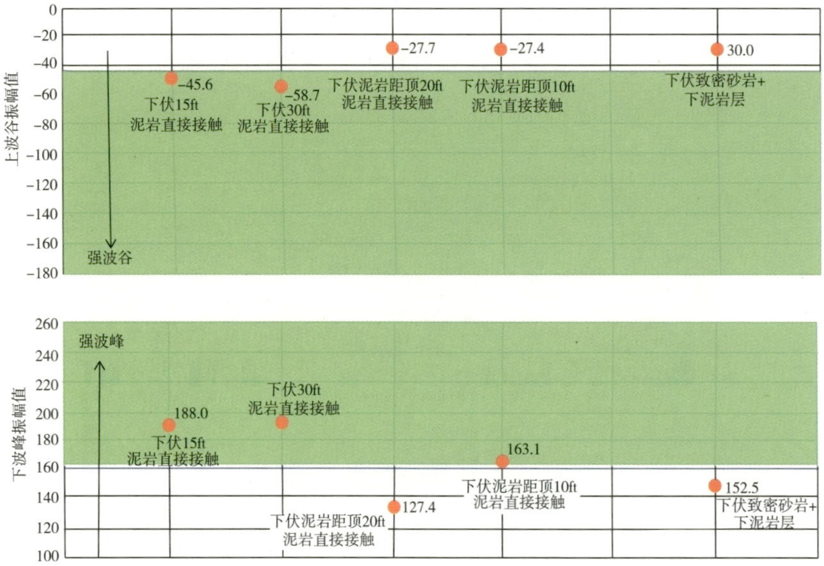

图 4–3　TmTS 层下伏岩性变化情况下地震正演（TmTS 层岩性及厚度稳定发育）

TmTS 目的层沉积时，其内部岩性变化的同时，下伏 BMTS 层亦发生变化，两者岩性及厚度横向变化无明显相关性，因此，仅靠单因素（振幅信息）无法准确建立储层地震响应模式，储层地震响应模式不清晰。

基于实钻井的 TmTS 层储层与非储层段的声波速度与密度交会分析（如图 4–4）可知，储层与非储层的声波速度与密度均差别较小，储层 / 非储层难以有效区分，薄储层地震预测难度大。

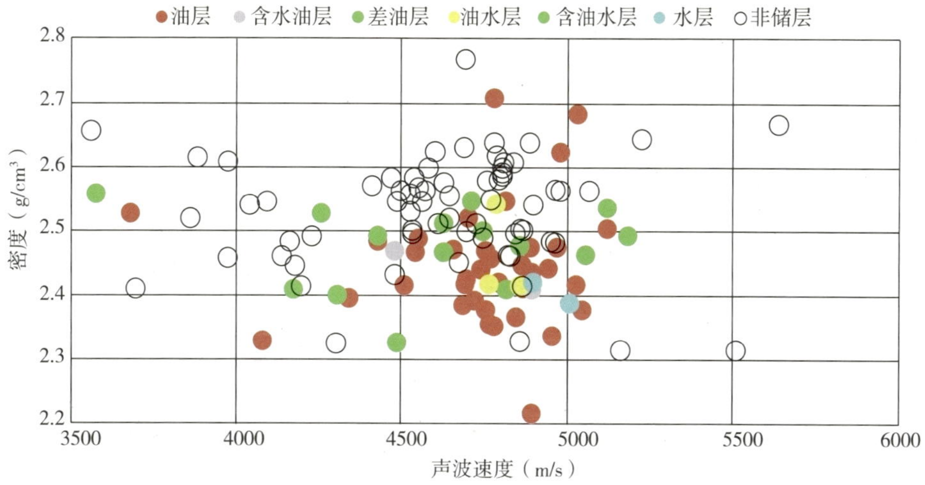

图 4–4　实钻井的 TmTS 层的储层与非储层段的速度与密度交会分析

二、关键技术

该技术从地震反射属性、外部几何形态和内部构型三个维度，综合分析 TmTS 目的层地震反射特征，建立多参数储层地震响应模式判别技术。其中地震反射属性包括振幅、视频率、波形变化和连续性；外部几何形态包括席状、席状披盖、楔、滩状、透镜状、丘状和充填状；内部构型包括平行与亚平行反射结构、发散反射结构、前积反射结构、波状反射结构、杂乱内部反射结构和空白反射。

通过井震地震多参数地震响应特征分析，成功建立 P 油田 TmTS 层储层地震响应模式，即同时满足下述五项条件：

（1）反射属性：中强振幅 – 中低频率 – 高连续性。

（2）外部形态：席状。

（3）内部构型：平行或者亚平行反射结构。

（4）避开沉积地貌高部位。

（5）完整波谷 – 波峰反射。

图 4–5a、图 4–5b 和图 4–6a、图 4–6b 分别为研究区典型井 P–1 井和 P–4 井 TmTS

层储层地震响应模式。P–1 井 TmTS 层地震表现为强峰强谷振幅、中低频、反射波形稳定（如图 4–5a），并且避开了沉积地貌的高部位（如图 4–5b），满足优质砂体地震反射模式，钻井揭示 TmTS 层钻遇优质砂体发育较厚为 35ft，该井 1978 年投产，初产油 1264bbl/d，截至 2013 年关井，累计产油达 539 万桶。

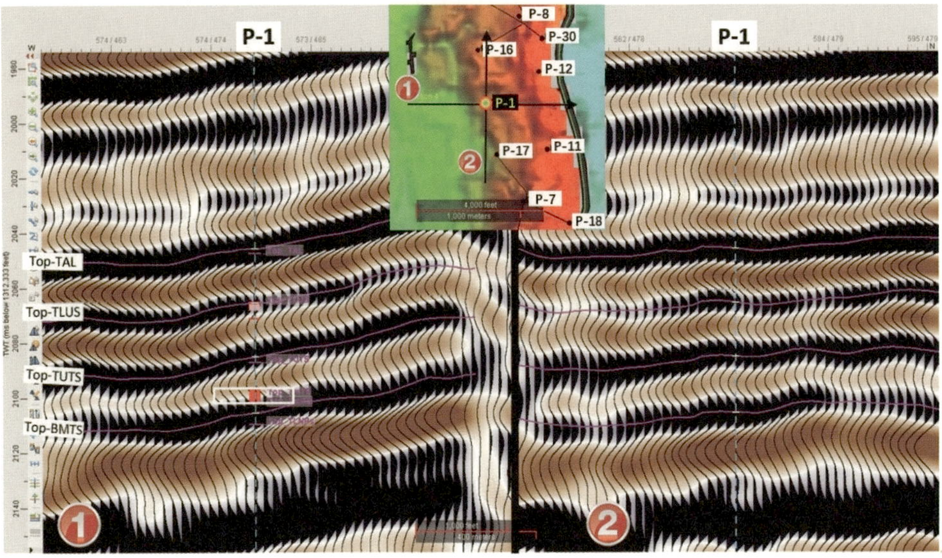

（a）P–1 井储层地震反射模式

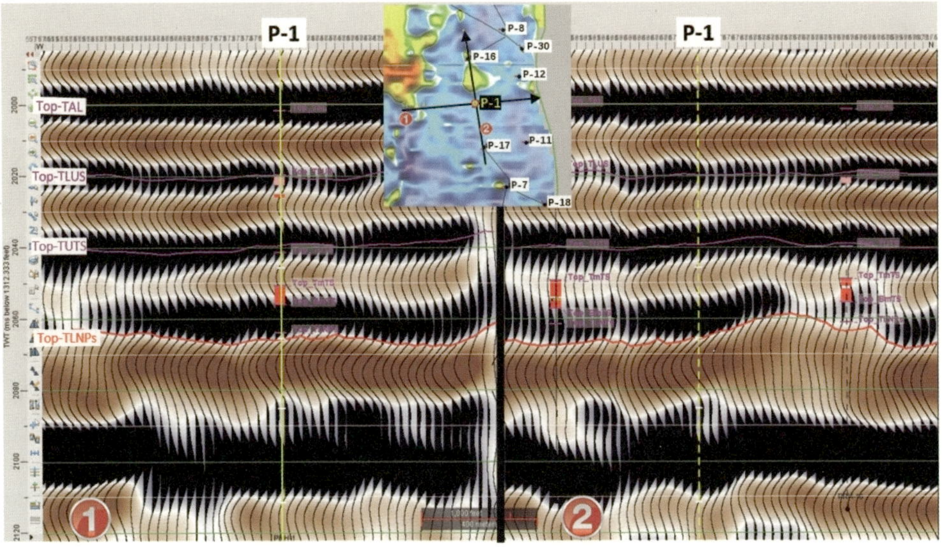

（b）P–1 井储层地震反射模式（拉平 TAL）

图 4–5　P–1 井两类储层地震反射模式

典型井 P–4 井 TmTS 层地震反射特征为弱振幅、高频率、波形为丘状（如图 4–6a），位于沉积地貌较高部位，对砂体沉积不利（如图 4-6b）。钻井揭示该井 TmTS 层优质砂体发育较薄仅厚 4.5ft。

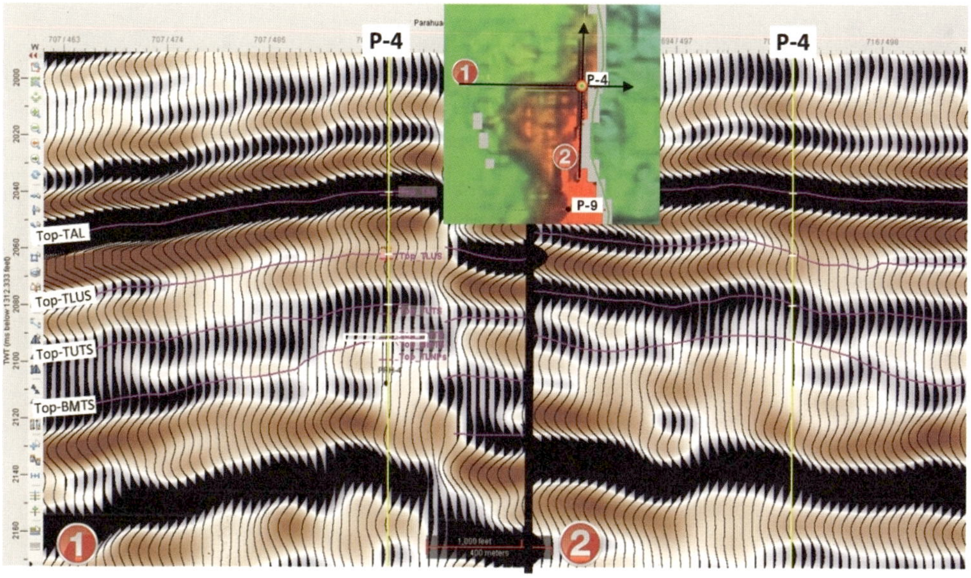

（a）P-4 井优质砂体地震反射模式

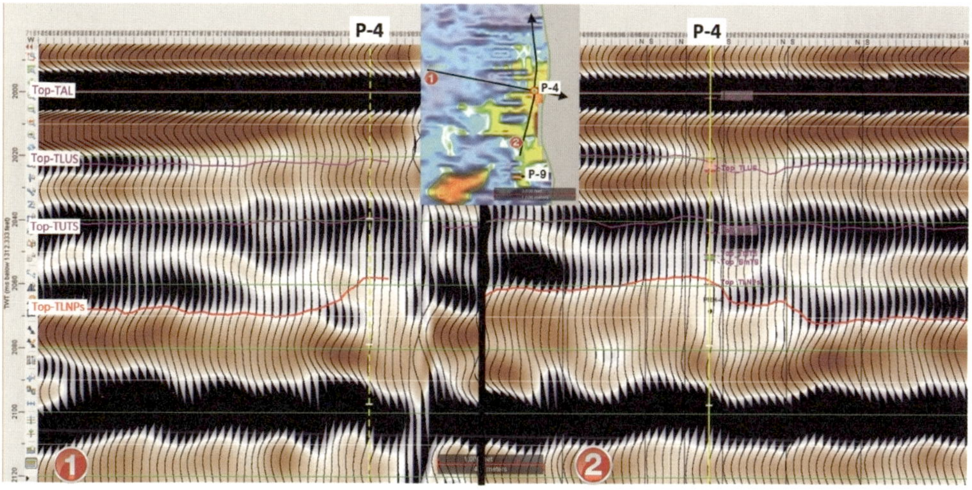

（b）P-4 井优质砂体地震反射模式（拉平 TAL 顶）

图 4-6　P-4 井两类优质砂体地震反射模式

利用该项技术，逐次统计完成 P 油田各井多参数储层地震响应模式分析（如表 4-1），与测井解释砂体厚度对比分析，运用地震多参数响应模式分析技术，所建立的地震响应模式与井吻合率高（仅 1 口井不吻合，紧邻断层井未纳入统计）。

表 4-1　P 油田已钻井 TmTS 层地震反射特征及储层参数统计表

序号	井名	地震相							测井解释砂体厚度（ft）			碎屑岩 TUTS+TmTS + BMTS 厚度（ft）	钻井吻合率
		反射属性				外部形态	内部构型	沉积地貌					
		视频率	振幅	连续性	波形变化				I 类砂体	II 类砂体	I+II 类砂体		
1	P-14	中频	中谷中峰	好	否	席状	平行	有利	0	11.5	11.5	115.7	√
2	P-5	中低频	弱谷中峰	中等	否	席状	亚平行	有利	22.8	20.5	43.3	未钻穿 BMTS	√
3	P-24	中低频	中谷强峰	好	否	席状	平行	较有利	13.5	12.2	25.7	120.9	√
4	P-21	中低频	弱谷强峰	断续	是	席状	波状	不利	0	18.6	18.6	101.3	√
5	P-40	中低频	中谷强峰	好	否	席状	平行	有利	14.1	7.4	21.5	110.7	√
6	P-20	紧邻断裂，地震失真							25.6	10.9	36.5	110.1	
7	P-2	中频	中谷强峰	好	否	席状	平行	有利	13.1	29.3	42.4	112.7	√
8	P-10	紧邻断裂，地震失真							0	20.4	20.4	122.2	
9	P-6	中高频	中谷强峰	好	否	席状	平行	较有利	0	14	14	114.4	√
10	P-18	紧邻断裂，地震失真							51.3	0	51.3	126.7	
11	P-7	中频	弱谷弱峰	中等	是	微丘状	波状	不利	42.1	0	42.1	119.4	√
12	P-17	中频	弱谷弱峰	好	否	席状	平行	有利	45.3	0	45.3	120.7	√
13	P-11	中低频	弱谷强峰	好	否	席状	平行	有利	35.7	0	35.7	124.6	√
14	P-1	中低频	中谷强峰	好	否	席状	平行	有利	34.9	0	34.9	124.1	√
15	P-12	中低频	弱谷弱峰	断续	是	席状	亚平行	较有利	37.9	0	37.9	123.8	√
16	P-16	中高频	弱谷弱峰	中等	是	微丘状	波状	不利	39.8	0	39.8	119.6	√
17	P-30	中低频	弱谷中峰	好	否	席状	亚平行	有利	63.4	0	63.4	128.5	√
18	P-8	中低频	中谷强峰	好	否	席状	平行	有利	38	0	38	122.7	√
19	P-22	中低频	弱谷中峰	好	否	席状	平行	较有利	30.6	0	30.6	124.6	√
20	P-15	低频	复弱波峰	中等	是	席状	亚平行	有利	33.2	8.3	41.5	121.3	√

续表

序号	井名	地震相						沉积地貌	测井解释砂体厚度（ft）			碎屑岩 TUTS+TmTS + BMTS 厚度（ft）	钻井吻合率
		反射属性				外部形态	内部构型						
		视频率	振幅	连续性	波形变化				I 类砂体	II 类砂体	I+II 类砂体		
21	P-13	中频	弱谷强峰	中等	否	席状	亚平行	有利	27.2	0	27.2	114.2	√
22	P-3	中高频	弱谷弱峰	较好	否	席状	亚平行	较有利	12.1	0	12.1	102.4	√
23	P-3B	中高频	弱谷弱峰	好	否	席状	亚平行	有利	24.2	0	24.2	112.8	√
24	P-9	高频	弱谷弱峰	断续	是	丘状	波状	不利	15.9	0	15.9	114.6	√
25	P-4	中低频	复弱波峰	断续	是	丘状	波状	不利	0	5.9	5.9	84.9	√
26	P-31	中低频	强谷中峰	好	否	席状	平行	较有利	16.8	0	16.8	94.5	√
27	P-23	中低频	强谷弱峰	好	否	席状	平行	有利	25.6	12.9	38.5	111.5	√
28	P-28	中频	强谷弱峰	好	否	席状	平行	不利	0	4.5	4.5	97.6	×
29	P-27	中频	强谷弱峰	好	否	席状	平行	不利	17.3	0	17.3	95.1	√
30	P-26	中高频	强谷中峰	较好	否	席状	平行	不利	0	0	0	101.4	√
31	P-25	中频	中谷弱峰	中等	否	席状	平行	有利	55.7	0	55.7	138	√

第二节　上覆异常体影响下地震真振幅恢复技术

一、上覆异常体基本特征

1. 纵横向展布特征

经区域调研，P 油田所在的奥连特盆地钻井揭示，在 Napo 沉积末期至晚白垩世，存在多期岩浆侵入事件（如图 4–7），使得侵入层系的厚度、顶底波阻抗界面产生强烈变化，因此形成地震异常体。P 油田 TAL 灰岩发育 3 个地震异常体（Ⅲ号、Ⅳ号和Ⅴ号），平面呈近环状展布，面积为 2.94~5.1km^2 不等（如图 4–8），地震剖面呈异常强振幅地震反射特征，纵向影响范围深达基底（如图 4–9）。

地区		喷发事件				侵入事件				
		玻质凝灰岩	厚度(m)	地层	年代	玄武岩岩脉	辉长石	厚度(m)	放射性年龄(Ma)	放射测量法
北北东	Tapi		200~250	Hollin组	中阿尔布阶			1~2	110.2±5.2	$^{40}Ar/^{40}K$
	Vista		180~200	上Hollin 下Napo	中阿尔布阶			1~2	106±5	$^{40}Ar/^{40}K$
	Jivino							1~25	102.4±2.4	$^{40}Ar/^{39}Ar$
	Laguna			下Napo	上阿尔布–下赛诺曼阶			50~60	92±3.9	$^{40}Ar/^{40}K$
	Indillana-Itaya		30	下Napo	上阿尔布–下赛诺曼阶			20		
	Auca		15~80	上Napo	土伦–圣通阶			0.1~1	93.1±0.7 91.2±4.6	$^{40}Ar/^{39}Ar$ $^{40}Ar/^{40}K$
	Armadillo		40~80	上Napo	土伦–圣通阶					
	Cononaco		50~70	上Napo	土伦–圣通阶					
	Puma		30	上Napo	康尼亚克–圣通阶					
	Jaguar		90~135	上Napo	康尼亚克–圣通阶					
	Pungarayacu		10	上Napo	圣通–坎潘阶			50		
	Waponi							150	93.0±3.4	$^{40}Ar/^{39}Ar$
	Yuralpa		80	上Napo	圣通–坎潘阶			5~190	82.2±2.0	$^{40}Ar/^{39}Ar$
南南西	Dayuno		70	上Napo	圣通–坎潘阶			50	84±2	$^{40}Ar/^{39}Ar$

图 4–7　奥连特盆地白垩纪火山喷发及侵入事件

实钻井证实，当 TAL 亚段灰岩正常沉积时，平均地层厚度约 40ft，当地震异常体发育时，TAL 亚段灰岩异常增厚（如图 4–10），其中油田中北部的 P–29 井 TAL 亚段灰岩厚度达 113ft，是油田 TAL 亚段灰岩平均值的 2.8 倍。

2. 异常体测井识别

异常体范围外的正常井 TAL 亚段厚度平均 40ft，岩性为有机质、泥质灰岩，测井特征为较高自然伽马值（主要在 50~65API 之间），较低声波时差和补偿中子值，较高的补偿密度值和高电阻率值。在中部略偏上部位发育有厚约 5ft 的标志性有机质灰岩，其典型测井特征是高自然伽马值（大于 200API）和低电阻率（约 2Ω·m），详如图 4–11。

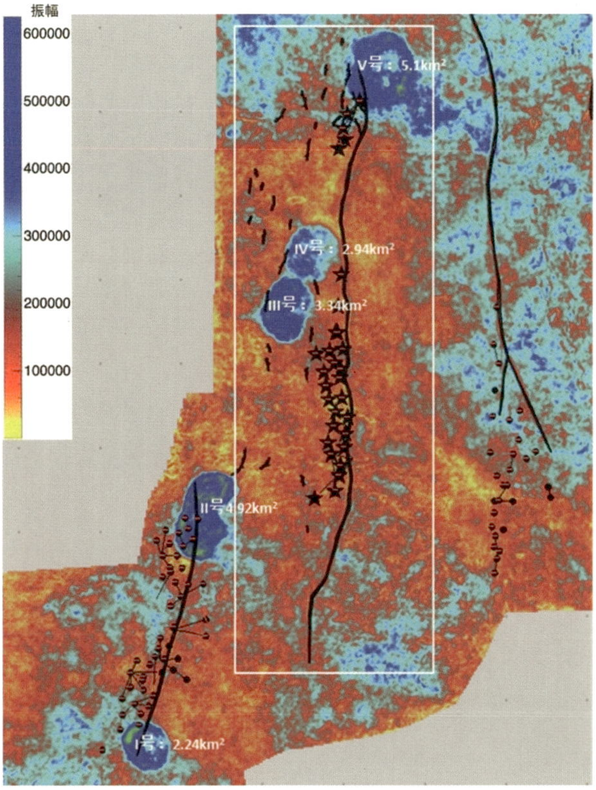

图 4-8　P 油田 TAL 亚段灰岩地震异常体平面分布特征

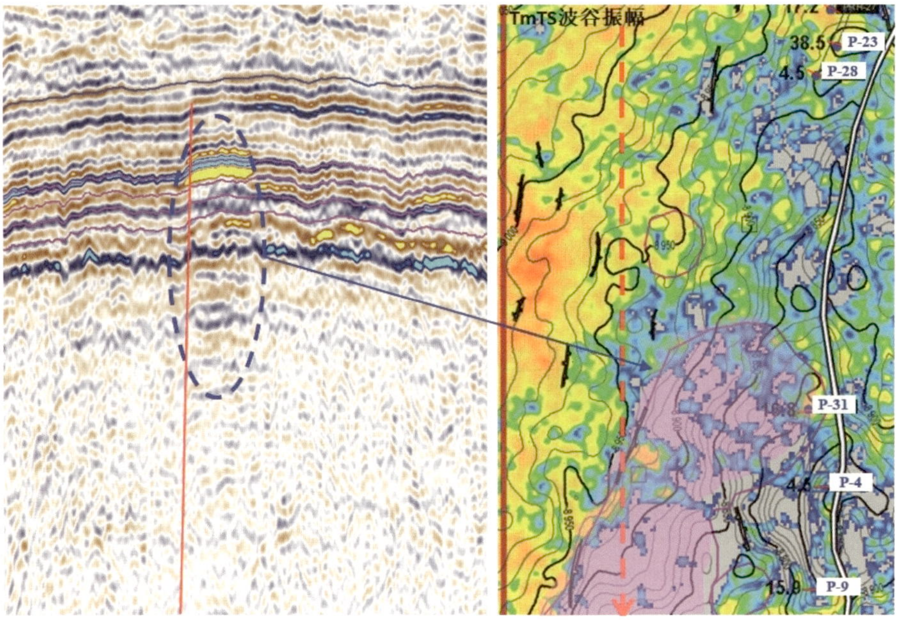

图 4-9　P 油田 TAL 亚段灰岩异常体屏蔽下的目的层地震反射特征

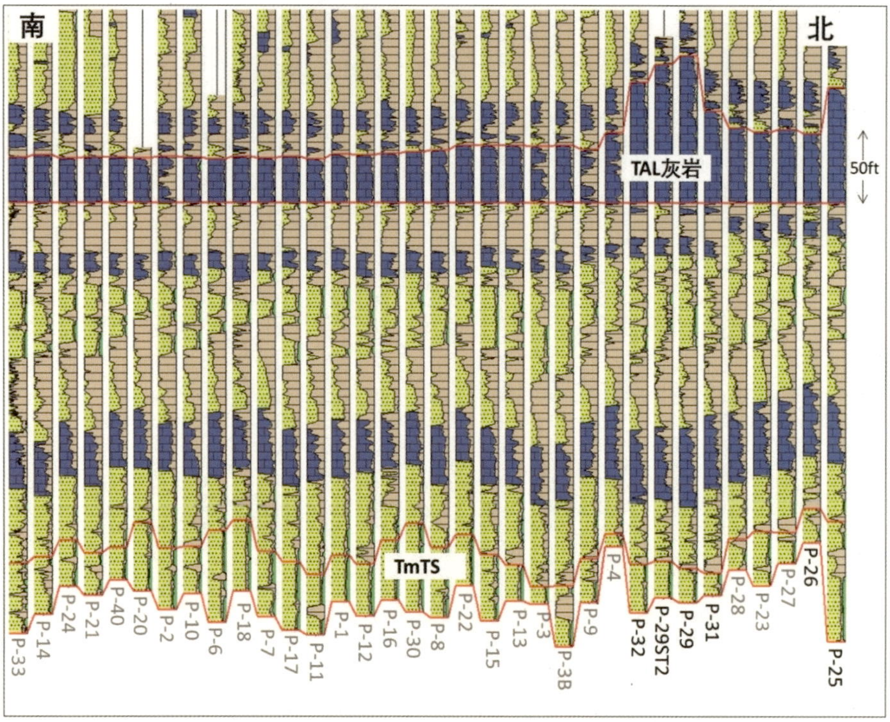

图 4-10　P 油田 TAL 亚段灰岩至 TmTS 层地层厚度对比图

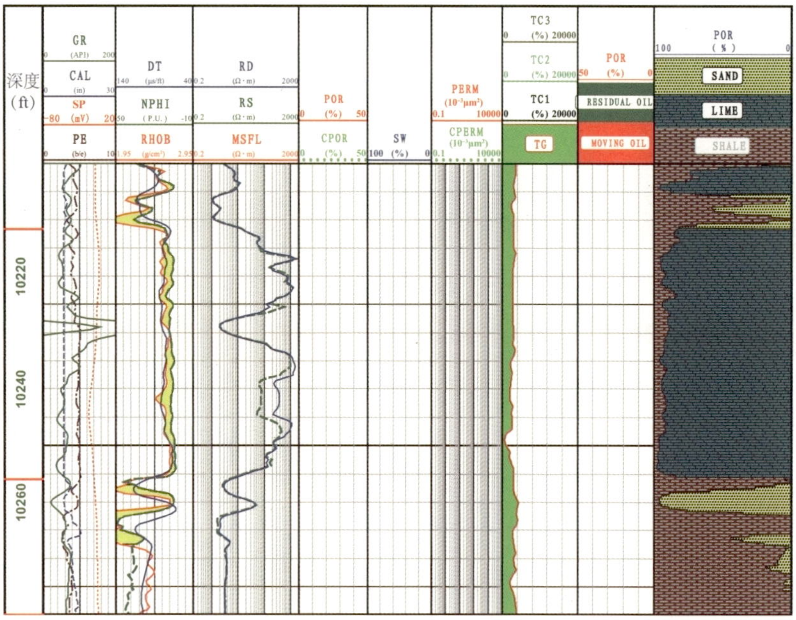

图 4-11　P-22 井 TAL 亚段测井响应特征

在地震异常体范围内，普遍可见 TAL 亚段地层增厚，岩性发生变化，由正常的有机质、泥质灰岩变成复杂岩性，包括有机质、泥质灰岩、纯灰岩、岩溶白云岩、变质岩等，且常常伴有地层增厚现象。

Ⅳ号地震异常体位于油田中北部，通过把 P-31 井 TAL 亚段灰岩段测井曲线与标准井 P-22 对比（如图 4-12）可知，两口井的 TAL 亚段厚度、岩性存在较大差异，P-31 井 TAL 亚段灰岩白云化较强，岩性由有机质灰岩变为纯灰岩，且在测井曲线上表现为高自然伽马，高补偿密度、高电阻率特征。从切取的过 P-31 井东西向地震剖面（如图 4-13）可知，TAL 亚段明显振幅能量增强，为 P-31 钻揭的 TAL 亚段增厚及岩性变化的反映，且 P-31 井近断裂，垂向通道发育，推测有利于深层火山岩侵入。

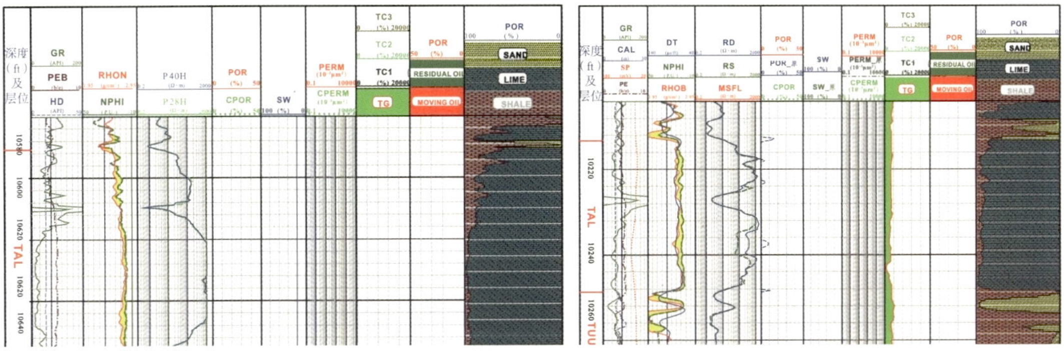

图 4-12　P-31 井 TAL 亚段测井曲线（左）与标准井 P-22 测井曲线（右）对比

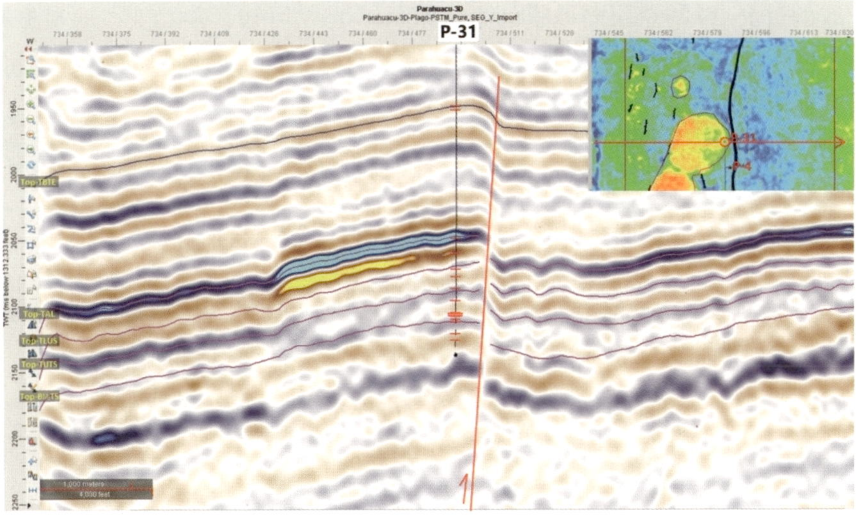

图 4-13　过 P-31 井东西向地震剖面

P-29 井亦位于Ⅳ号地震异常体内，区域标志性岩性消失，底部自然伽马值变低，电阻率变高，岩性变为致密纯灰岩，密度在 2.64~2.73g/cm^3 之间，见弱白云化现象（如图 4-14）。

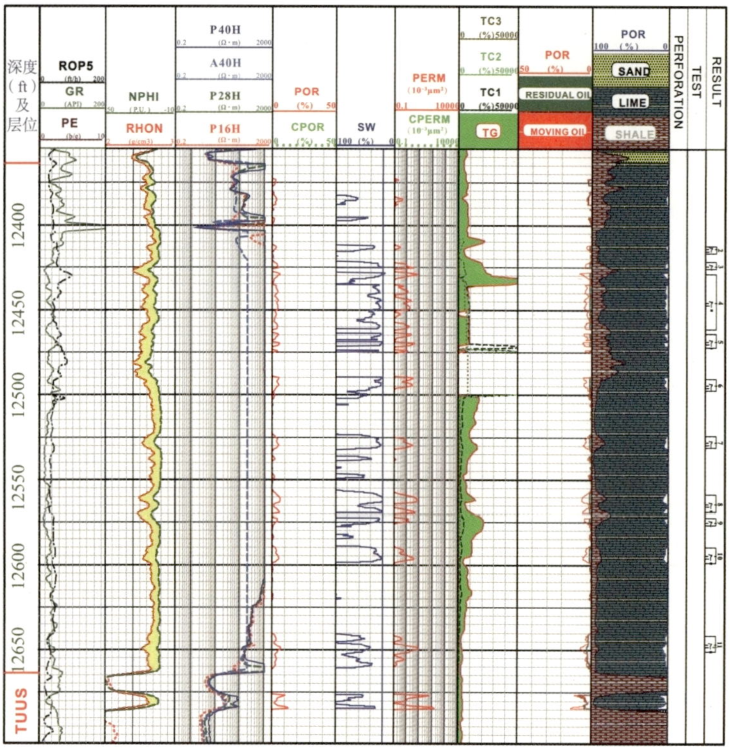

图 4-14　P-29 井 TAL 亚段测井响应特征

从切取的过 P-29 井东西向地震剖面（如图 4-15）可知，TAL 亚段明显振幅能量增强，为钻揭的 TAL 亚段增厚及岩性变化的反映，且其东侧、西侧均近断裂，垂向通道发育，推测有利于岩溶侵入。

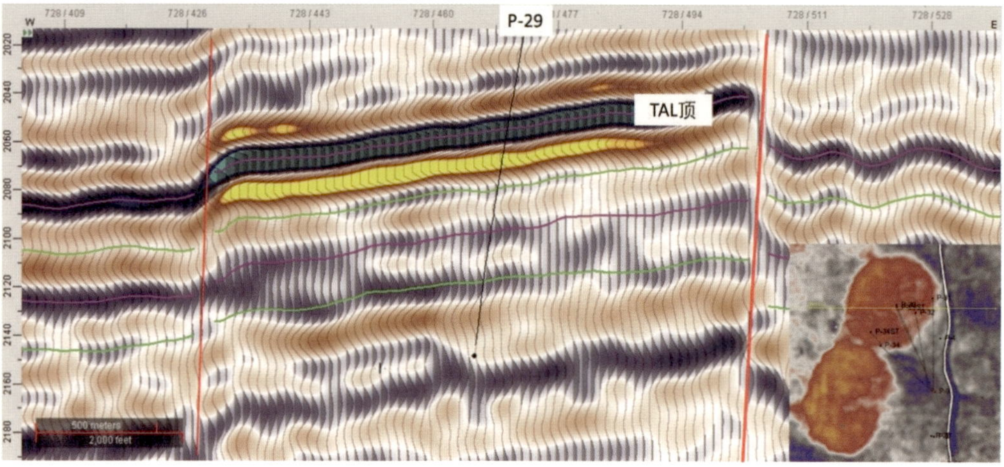

图 4-15　P-29 井 TAL 亚段测井响应特征

P 油田北部 P–25 井位于Ⅴ号异常体范围内，TAL 亚段层厚 88.5ft，明显比正常井厚；上部自然伽马值约 20API，与正常井相比明显变低，岩性由有机质、泥质灰岩相变为纯灰岩；上部层内高自然伽马、低电阻率区域性标志层消失，变为纯灰岩；中部（井段 9542.9~9583.6ft）光电指数主要在 2.9~3.5b/e，接近白云岩骨架值（3.14b/e），电阻率值高，密度值较高，综合判断为白云岩；下部（井段 9583.6~9592.7ft）自然伽马值高、补偿密度值高、电阻率值高，综合分析认为该段为变质岩（如图 4–16）。从切取的过 P–25 井东西向地震剖面（如图 4–17）可知，P–25 井近断裂，垂向通道发育，推测有利于岩溶侵入。

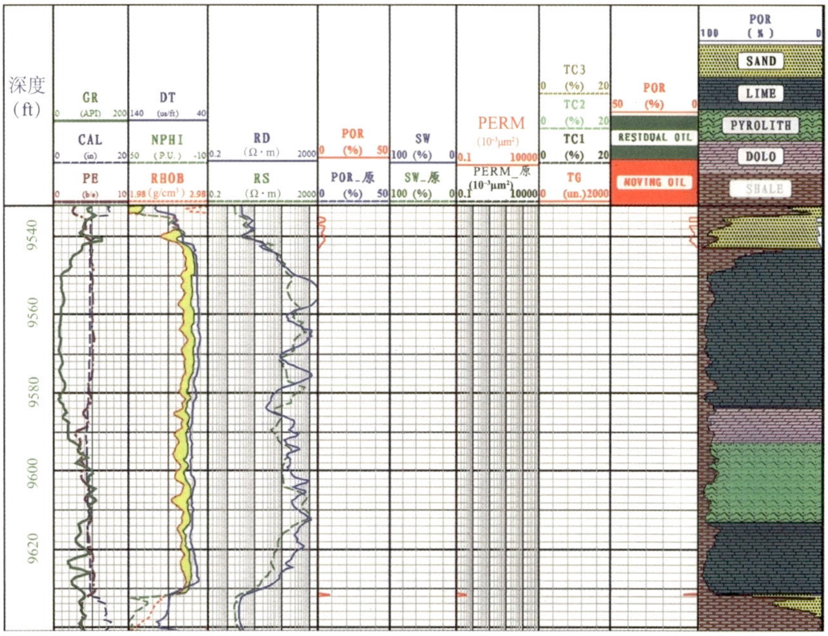

图 4–16　P–25 井 TAL 层测井响应特征

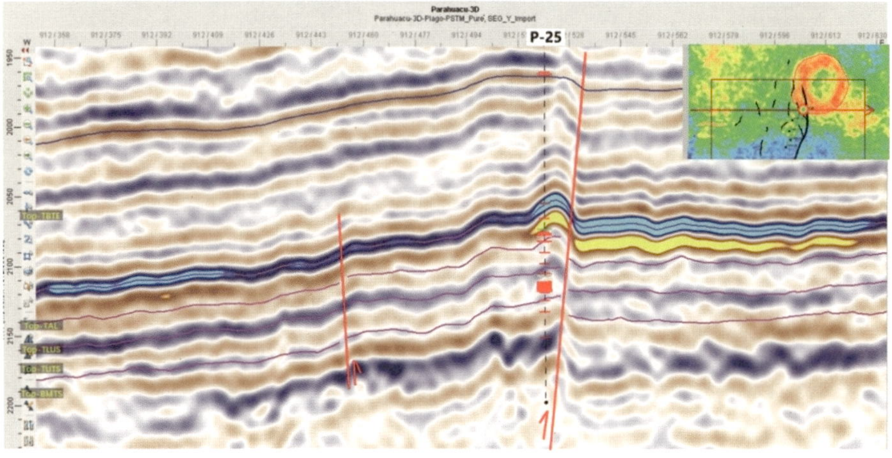

图 4–17　过 P–25 井东西向地震剖面（显示 TAL 强振幅特征）

3. 上覆异常体地震正演

为模拟研究 TAL 亚段灰岩层增厚对下伏 TmTS 砂层组的地震响应特征影响，根据实钻井所揭示的岩性、厚度、声波阻抗等信息，建立相应地质模型开展地震正演研究。首先搭建初始地质模型，设定 TmTS 层砂体稳定发育，模拟 TAL 亚段灰岩增厚（如图 4–18 上）。采用波动方程正演方法，模拟 TAL 亚段灰岩厚度与 TmTS 层岩体变化情况的砂体地震响应特征。

地震正演结果表明，当 TAL 亚段灰岩逐渐增厚时，TmTS 波谷响应减弱，即上覆 TAL 亚段灰岩增厚，对下伏 TmTS 层砂体的地震波谷振幅具有屏蔽作用（如图 4–18 下），并干扰下部 TmTS 优质砂体地震响应特征的识别。TmTS 目的层振幅能量显著下降，储层振幅信息失真，大幅降低了下伏目的层薄砂体储层预测准确率，对地震异常体下的 TmTS 优质砂体地震响应模式及预测提出挑战。

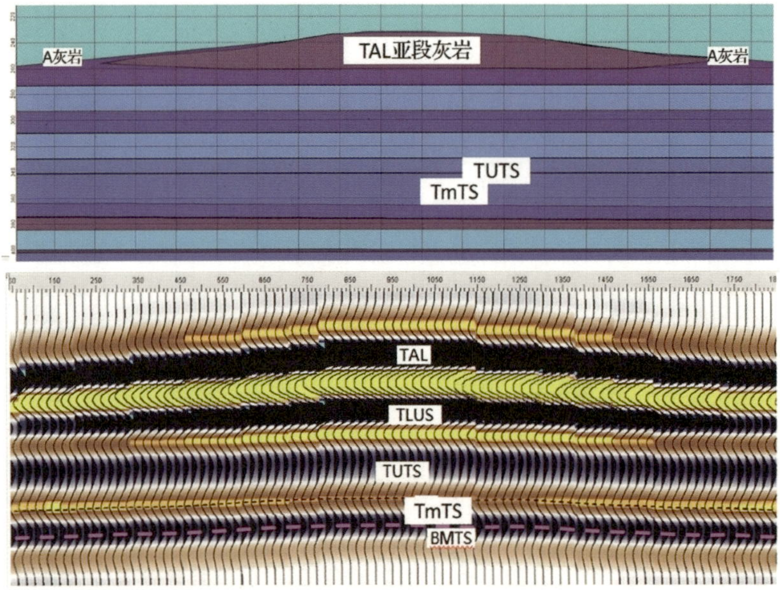

图 4–18　P 油田 TAL 亚段灰岩对下伏 TmTS 层砂体影响地震正演

二、“叠前道集限角叠加”地震真振幅恢复技术

地震反射波在高速屏蔽层会发生全反射，类似于地震波在高速屏蔽层中产生了波导效应，但对于屏蔽层下方的 TmTS 弱反射层来说，却不存在超临界发射，中深层高速屏蔽层下弱反射层这样的地质模型，近道的反射波能量比远道弱。因此，在异常体区域内充分利用远偏移距 CRP 道集信息，寻找到广角反射下的储层真振幅信息，即通过“叠前道集限角叠加”进行地震真振幅恢复。具体分两步进行，第一步建立精细速度场，第二

步则开展 CRP 道集角度扫描优选，完成“限角叠加”。

第一步：该技术首先建立了基于地震异常体的分段式速度场建模方法，在地震异常体至目的层之间采用井约束地震速度反演获取层速度，中部深度段采用多井二次时深函数关系拟合得到层速度，浅层则使用地震叠加速度谱得到层速度，由此获得较为准确的三维空间速度场，有力指导后续叠前道集角度扫描及估算。

第二步：从叠前 CRP 道集入手，根据 CRP 道集振幅具有保真性和多信息性的特点，分析异常体区域不同偏移距道集的地震反射特征。如图 4-19 为北部Ⅳ号异常体区域 Inline728/Xline467 叠前 CRP 道集剖面，目的层 TmTS 在近、中道集上地震反射表现为复波，而在远道集上表现为强波谷反射，经全叠加后，波谷信息模糊化，使得使用常规全叠加剖面不能全面反映 TmTS 层强波谷优质砂体地震反射模式。因此，分析认为广角反射下的远道集能够一定程度上避开 TAL 亚段异常体屏蔽影响，突出反映 TmTS 层强波谷有利于地震反射，削弱 TAL 亚段振幅屏蔽影响，真实反映了 TmTS 层储层砂体反射特征。

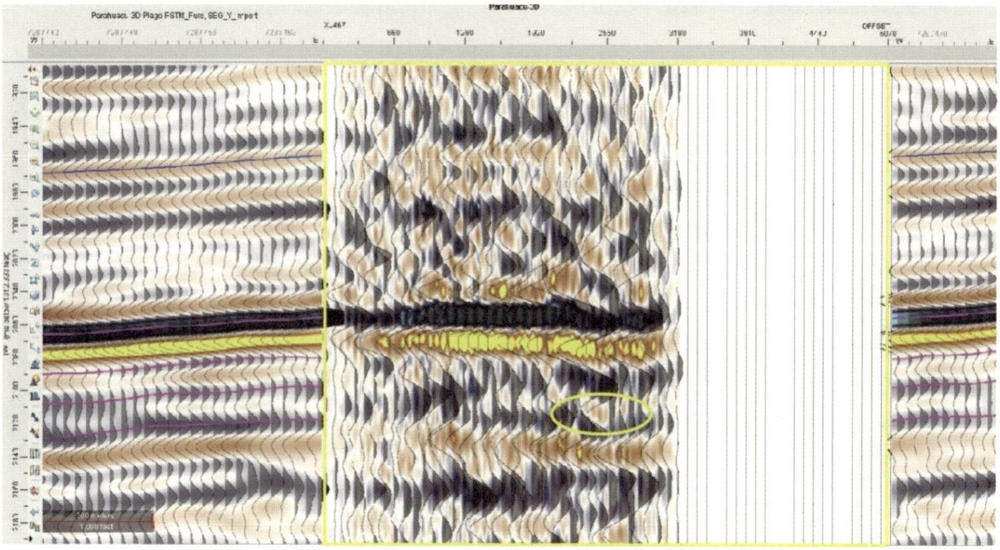

图 4-19　Inline728/Xline467 道集剖面

通过角道集扫描技术，寻找到削弱上覆异常体异常强振幅与目的层突出真振幅信息的最佳角度区间，最终确定 25°~30° 进行限角叠加，获取的限角地震振幅体，大幅提升了地震异常体下目的层振幅能量，真振幅恢复效果显著，原地震复波为主的地震反射，限角叠加表现为波谷波峰反射，由此成功建立目的层稳定波形条件下的中强波谷波峰优质砂体地震响应模式。

把 P 油田中Ⅳ号异常体区域储层 TmTS 层的限角（25°~30°）叠加剖面与常规全叠加剖面对比（如图 4-20、图 4-21）可知，全叠加剖面 TmTS 层地震反射表现为复波，而限角叠加剖面 TmTS 层强波谷信息得到突出反映，很大程度上减弱了上覆异常体的振幅屏蔽影响，较真实地反映了 TmTS 层的地震反射特征。

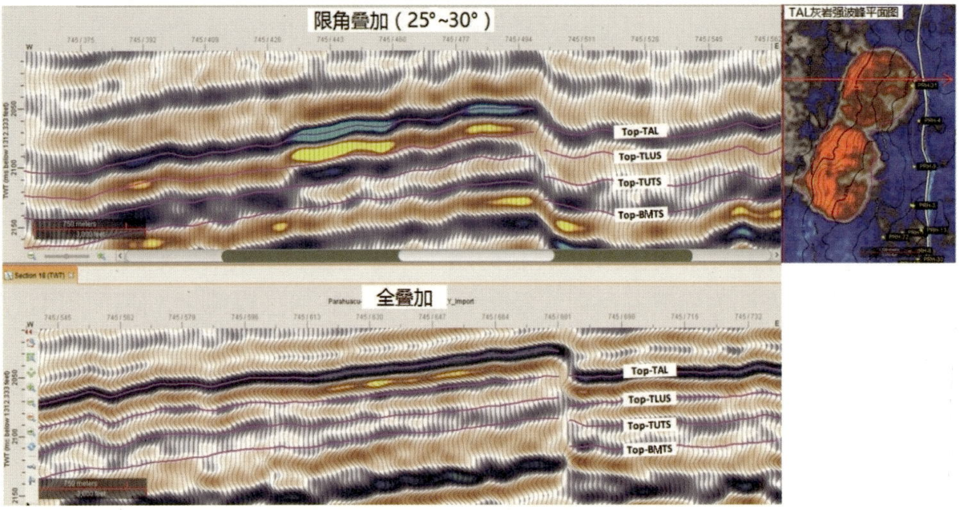

图 4-20　异常体区域东西向剖面对比（1）

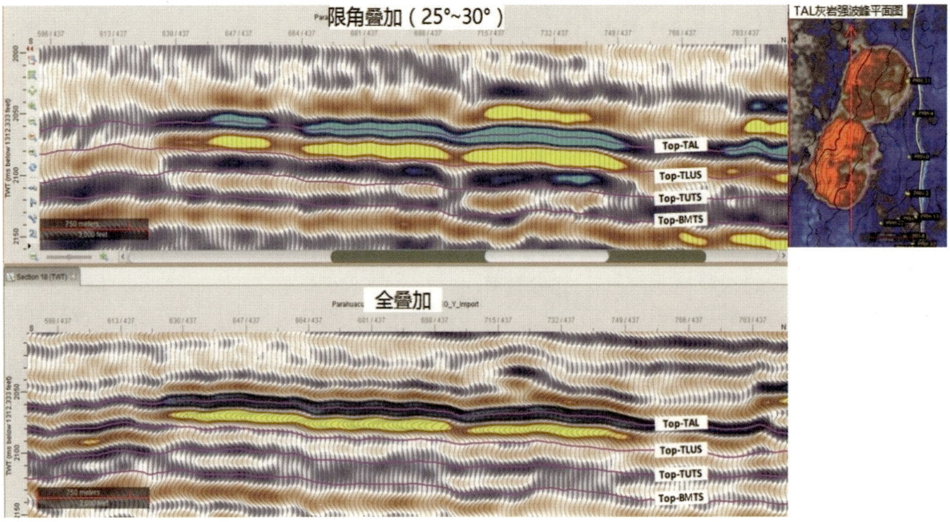

图 4-21　异常体区域南北向剖面对比（2）

与原 TmTS 全叠加最大波谷振幅相比（如图 4-22 右），限角叠加振幅信息（如图 4-22 左）储层地震信息丰富，大幅减弱了异常体对 TmTS 振幅信息的屏蔽，成功恢复了 TmTS 真振幅信息。基于该成果，新发现Ⅳ号异常体范围内共 4 套有利砂体（如图 4-23），累计面积 2.4km^2。

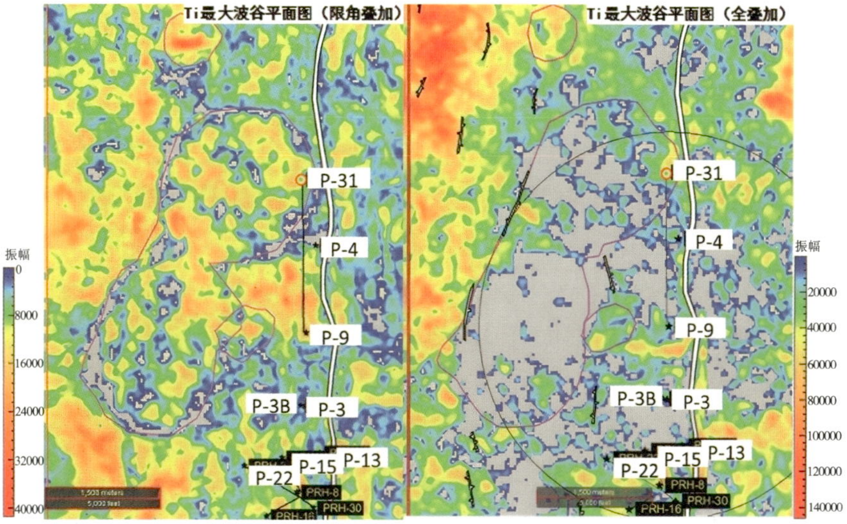

图 4-22　P 油田中北部 TmTS 层最大波谷振幅平面图对比

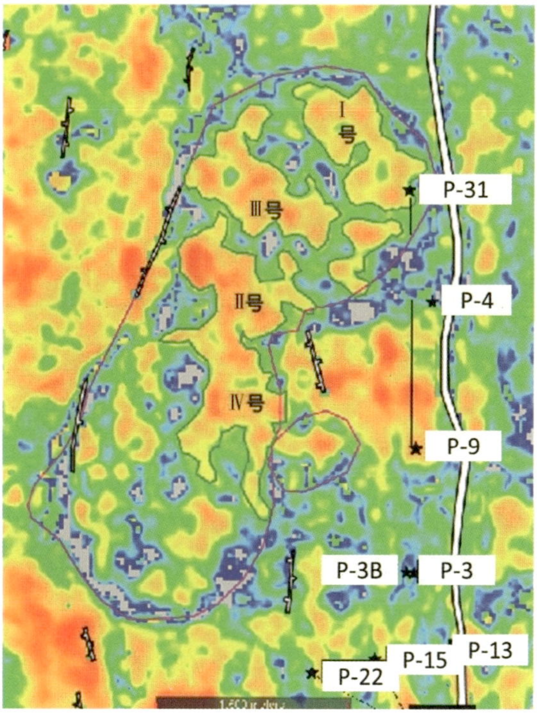

图 4-23　P 油田中北部 TmTS 层限角强波谷振幅平面图

三、地震资料特殊处理技术

基于前人对高速屏蔽层的研究成果，本次重点从两个方面进行目标区地震资料特殊处理：①振幅补偿与噪声压制交替处理；②组合反褶积叠前高分辨率处理。

1. 振幅补偿与噪声压制交替处理技术

常规地震资料处理流程都是先进行噪声压制处理，再进行振幅补偿，优点是能确保振幅补偿处理环节仅对有效信号进行真振幅恢复处理，不对噪声信号进行增益处理。但是，由于处理工区内受上覆高速层的能量屏蔽，下伏目的层地震反射能量非常微弱（如图 4–24），上覆厚层灰岩发育区单炮记录显示：地震反射时间（2~2.2s）内目的层段地震能量非常微弱；同时，地震单炮记录显示该区噪声类型主要是面波、线性干扰和强能量干扰等。由于目标层噪声信号也非常微弱，如果直接基于单炮记录进行噪声压制处理，则难以有效地去除目标层段内的噪声信号，现有的去噪方法难以发挥作用。

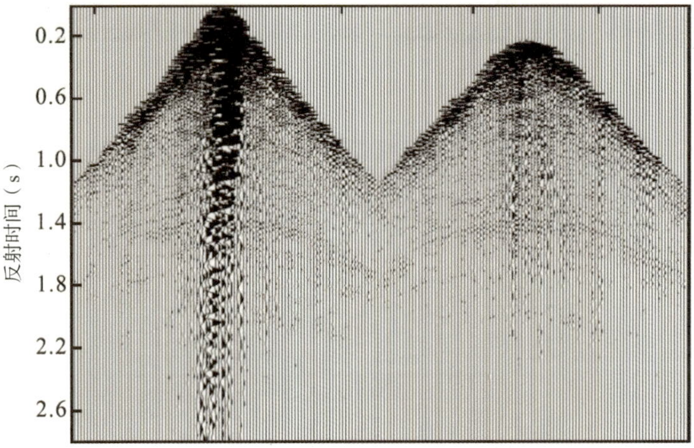

图 4–24　TAL 亚段灰岩增厚区 2 个相邻单炮地震记录

针对上述难点，笔者制定了振幅补偿与噪声压制穿插处理的技术流程：先进行球面扩散振幅补偿（50%），然后针对（50%）振幅补偿后的单炮记录进行去噪处理，最后进行球面扩散振幅补偿（50%）和地表一致性振幅补偿处理（如图 4–25）。相较于常规地震振幅补偿处理技术，振幅补偿与噪声压制交替处理技术差别在于：①将球面扩散振幅补偿拆分为两步，即根据补偿的增益强度分为两部分（增益 50% + 增益 50%）；②进行（50%增益）球面扩散振幅补偿，提高屏蔽层下方的目的层段的地震反射振幅强度，为噪声压制处理奠定基础（能较好地识别噪声）。

图 4–26 是针对单炮记录进行振幅与噪声压制处理的单炮记录分析图。可见，这里将振幅补偿与噪声压制穿插进行，一方面更好地压制了噪声，另一方面也确保地表一致性振幅补偿不受噪声影响。

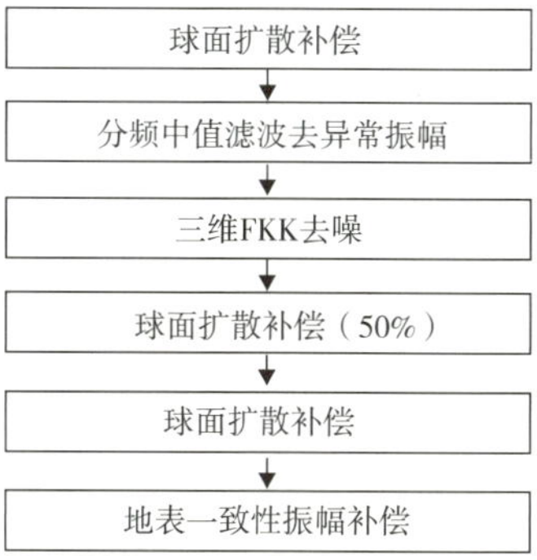

图 4-25 TAL 灰岩增厚区域振幅与噪声压制处理流程

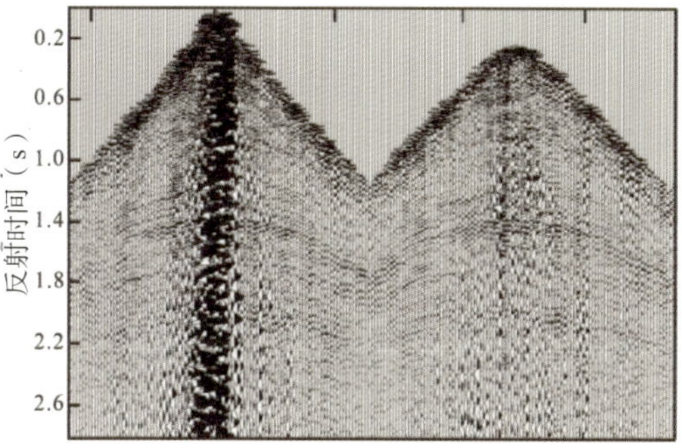

（a）球面扩散补偿处理后的单炮记录

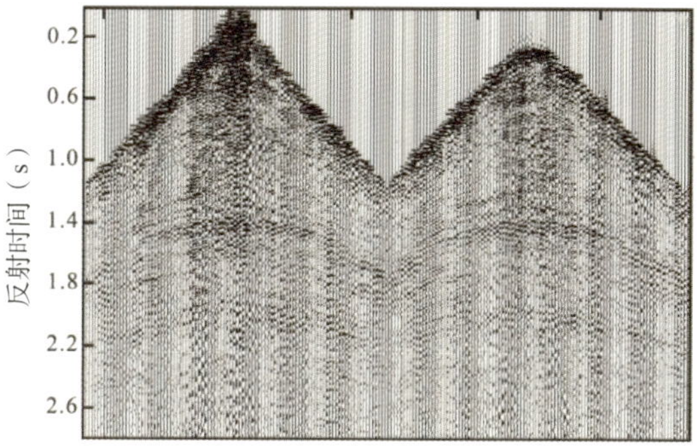

（b）针对（a）的去噪处理后的单炮记录

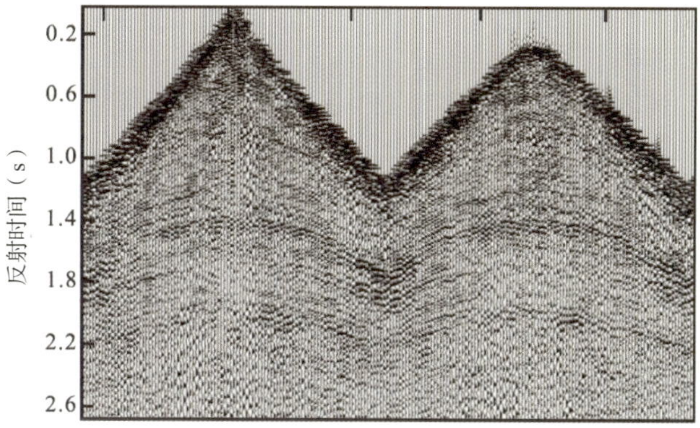

（c）针对（b）的球面扩散补偿＋地表一致性振幅补偿处理的单炮记录

图 4-26 灰岩增厚区域的振幅与噪声压制处理的单炮记录

2. 组合反褶积叠前高分辨率处理技术

为提高上覆高速屏蔽层下目的层地震资料的信噪比，常规处理方法侧重于去噪处理。这里另辟蹊径，从叠前高分辨率处理角度出发，从优选叠前反褶积处理参数和叠前反褶积处理技术组合应用两方面着手，着力提高屏蔽层影响下目标层的地震反射波主频，增强目标层地震反射波横向连续性，间接地提高地震资料信噪比，为后续目标层地震响应特征识别奠定基础。

图 4–27 是采用地表一致性反褶积处理方法（单一方法）与采用地表一致性反褶积 + 预测反褶积处理方法（组合方法）的高分辨率处理后叠加剖面图。可见，图 4–27（c）的目的层段（2~2.2s）的纵向分辨率和信噪比均优于图 4–27（b）。其中，图 4–27（b）的地表一致性反褶积处理的步长是 8ms，图 4–27（c）的地表一致性反褶积处理的步长是 8ms，预测反褶积处理的步长是 2ms（经过多参数的试验，基于信噪比优选分析，确定最佳参数）。

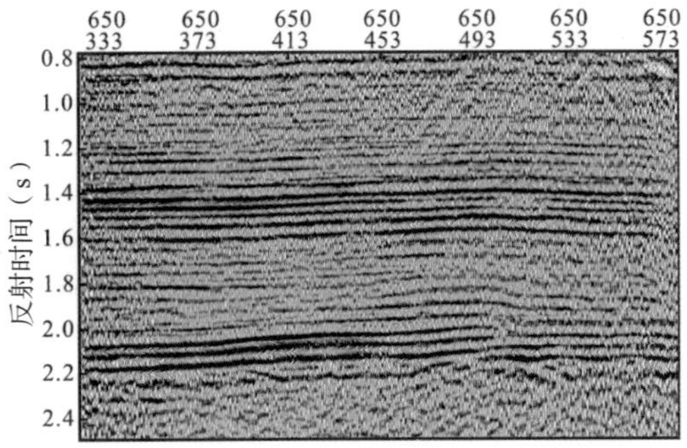

（a）反褶积处理前

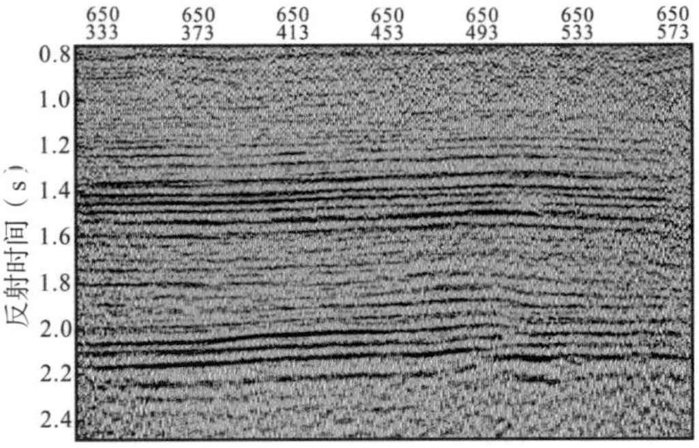

（b）地表一致性反褶积处理后

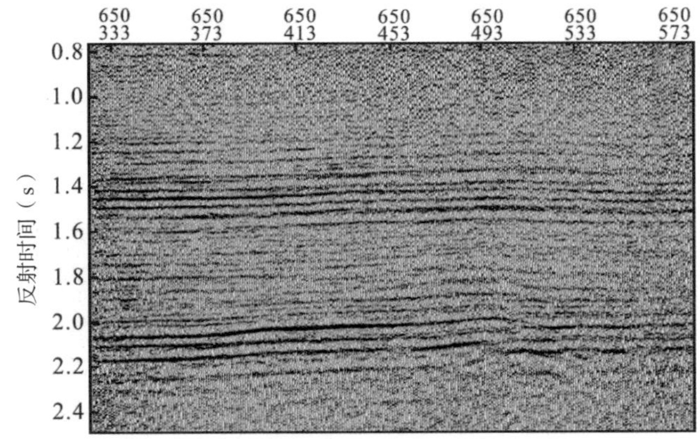

（c）地表一致性 + 预测反褶积处理后

图 4–27　反褶积处理前后的叠加剖面

通过应用振幅补偿与噪声压制交替技术实现上覆高速屏蔽层下目标层真振幅恢复，通过组合反褶积叠前高分辨率技术，优选地表一致性反褶积与预测反褶积处理步长，反复迭代，提高目标层地震资料分辨率，实现了上覆高速屏蔽层下目标层砂体地震响应特征准确判别。

为了说明基于本文处理流程的效果，选取地震Ⅳ号异常体区域进行详细分析（区内有完钻井 5 口）。图 4–28 为 TAL 灰岩层增厚异常区地震振幅平面图（红色区域为由于

TAL 亚段灰岩增厚而造成的地震振幅异常），增厚区内共有完钻井 5 口，其中 3 口井 TmTS 层砂体较为发育（P-29、P-31、P-32 井钻遇 TmTS 层砂体厚度分别为：27.3ft、15.0ft 和 18.5ft），2 口井储层不发育（P-34、P-34RE）。通过对比分析过不同单井的处理前后地震剖面与平面振幅特征，证实上述地震处理方法行之有效。

图 4-29 和图 4-30 分别为过 TAL 灰岩增厚区 2 口单井特殊处理前后的地震剖面图，综合对比显示：采用本次针对上覆灰岩屏蔽层特殊处理技术得到的叠前时间偏移剖面在灰岩增厚区域的砂岩地震反射振幅能量强且横向连续性好，能够有效地指示砂体的横向发育范围。图 4-29（a）所示的过 P-32 井 TmTS 层顶界面呈断续弱能量反射特征（前期未单独考虑灰岩屏蔽层影响），而图 4-29（b）所示的本次处理的地震资料显示为连续强能量反射特征，指示砂体发育（实钻砂体厚度 18.5ft）；图 4-30（a）所示的过 P-34RE 井 TmTS 层顶界面反射特征相对较强且连续，而图 4-30（b）中本次处理的地震资料呈地震波能量减弱特征，指示砂体不发育（实钻砂体厚度 0ft）。此外，对比图 4-30 中两套地震资料的 TmTS 层振幅属性图（如图 4-31），可见：本次处理的地震资料振幅属性与区域内完钻井的 T 层砂体发育情况完全符合，图 4-31（b）中的红黄色（中强振幅）区域，即 P-31 井、P-32 井、P-29 井砂体发育，P-34 井砂体欠发育，P-34RE 井砂体不发育；而图 4-31（a）中的振幅信息无法有效地识别该区域的砂体发育特征。

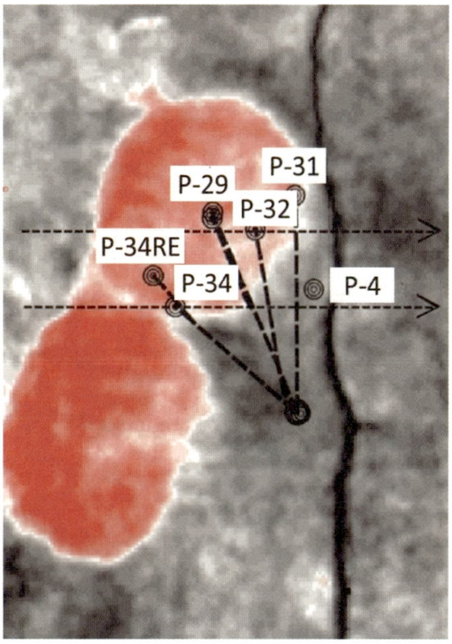

图 4-28　灰岩增厚区域 TAL 亚段灰岩顶界面的振幅平面图

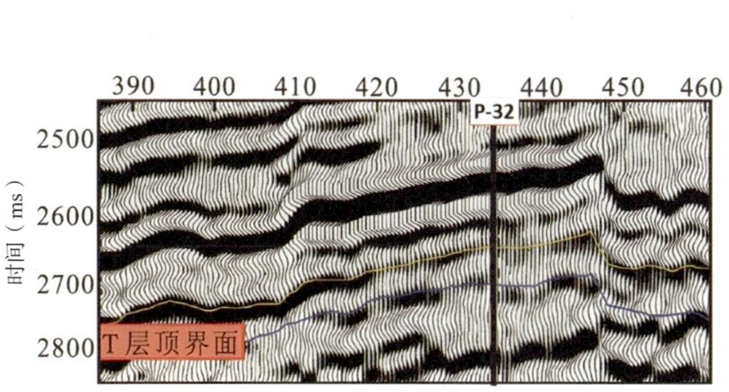

（a）前期未单独考虑灰岩屏蔽层影响

图 4-29　过 P-32 井的叠前时间偏移剖面图

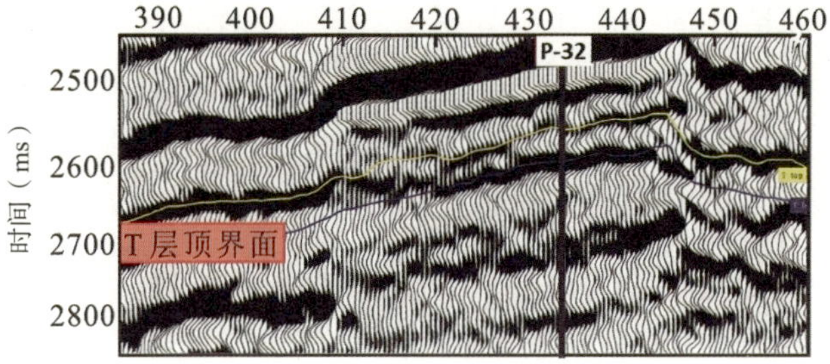

（b）针对灰岩屏蔽层进行特殊处理

图 4-29　过 P-32 井的叠前时间偏移剖面图（续）

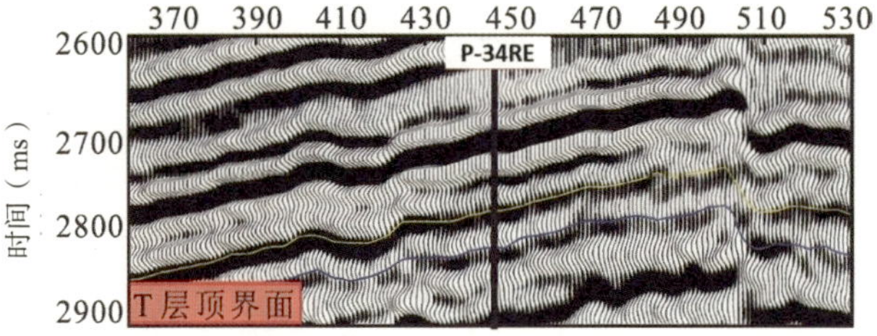

（a）前期未单独考虑灰岩屏蔽层影响

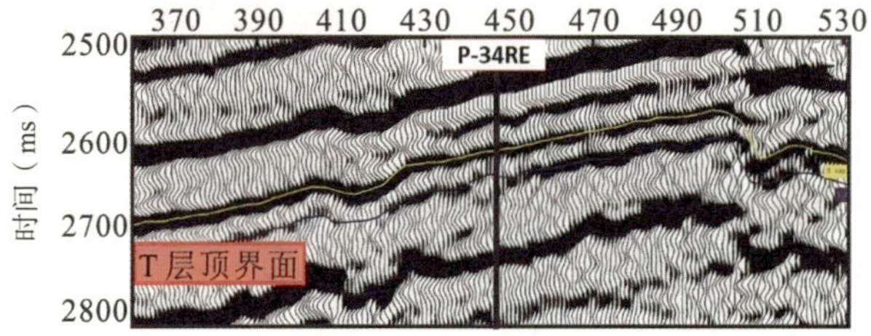

（b）针对灰岩屏蔽层进行特殊处理

图 4-30　过 P-34RE 井的叠前时间偏移剖面图

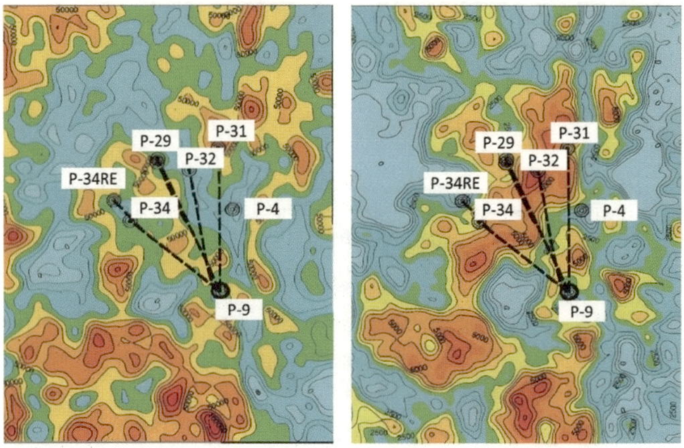

（a）前期未单独考虑灰岩屏蔽层影响　　（b）针对灰岩屏蔽层进行特殊处理

图 4-31　P 油田中北部沿 TmTS 层顶界面提取的振幅平面图

第三节　波动方程正演与地震相控反演储层预测技术

一、波动方程正演模拟

研究区中北部储层由于受到上覆异常体屏蔽影响，造成目的层（TmTS/TLUS）地震反射特征失真，常规正演采用自激自收方法无法避开异常体的屏蔽影响。因此，本次采用波动方程叠前数值模拟正演方法，根据 CRP 道集振幅具有保真性和多信息性的特点，模拟异常体区域不同偏移距的储层地震正演相应特征。

1. 理论基础

地震勘探是一个正演过程，可以通过正演模拟来研究地下地质情况。根据使用的物理手段和地球模型建立相应的数学模型，并与地球模型或地质结构模型建立联系。模拟的地震波场包含地震波传播的各种信息，通过地震波场数值模拟，可以探索地下地震波传播机理，进一步验证修改解释方案和进行反问题研究等，研究高效的正演数值模拟方法非常必要。基于波动方程的数值模拟可以考虑速度和密度的任意变化，波动方程数值模拟的一种有效方法是使用有限差分法，在二维连续介质中，$s=s(x, z, t)$ 为质点运动位移位，震源分布函数 $f=f(x, z, t)$，$v(x, z)$ 为介质的速度分布，变速声波波动方程为：$\frac{\partial^2 s}{\partial t^2}=v^2(x, z)\left(\frac{\partial^2 s}{\partial x^2}+\frac{\partial^2 s}{\partial z^2}\right)+f$，对该式离散，对时间导数项采用二阶中心差分法逼近，空间用 Taylor 级数展开得到显式的时间递推差分格式：$s_{t+\Delta t}=2s_t-s_{t+\Delta t}+\frac{v^2\Delta t^2}{\Delta x^2}\sum_{m=-M}^{M}v_m\left[s(x_0+m\Delta x\right]+s(z_0+m\Delta z)$，该式可以由 $t-\Delta t$ 和 t 时刻的波场值外推 $t+\Delta t$ 的波场值。

2. 基础观测系统与参数测试分析

1）建立观测系统

正演采用的观测系统参数与研究区地震资料原始观测系统相同，适用于砂泥岩薄互层发育区的油藏描述，也是 TAL 亚段异常体成像分析的有效手段，并在此基础上衍生出不同的观测系统参数测试方案。

本次室内采集的基础观测系统为高密度（5m × 5m 面元）、全方位角（纵横比 1.0）、极均匀（道距与检波线距比 1∶4）的观测系统（如表 4-2），满覆盖面积 50.34km²。

表 4-2 基础观测系统

观测系统	1S120R
面元大小	5m × 5m
覆盖次数	60 次
接收道数	1200
道距	10m
炮点距	10m
最大炮检距	1200m
总炮数	58880
数据量大小估计	100GB（5s 道长）

在波动方程正演的主要参数选择过程中，应该测试 PML 吸收边界的应用效果、压制数值频散的效果，相关主要正演参数的测试效果，主要内容如下：

（1）PML 吸收边界的效果对比；

（2）正演数值频散的压制方法以及正演主要参数测试：差分网格大小、深度步长、子波频率。

2）最佳匹配层吸收边界条件（PML）边界的应用

利用波动方程模拟地震记录时，吸收边界条件是非常重要的。在一个有限的区域中，利用有限差分法进行计算时，如果不对边界进行处理，就会产生边界反射。在进行数值模拟时，为了消除人为截断而产生的边界反射，人们提出了多种吸收边界条件，其中最佳匹配层吸收边界条件（PML）给出的吸收边界条件最为有效。它是由 Berenger 针对电磁波传播情况，给出的一种高效的完全匹配层吸收边界条件，在理论上已证明该方法可以完全吸收来自各个方向、各种频率的电磁波，且不产生任何反射。

通过测试简单的砂泥岩薄互层模型，如图 4-32 所示，深度 800m，包含两个不同厚度单一砂岩层（速度 4400m/s）和泥岩层（速度 3800m/s），通过波场快照可以验证 PML 吸收边界的应用效果，如图 4-33 所示。

图 4-32 砂岩层状模型图

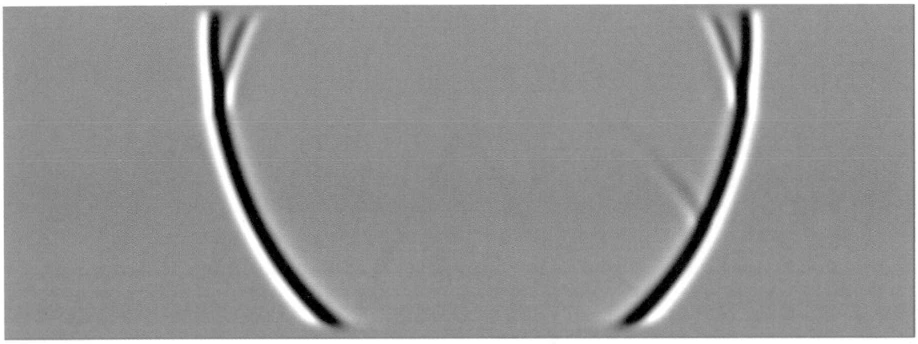

图 4–33　200ms 的波场快照图

从上述测试中可以看到 PML 边界应用效果良好，但研究区的上表面是采用吸收边界还是采用随机边界需要通过测试验证。一般来说，在海上资料模型的模拟过程中，为了还原多次波的发育过程，常采用自由表面的处理方式。本研究区的多次波不是研究的主要方向，采用自由表面的处理方式会增加不必要的噪声，对浅层低速带的模拟也会带来不必要的噪声，因此，上表面采用 PML 吸收边界的采集效果更好。

3）面元大小的测试

面元是观测系统中决定采集资料横向分辨率与纵向分辨率的重要参数，它与数值模拟中的差分网格存在对应关系。差分网格是波场模拟的横向采样间隔，显然面元应是横向差分网格大小的整数倍，差分网格应小于或等于面元大小。通过对比不同差分网格大小，如图 4–34 所示，10m 的差分网格应用本项目的正演参数，数值频散严重。

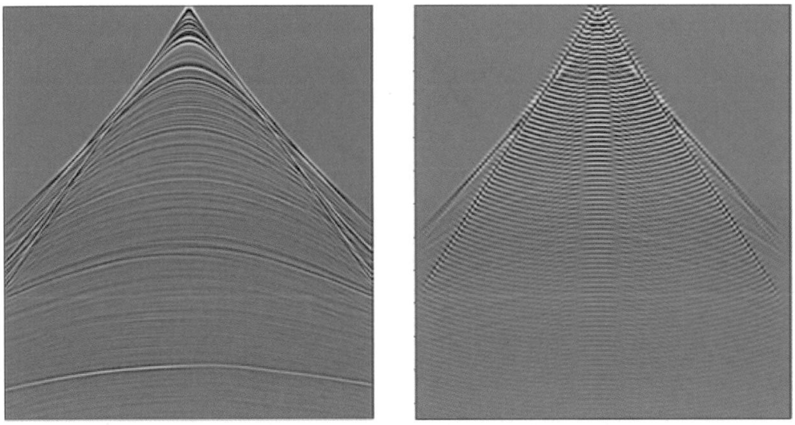

图 4–34　5m × 5m（左）与 10m × 10m（右）差分网格图

4）深度步长的测试

在确定面元精度后，还需要测试竖直方向的差分精度，就是通常所指的深度步长，在这里分别对比了 2m、3m、4m 的深度步长，如图 4–35 所示，4m 的深度步长数值频散严重，单炮频谱出现漂移，整体频率降低。所以最后选择 2m 的深度步长作为正演参数。

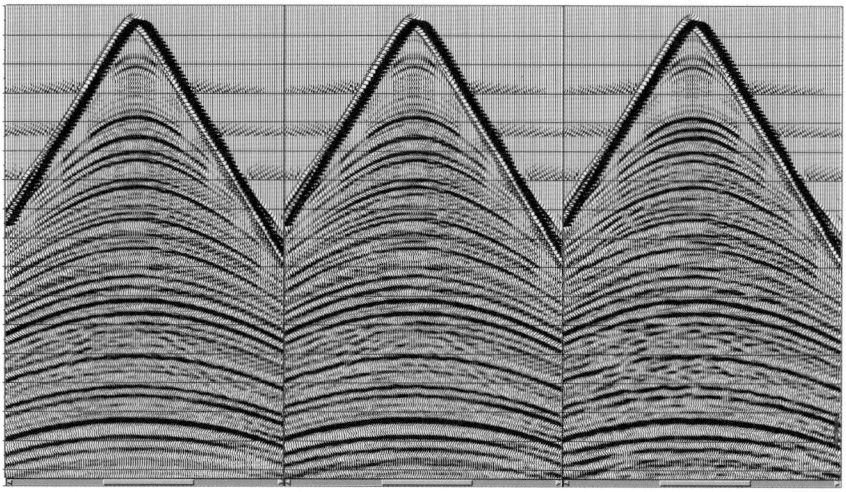

图 4-35　深度步长测试图（从左到右分别为 2m、3m、4m）

5）子波频率的测试

在正演的过程中子波频率的选择至关重要，要选择与该地区野外实际数据子波相近的主频，并且该主频在确认的面元条件下不会产生严重的假频，因此选择主频的测试范围为 36~42Hz（39Hz 除外），如图 4-36、图 4-37。

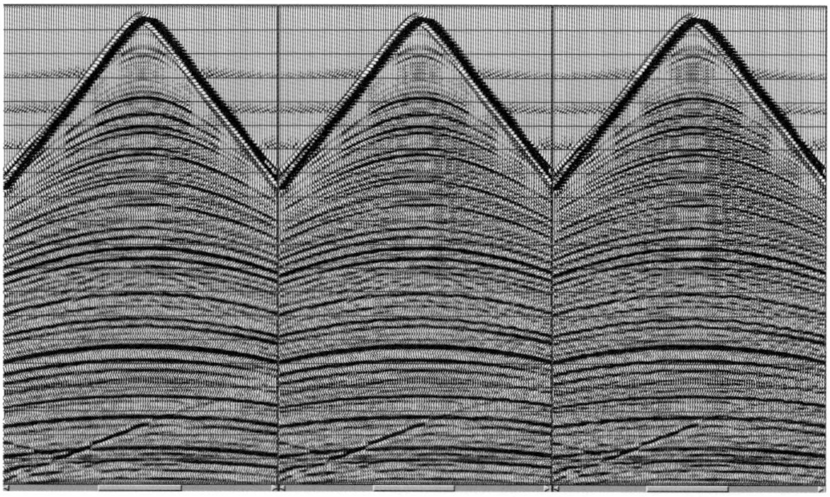

图 4-36　子波频率的测试图（从左至右主频分别为 36Hz、37Hz、38Hz）

图 4-37　子波频率的测试图（从左至右主频分别为 40Hz、41Hz、42Hz）

通过频谱分析与单炮特征可以看出（如图 4-38），子波主频在超过了 36Hz 之后，会在 68Hz 位置产生明显的数值频散，这是因为在相同网格间距的情况下，子波频率越高，波长越短，数值频散越严重。从单炮上可以看出，数值频散已经严重影响采集数据的信噪比，所以最后选择 36Hz 主频作为正演的参数。

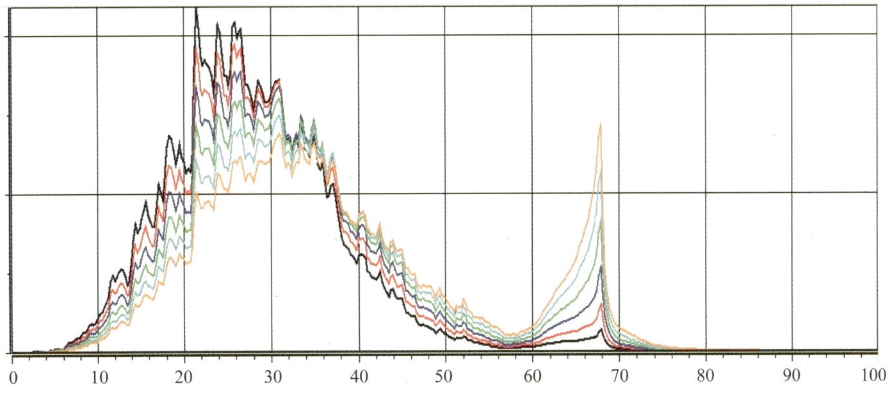

图 4-38　子波频率的测试频谱分析图

（黑色为 36Hz 主频，红色为 37Hz 主频，蓝色为 38Hz 主频，依次最终黄色为 42Hz 主频）

3. 室内采集中砂岩的成像特征

在进行正演采集之前，首先需要搞清薄砂层在正演采集中的成像特征，通过进行砂岩的地震模型试验，并对理想模型进行偏移成像，得到层状砂岩的成像特征。

使用的理想模型如图 4-39 左侧所示，为泥岩（速度 3800m/s）包裹的层状砂岩（4400m/s），上层为 25 米的单一砂岩层，下层为多层砂岩。采用本项目程序进行正演，然后进行偏移处理，得到图 4-39 右侧所示结果。

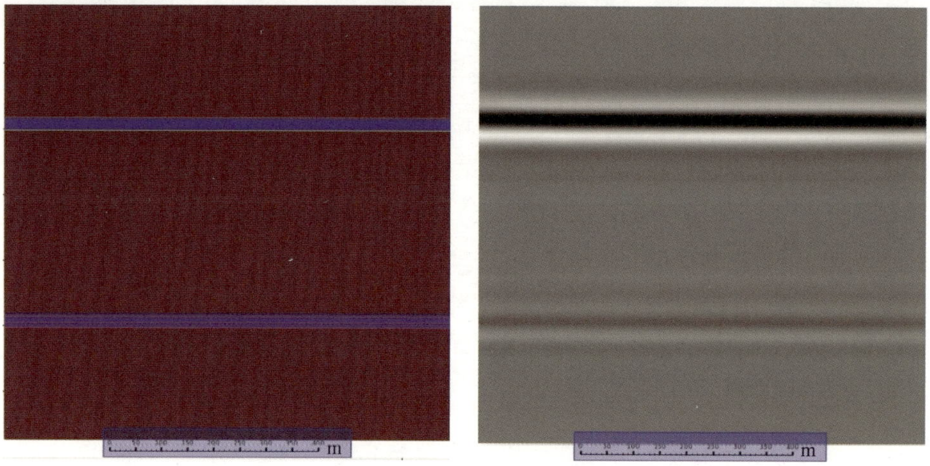

图 4-39　层状砂岩模型（左，红色为泥岩，蓝色为砂岩）与深度偏移成像效果图（右）

分析砂岩的特征可以通过对比沉积层的正演结果。首先新的两个模型：沉积层模型与厚度渐变的砂岩模型，如图 4-40 所示。

（1）左侧的沉积层模型用于验证正演软件的可靠性，因为没有层速度反转，反射界面下介质波阻抗大于上介质波阻抗，$R>0$，为正极性反射，在速度分界面上的成像特征应为极大值，即剖面表现为单轴。

（2）右侧的砂岩模型为 4400m/s 位置，可看作厚度渐变的薄砂岩，砂岩的下底面与泥岩有层速度反转，$R<0$，为负极性反射，所以偏移成像在底界面上应为反相位的极大值，在剖面上表现为两侧的旁瓣成为能量较弱的正相位双轴（如图 4-41）。

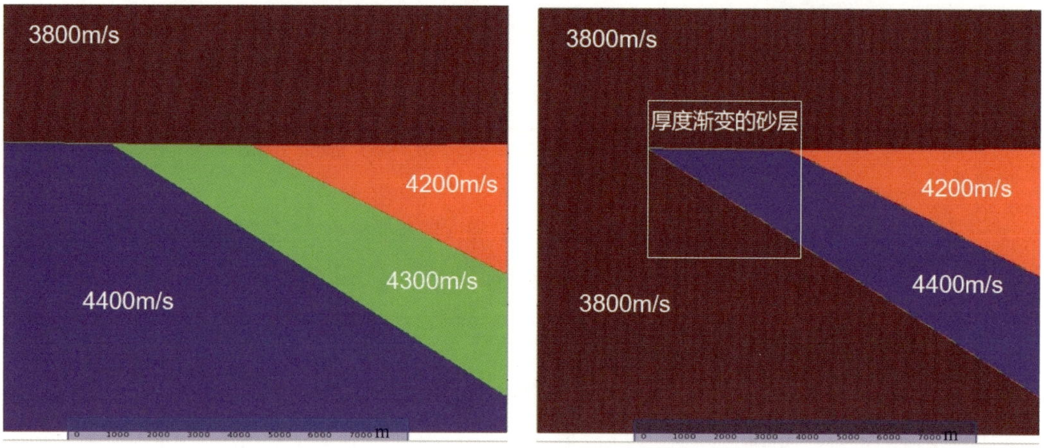

图 4-40　沉积层模型（左）与厚度渐变的砂岩模型（右）

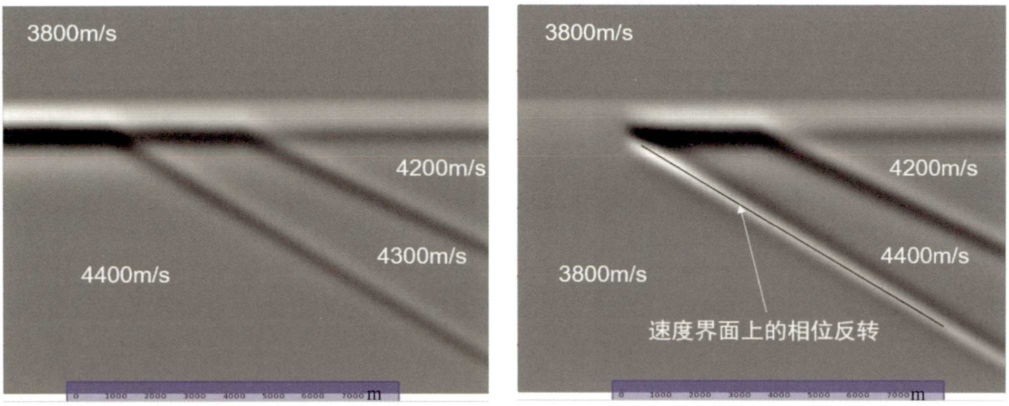

图 4–41 沉积层模型（左）与厚度渐变的砂岩模型（右）的偏移结果图

从沉积层模型与厚度渐变的砂岩模型的偏移结果上看（如图 4–41、图 4–42），偏移结果符合预期，说明了正演软件的可靠性。在厚度不超过 35m 的时候，砂岩的成像特征表现为干涉现象，上顶面与下底面各自的同相轴无法分辨开，这与层状模型偏移特征一致，因此证明层状砂岩在正演的偏移结果中表现为相干加强的双轴现象，振幅正、负相位的极值都比沉积层成像更强（如图 4–42）。

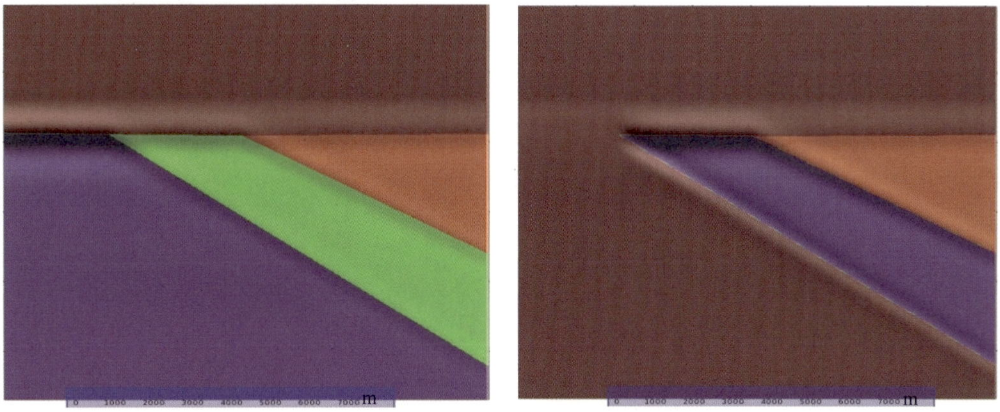

图 4–42 沉积层模型（左）与厚度渐变的砂岩模型（右）偏移结果的叠合剖面

仔细观察层状砂岩的偏移结果可以发现，相干现象使得砂层双轴的厚度大于实际模型的厚度，这是因为砂岩下底面的成像是负相位的极值，而更下方的旁瓣是正相位振幅，所以两个正相位的振幅值会厚于实际模型的厚度（如图 4–43）。

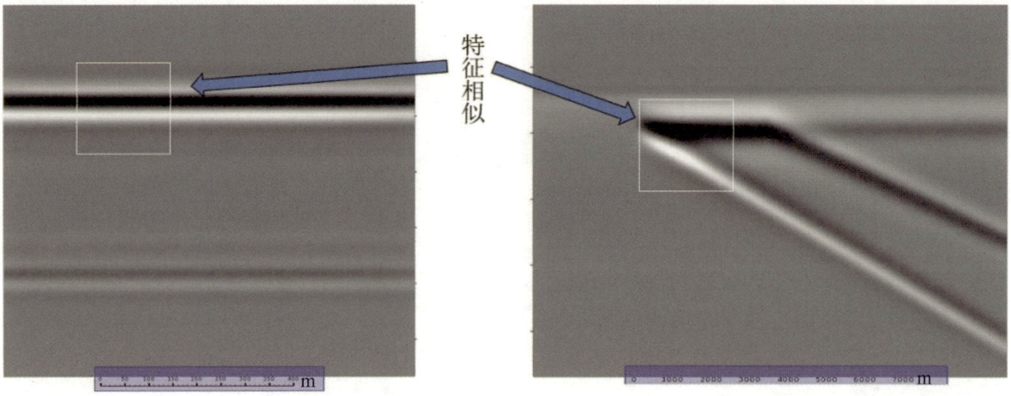

图 4-43　层状模型（左）与厚度渐变的砂岩模型（右）偏移结果的对比

经过实际模型与深度偏移结果进一步对比也验证了以上的结论（如图 4-44），正演模型中的薄砂层在偏移剖面上表现为振幅较强的正负相位同相轴，其成像厚度要厚于实际砂岩模型的厚度，综合以上可以总结为：厚砂体发育时，呈现强谷 – 强峰反射特征。

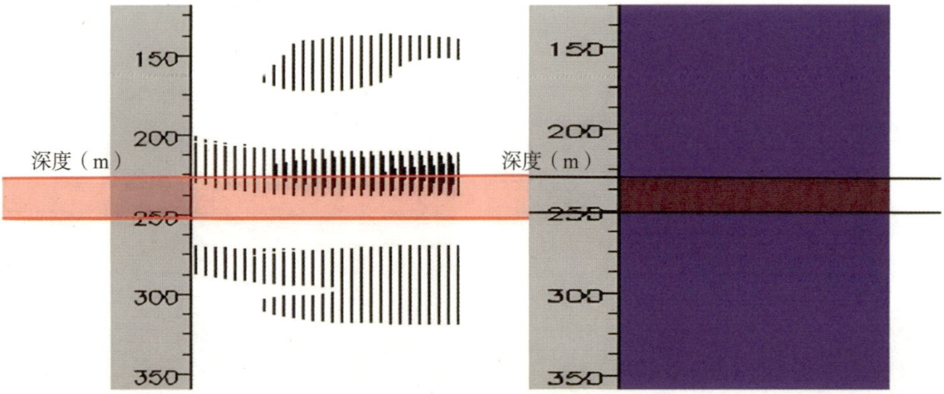

图 4-44　层状砂岩的成像与实际模型的厚度对比

4. 异常体模型建立与正演结果分析

本次根据工区异常体分布区域已钻井速度、厚度特征，建立了与实际地层相匹配的异常体速度模型，模型横向范围 10km。TAL 亚段异常体速度 5800m/s，厚度 0~15m，位于模型中部区域，呈透镜状分布；T 层砂体速度 4500m/s，厚度 0~18m，在整个模型区域都有分布（如图 4-45）。

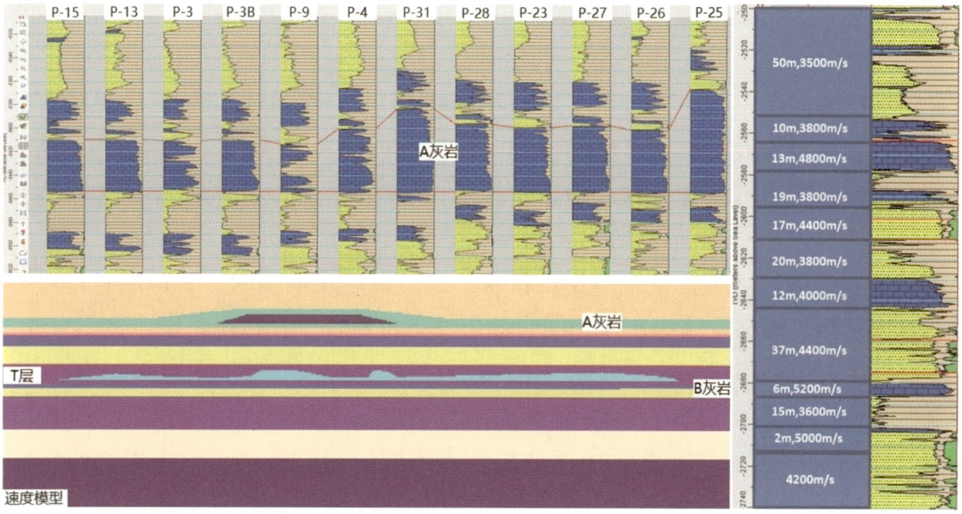

图 4-45　中部区域异常体速度模型

图 4-46 是本次正演模拟得到的叠前深度偏移地震剖面，从剖面上可见：异常体区域内，下伏储层 TmTS 层反射振幅减弱（序号④），随着砂体厚度增加，TmTS 层地震波形特征逐渐表现为复波，且波峰振幅能量也逐渐增强（序号⑤）；在异常体区域外，TmTS 储层反射特征表现为正常波峰波谷特征（序号①、②），随着砂体厚度增加，波峰波谷振幅能量也逐渐增强（序号③）。

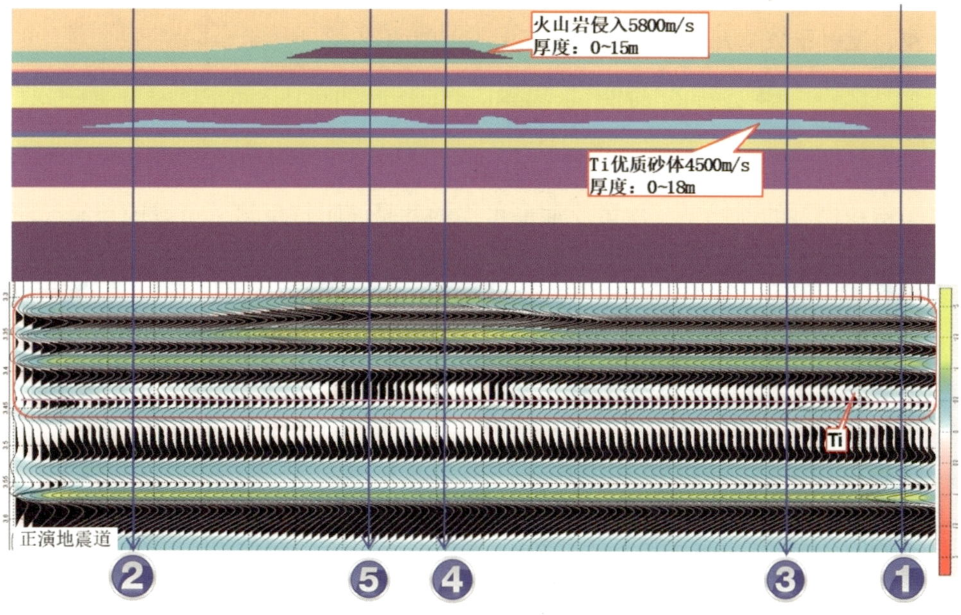

图 4-46　克希霍夫叠前深度偏移地震剖面

二、地震相控反演储层预测技术

在储层预测研究工作中，有很多地球物理技术可以支撑储层描述，常见的有地震属性分析，根据地震属性特征结合已钻井的实际情况，选择合适的属性参数代表储层的某种特征，这些特征可能是含气性、地层岩性等指示储层好或坏的特征，这类特征往往是对储层的定性描述。

储层定量描述技术主要是地震反演技术，通过地震反演技术，对储层进行波阻抗反演、孔隙度反演、伽马反演等工作，结合储层波阻抗特征、孔隙度特征、伽马分布特征，可以对储层进行定量描述，这类描述包括储层厚度、孔隙度、储能系数等参数。

众所周知，地震反演具有多解性特征，为了进一步降低地震反演的多解性，使反演结果（波阻抗）更加接近真实地层波阻抗，不同的研究机构、学者根据给定的约束条件，发展出多种地震反演技术、多种反演软件，各种技术都具有相应的优势和适用条件。

1. 常规叠后地震反演的局限

叠后地震反演的理论基础是：地震反射是地震子波与地层反射系数的褶积：$\vec{X}=\vec{R}\cdot\vec{W}$，式中，$\vec{X}$代表地震记录，$\vec{R}$代表地层反射系数，$\vec{W}$代表地震子波。

地震反演的本质就是通过已知地震记录（$\vec{X}$）与地震子波（$\vec{W}$）求取地层反射系数（$\vec{R}$）。通常认为地震子波由地震震源产生，实际反演过程中往往根据频谱分析设置为固定相位雷克子波或其他子波，或者根据地震道的自相关分析得到当前反演位置的空间变化的子波，反射系数（$\vec{R}$）是地层波阻抗（AI）的函数：

$$r=\frac{AI_2-AI_1}{AI_2+AI_1} \tag{4-1}$$

式中，AI_1、AI_2为反射界面上、下波阻抗。

基于褶积模型的前提下，地震反演最可靠的就是波阻抗反演，可以说地震反演理论和方法都是比较成熟的，其局限主要表现在：

（1）对地震资料要求较高，特别是保真度的要求。

（2）对于高阻抗碎屑岩地层，一方面需要寻找阻抗较高的砂岩地层；另一方面，如果此类地层含油气，其波阻抗会降低（如图 4-47）。

基于褶积模型的地震反射是在不考虑流体、压力、温度等的情况下将地震反射近似等于子波与反射系数的褶积（$\vec{X}=\vec{R}\cdot\vec{W}$），而反射系数仅仅是波阻抗的函数，如果考虑波阻抗以外的影响因素，地震反射的数学表达式将是非常复杂的，也许有学者在做这方面的研究，但很可能太复杂而无法推广或实施，因此，把地震反射仅仅当成波阻抗与子波的函数会带来一定的误差。

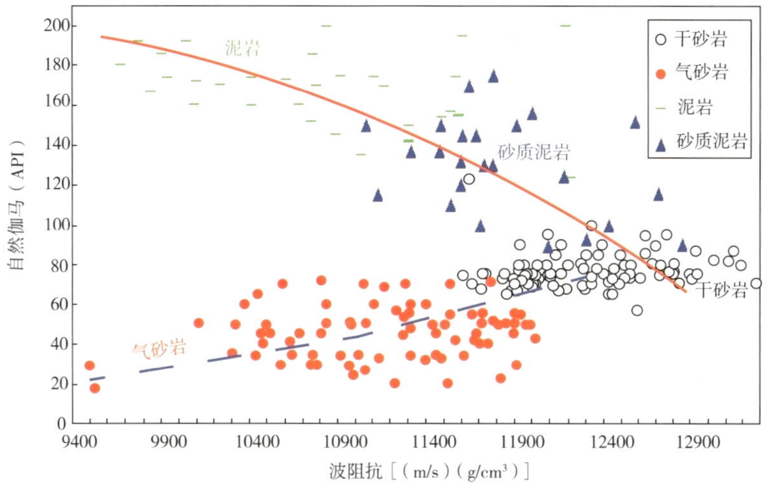

图 4-47　叠后波阻抗反演的局限

2. 相控建模技术的基本思路

鉴于上述地震反演过程中存在的问题，项目尝试采用大数据分析技术的相控建模技术对研究目的层进行反演研究。

相控建模技术采用大数据分析技术，自动建立地震相与测井“相”之间的非线性对应关系，不仅可以模拟波阻抗，而且可以模拟大部分测井曲线，模拟结果在纵向上与测井资料的分辨率一致，横向上与地震分辨率一致。特别适合在勘探中后期或滚动勘探－滚动评价期预测储层、流体、物性的空间分布关系。其技术路线如下：

（1）建立地震与测井的非一一对应数据库，分别选取每一口井一定时窗的地震波形，与指定时窗指定位置（中点）的测井值作为一组波形与测井的对应关系 ，如图 4-48 所示，A、B、C 分别是三口已钻井，井名下左侧为地震波形，右侧为测井曲线，设时窗长度为 T_1-T_2，T_0 是 T_1-T_2 的中点，是研究目的层，分别选取 A、B、C 三口井 T_1-T_2 段地震波形代表 T_0 处测井值，作为大数据分析的样本数据库。

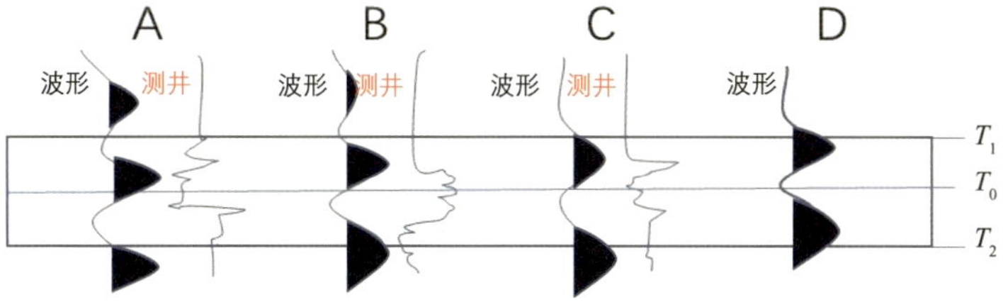

图 4-48　波形与测井对应关系数据库示意图

（2）计算未知属性地震波形与所有已知波形的相关性，D 处只有地震波形资料，我们需要预测 T_0 时刻的测井物性。将 D 位置 T_1–T_2 段波形分别与 A、B、C 井（$T_1-\Delta t$）~（$T_2+\Delta t$）（其中 Δt 为预先设定的允许漂移量）段波形滑动计算相关系数，且记录最大相关系数 Cmax 及其对应位置 T_m。设 X 为（$T_1-\Delta t$）~（$T_2+\Delta t$）某段时窗长度与（T_1–T_2）相同已知地震波形，Y 为 D 位置 T_1–T_2 段地震波形，T_1–T_2 段采样点为 N。

（3）筛选最大相关系数，寻找相关系数最大那口井 T_m 位置处的测井值，作为 D 处 T_0 预测测井值。

（4）向下滑动时窗，滑动间隔为一个采样点，重复前面（1）~（3）技术路线，直到目的层所有地震采样点都实现。

设目的层段采样点序号为变量 p，p 的取值范围为 0，1，2，…，m，则解决方案流程图可以用图 4–49 来表达。

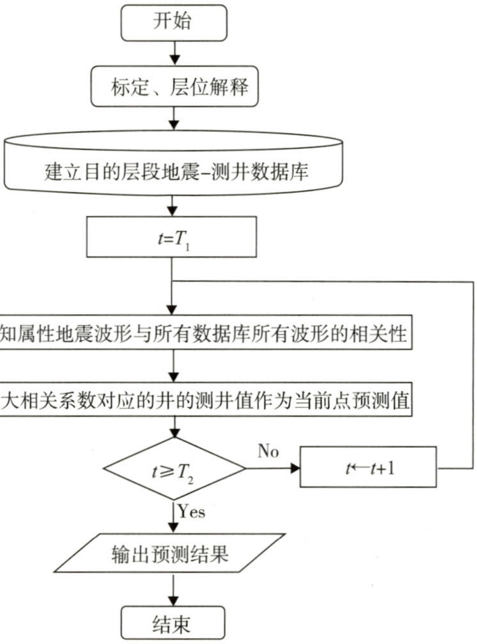

图 4–49 相控建模方案流程图

3. 相控反演储层定量预测

1）储层标定

前期针对油田中北部地区进行了地震资料特殊处理，获得了高分辨率的地震数据体，本次相控反演在此基础上进行。

图 4–50 为研究区 P–9 井合成记录标定，从标定情况看，波组关系对应较好，标定结果可靠。图 4–51 是过 P–9 井地震剖面，有效频带 15~60Hz，波形比较活跃，但是从合成

记录与井旁道的对应关系看，其保幅、保真性较差，不适合常规地震反演。相控建模技术可以较好地解决此类地震资料储层预测问题。

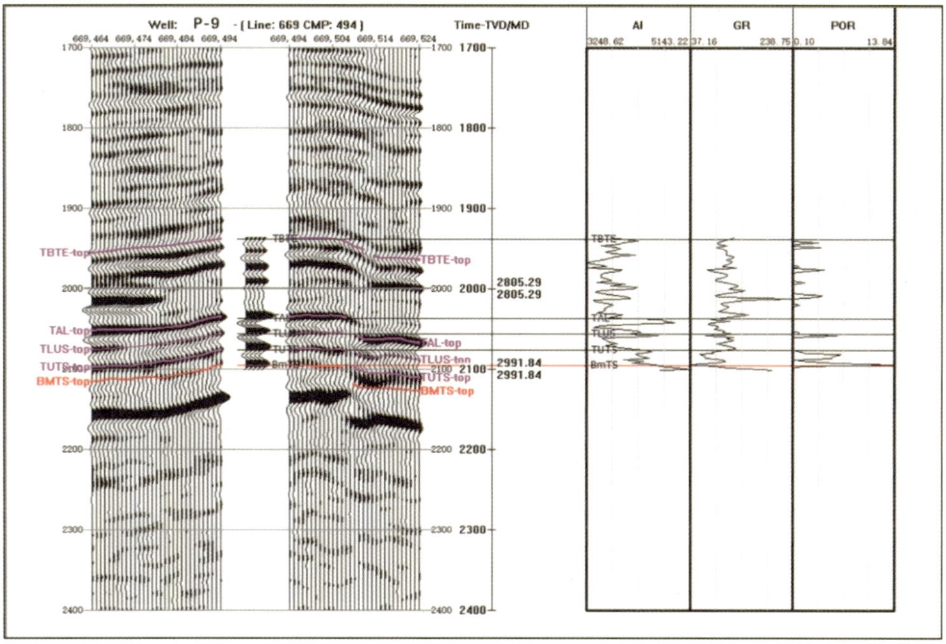

图 4-50　P-9 井合成地震记录

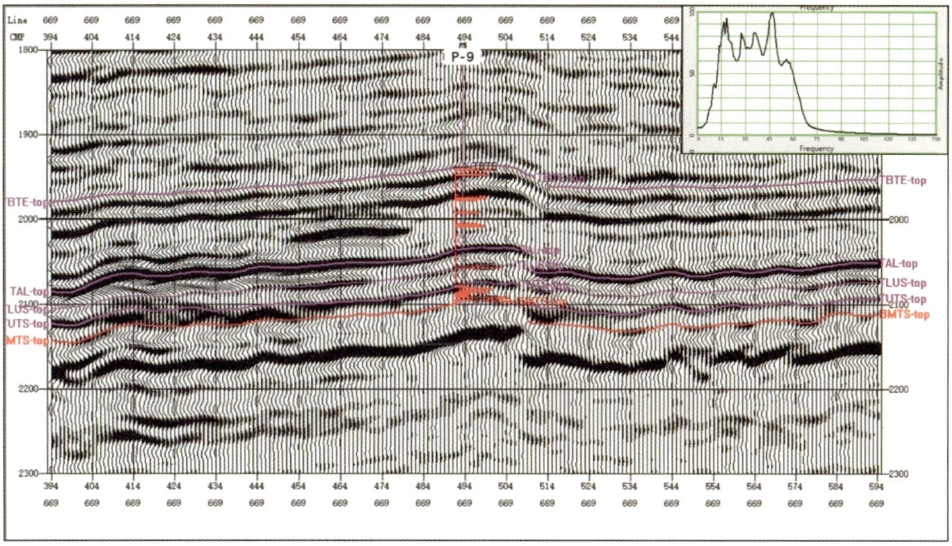

图 4-51　地震资料品质分析

2）储层定量预测

通过对新处理资料的振幅属性定性研究，得到了油田中北部地区 TmTS 层优质砂体

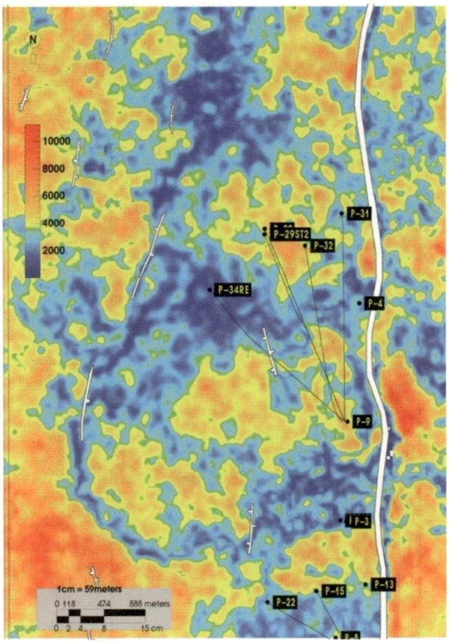

图 4-52　P 油田中北部 TmTS 层优质砂体平面分布图

的平面展布特征（如图 4-52），可以较客观地指示有利储层分布，储层预测与实际钻探结果较吻合。但是这些指示都是定性的，为了更加精确地预测有利储层分布，定量描述优质砂体发育特征，还需要通过相控反演，将这些定量属性转换为定量孔隙度等地层物性参数。

本次研究根据孔隙度值的差异将 TmTS 有利储层划分为 3 类砂体：Ⅰ类砂体，POR≥17%；Ⅱ类砂体，12%≤POR<17%；Ⅲ类砂体，8%≤POR<12%。为此，分析了实钻井 TmTS 层砂体的孔隙度与波阻抗交会特征（如图 4-53），从图中可看出，由于储层砂、泥岩波阻抗差异较小，因此波阻抗不能有效区分储层与非储层。但孔隙度能够较好地区分开，并能识别有利储层（有利储层门限值主要集中在 8%~19%），基于 TmTS 薄储层不同的砂体特征，后续优质砂体定量预测的 POR 门限值设置为 8%。

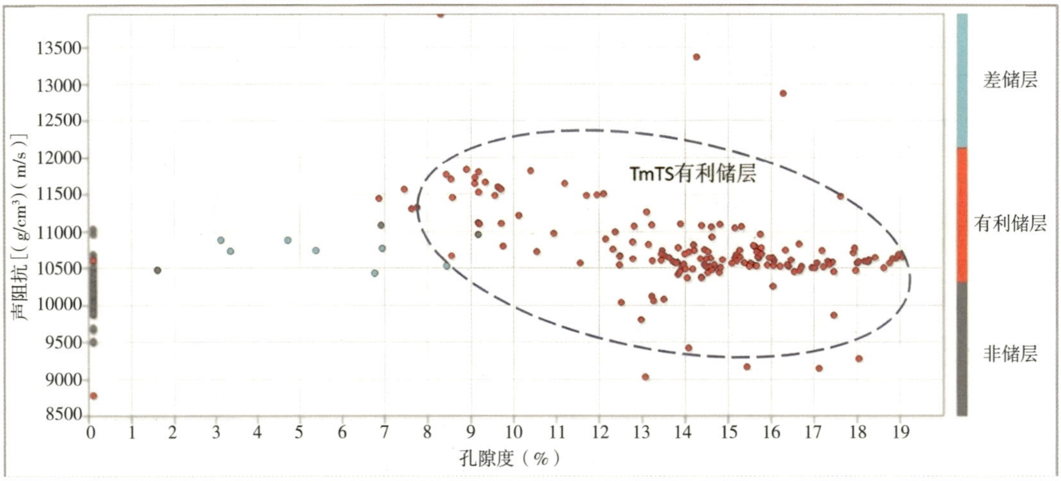

图 4-53　TmTS 层优质砂体波阻抗与孔隙度交会分析

图 4-54 是过中北部地区已钻井 TmTS 层的连井孔隙度反演剖面，从图中看出，采用相控反演后，反演剖面分辨率高，纵向上和测井一致，横向上与地震分辨率一致，针对研究区的薄砂体能够取得较好的效果，在异常体范围内，反演结果能够较好地指示优质砂体的发育情况，如位于异常体区域内的 P-31、P-32、P-29 井在 TmTS 层分别钻遇优

质砂体 16.8ft、14.9ft、27.0ft，在反演剖面上也位于砂体发育的有利位置，而位于异常体中部区域的 P-34 井 TmTS 层钻遇优质砂体较差，仅发育 1.1ft，反演剖面上也预测该井砂体不发育，储层预测吻合率较高。

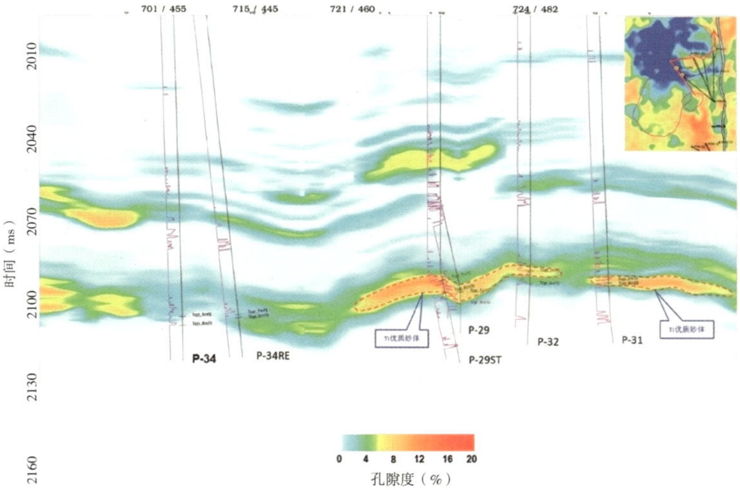

图 4-54　过 P-34~P-34RE~P-29ST~P-29~P-32~P-31 井孔隙度反演剖面

图 4-55 是根据孔隙度反演成果，设定 TmTS 孔隙度大于 8% 为有利储层，得到的中北部区域 TmTS 层有利储层厚度平面分布图。从图中看出，在异常体区域内，优质砂体厚值区（红黄色区域）呈北西 - 南东向的条带展布特征，平均厚度为 15ft，其中，异常体北半环砂体整体较发育，已钻的 P-31、P-32、P-29 井均位于优质砂体发育的条带内，但 P-34 井附近存在一个砂体不发育的条带，这与实际钻井结果吻合；而异常体南半环中部优质砂体发育较薄，靠南区域发育为连片分布、厚度较厚的优质砂体。反演成果和定性预测成果整体趋势具有一致性，因此，基于孔隙度相控反演预测得到的砂体厚度平面分布成果是可靠的（如表 4-3）。

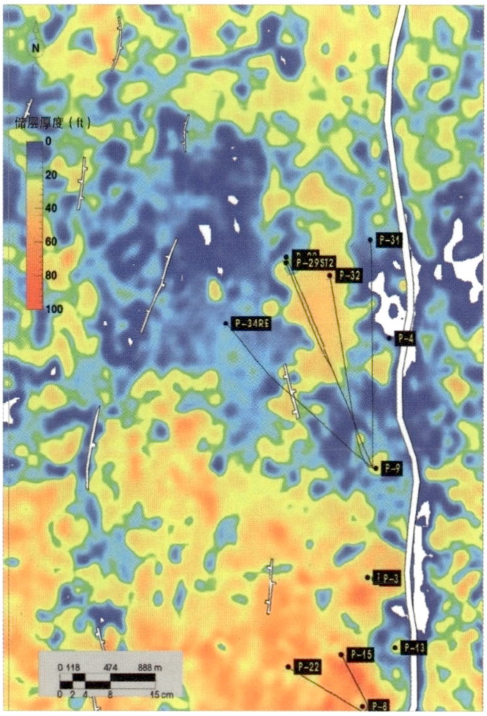

图 4-55　TmTS 层有利储层（孔隙度大于 8%）厚度平面分布图

表 4-3 新井 TmTS 层储层厚度预测误差统计表

井名	TmTS 层优质砂体预测垂厚（ft）	TmTS 层优质砂体实钻垂厚（ft）	误差（ft）	符合性
P-31	20.0	16.8	3.2	好
P-29	15.0	13.2	1.8	好
P-29ST2	25.0	27.3	2.3	好
P-32	15.0	17.6	2.6	好
P-34	3.0	1.1	1.9	好
P-34RE	0.0	0.0	0.0	好

第五章

含海绿石复杂岩性碎屑岩测井精细解释技术

在厄瓜多尔P油田Napo组砂岩中普遍发育海绿石矿物，尤其是TUTS层和TMUS层砂岩中海绿石含量较高，可达30%以上，一般为1%~50%。海绿石为一种黏土矿物，具有高自然伽马值、低电阻等黏土类矿物的测井响应特征，致使海绿石含量较高的砂岩常常被误认为砂质泥岩或泥质砂岩，漏失了储层，也使一些低阻油层被误认为水层，错失了油气产量。另外，由于海绿石成熟度高，埋深较浅，以圆球形或粪球粒颗粒状与石英颗粒同时存在于岩石中，具有颗粒特性。但海绿石充填于孔隙中，减小了砂岩的孔隙度和渗透率，增大了砂岩的束缚水饱和度，由于缺少定量计算海绿石含量的测井解释技术方法和软件平台，储层孔隙度、渗透率和含水饱和度等参数计算结果误差大，砂岩储集性能评价准确率不高。因此，迫切需要形成一套针对含海绿石复杂碎屑岩油层的测井精细解释方法技术，以获得精确的储层参数，有效识别低阻油层，正确划分储层类型，指导新井部署，促进油田高效开发。

第一节　含海绿石复杂碎屑岩储层微观特征

一、含海绿石复杂碎屑岩岩石学特征

P油田Napo组岩性复杂，以砂岩、泥（页）岩为主，并发育三套灰岩。砂岩中普遍发育海绿石，海绿石含量变化大。根据海绿石含量，储集层岩性大体可分为高岭石砂岩、含海绿石砂岩和海绿石砂岩三类。TUTS层和TMUS层以海绿石砂岩为主，发育少量含海绿石砂岩，TmTS层和TLUS层以高岭石砂岩为主，夹含海绿石砂岩和海绿石砂岩，T段砂岩底部发育大量富含铁矿物，为富含铁海绿石砂岩或富含铁含海绿石砂岩。在不影响整体储层评价的基础上，把富含铁含海绿石砂岩或富含铁海绿石砂岩归到含海绿石或海绿石砂岩中。由于TMUS层厚度薄，储层欠发育，本次不做深入分析。

1. 海绿石砂岩

海绿石砂岩颜色为灰绿色至绿色，颗粒组分主要为石英和海绿石，含少量长石、云母、黄铁矿、菱铁矿、铁白云石和铁方解石，以颗粒结构支撑，分选较好，填隙物含量较低，以胶结物为主。岩心薄片分析结果显示，海绿石颗粒一般呈圆球状或粪球粒状充填于孔隙间，极少数海绿石经历后期成岩作用过程挤压变形呈现假杂基结构，粒径0.05~0.5mm，多数小于0.25mm，其含量变化范围大，一般在1%~50%之间。石英颗粒呈次圆状，普遍由于次生加大而呈次棱角、棱角状，粒径范围一般在0.1~0.5mm之间，自形晶面发育，主要为Ⅱ级次生加大；扫描电镜资料显示，大多数石英颗粒表面被较完整的自形晶面包裹，部分石英自形晶体向孔隙空间生长，交错连接，堵塞孔隙。长石含量少，一般小于5%。填隙物含量一般小于5%，除石英加大边外，自生矿物有黄铁矿、菱铁矿、铁白云石和铁方解石等含碳酸盐类胶结物，其中黄铁矿、菱铁矿常呈脉状或团块状局部富集，如图5-1。

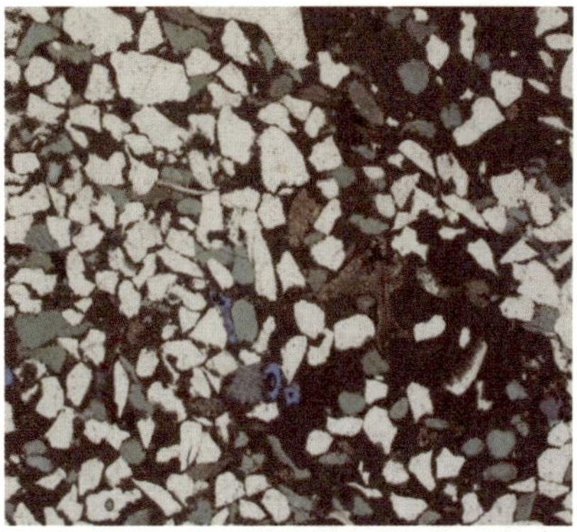

（a）P-22井，10548.45m，50×，云质中砂质细粒海绿石砂岩

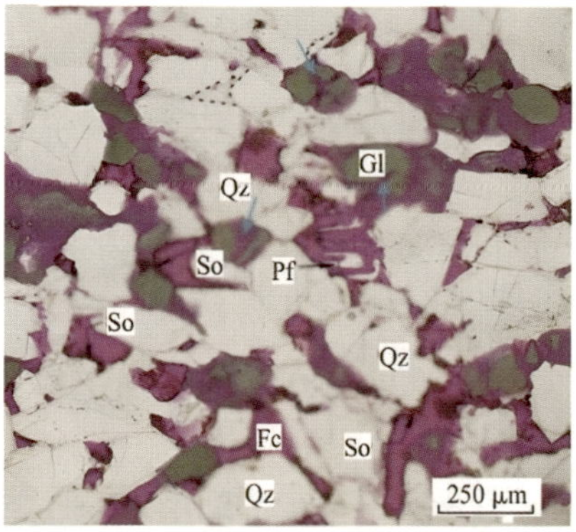

（b）A-1井海绿石砂岩

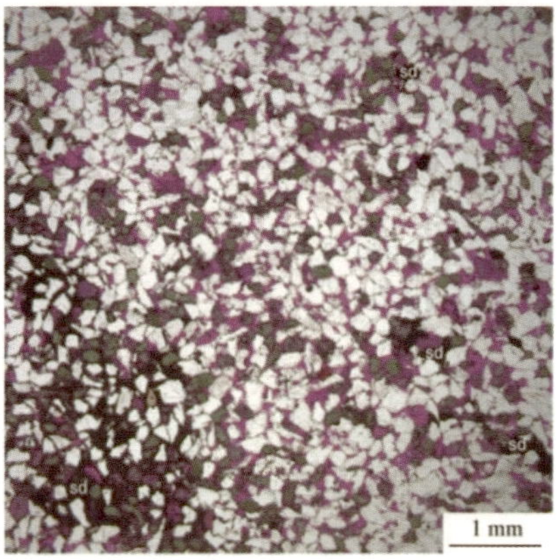

（c）A-2井海绿石砂岩（海绿石含量10%）

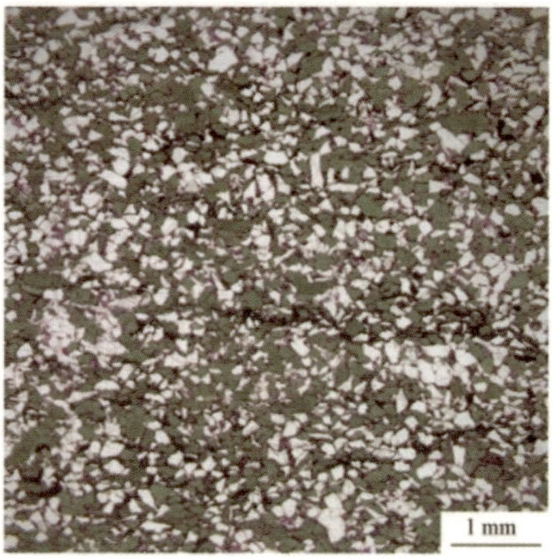

（d）A-2井海绿石砂岩（海绿石含量50%）

图5-1　TUTS层海绿石砂岩岩石学特征

海绿石是一种富含铁和钾、含水的二八面体层状铝硅酸盐矿物，化学分子式为$K_2(MgFe)_2Al_5(Si_4O_{10})_3(OH)_{12}$。Qemscan 矿物分析测试结果显示，奥连特盆地白垩系 Napo 组海绿石砂岩主要矿物组分为石英、黑云母、伊利石和海绿石，含少量的钾长石和黄铁矿，其他矿物含量小于 1%（如图 5-2）。区域岩心 X 射线衍射（XRD）测试结果表明，海绿石的主要矿物组分包括伊利石和伊蒙混层（I/S）；岩心扫描电镜配套的能谱图（EDS）显示，海绿石矿物的化学组分主要包括 SiO_2、Al_2O_3、Fe_2O_3、K_2O 和 MgO·SiO，具有高 Si、Fe 和 K 的特征。

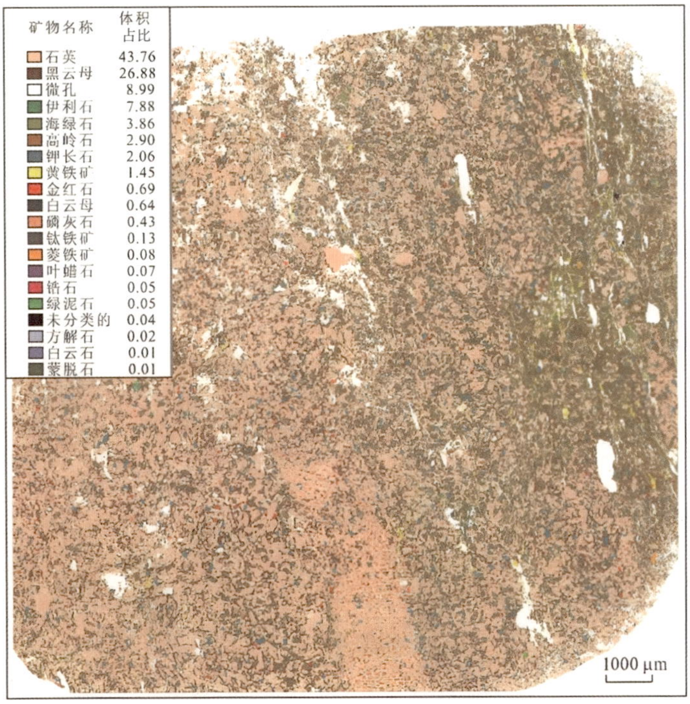

图 5-2　区域 Qemscan 矿物分析测试结果

2. 高岭石砂岩

高岭石砂岩颜色为灰色、褐灰色，碎屑成分主要为石英，其百分含量在 59%~98% 之间，平均为 90.5%，填隙物主要为高岭石。TmTS 层砂岩不含长石，岩屑含量变化大，从 1% 到 37% 不等，岩屑含量大于 10% 者多为海绿石砂岩。碎屑成分另见少量的燧石、黄铁矿及云母等片状矿物。碎屑颗粒接触关系主要为点线接触，胶结类型以孔隙型为主，分选以中为主，个别分选好或差，磨圆度以次棱次圆为主，部分为次圆（如图 5-3），填隙物以胶结物为主，杂基相对较少，胶结物以白云石、高岭石及石英加大为主。

3. 含海绿石砂岩

含海绿石砂岩碎屑成分主要为石英，其次是海绿石，其海绿石含量较高岭石砂岩高、较海绿石砂岩低，其岩石学特征除海绿石含量较高岭石砂岩高外，其余基本与高岭石砂岩类似（如图 5–3）。

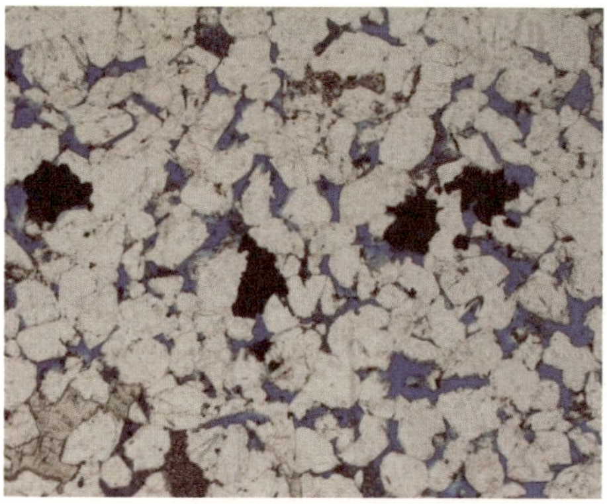

（a）P–22 井，10506.60ft，50×，粗砂质中粒石英砂岩

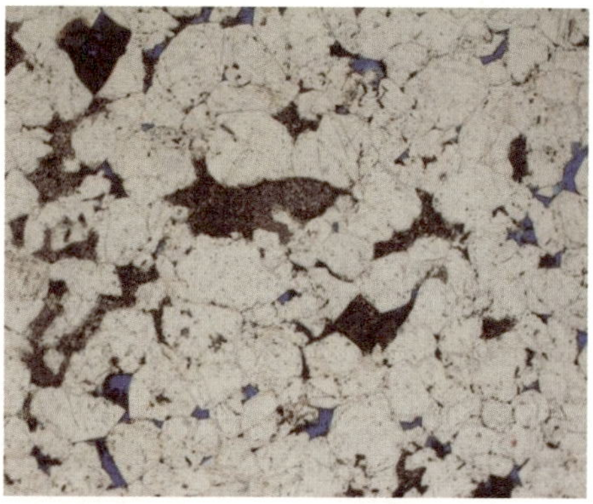

（b）P–22 井，10510.80ft，50×，细砂质中粒石英砂岩

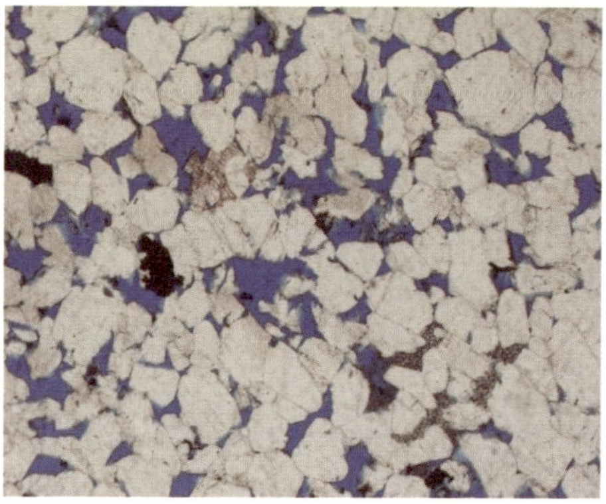

（c）P–22 井，10518.70ft，50×，不等粒石英砂岩

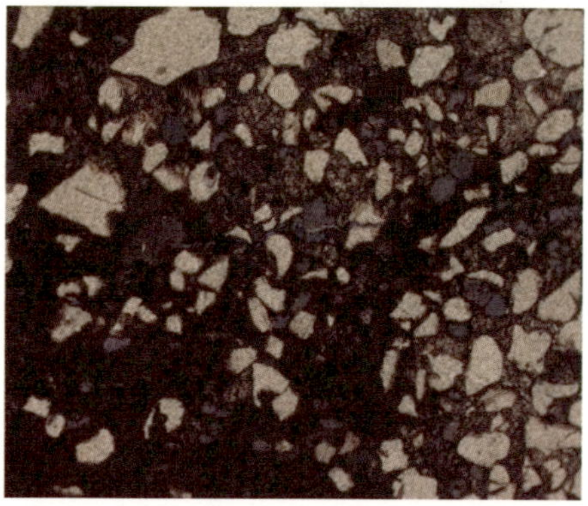

（d）P–22 井，10512.10ft，50×，含海绿石细砂质岩屑砂岩

图 5–3　TmTS 层高岭石砂岩和含海绿石砂岩岩石学特征

二、含海绿石复杂碎屑岩储集空间特征

海绿石砂岩储层的储集空间主要为粒间孔，由于普遍存在碎屑颗粒压实变形、石英次生加大及发育自生矿物等成因作用，孔隙主要为剩余粒间孔，孔隙半径一般在 0.05~0.15mm，孔道的连通性相对较差（如图 5–4）。另外，发育少量海绿石粒间溶蚀孔、长石粒内溶蚀孔和黄铁矿填隙物晶间孔等微孔隙（如图 5–5）。海绿石砂岩储层非均质性整体较强，孔喉结构复杂。

（a）海绿石砂岩（A-1 井），岩石矿物颗粒的空间排列形貌

（b）为（a）中红框内局部放大照片，海绿石颗粒表现为圆 - 次圆状或粪球粒状，大部分石英颗粒表现为棱角 - 次棱角状，被较完整的自形晶面包裹。Qz 为石英，Gl 为海绿石

图 5-4　海绿石砂岩扫描电镜（SEM）下颗粒空间排列与孔隙特征

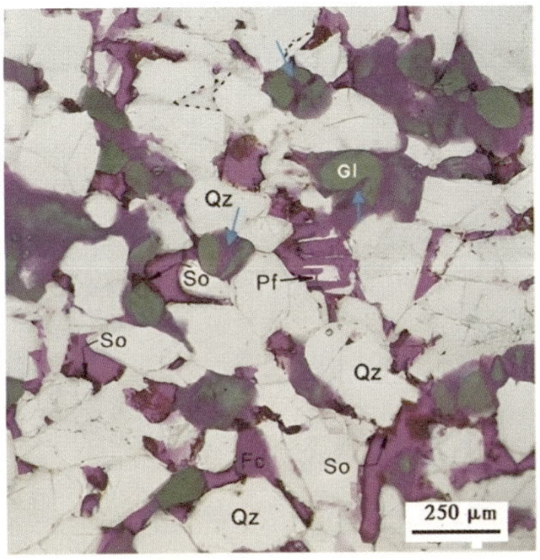

（a）A-3 井海绿石砂岩单偏光照片，发育粒间孔（洋红色），胶结物为铁方解石（Fc，染色后为紫红色），So 为油迹或残余油，斜长石（Pf）普遍发生溶蚀，蓝色箭头指示海绿石粒间与粒内溶蚀孔，虚线指示石英次生加大边

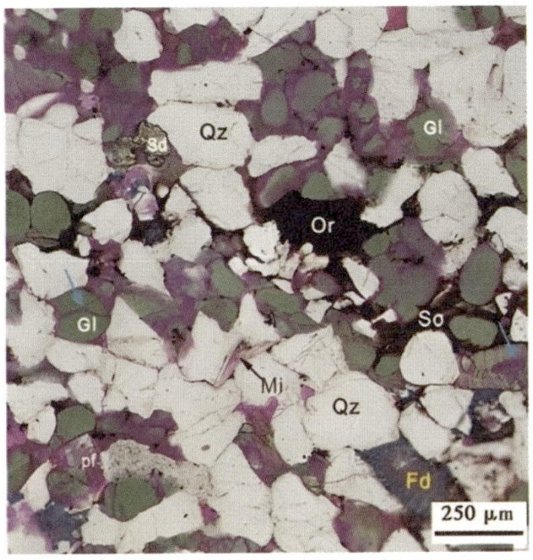

（b）A-3 井海绿石砂岩单偏光照片，铁白云石（Fd）局部胶结（染色后为蓝色），Mi 为云母，Or 为有机质

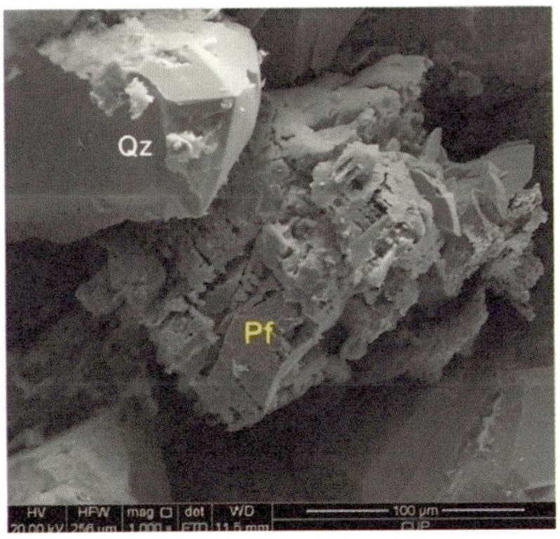

（c）A-1 井海绿石砂岩 SEM 照片，显示长石溶蚀粒内孔特征

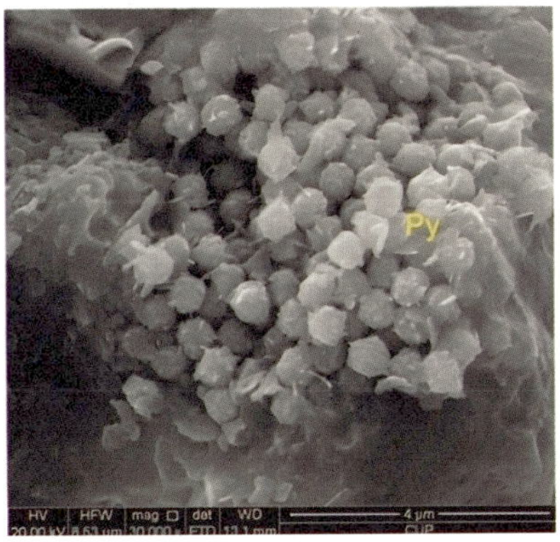

（d）A-1 井海绿石砂岩 SEM 照片，显示自生矿物球状黄铁矿（Py）的晶间孔

图 5-5　海绿石砂岩储层孔隙及成岩作用特征

据 P–22 及 P–8 井 TmTS 层及 TLUS 层岩心铸体薄片鉴定，高岭石砂岩和含海绿石砂岩储集空间以原生粒间孔为主，见少量晶间孔、岩屑粒内孔、粒裂孔及微裂缝（如图 5–6）。

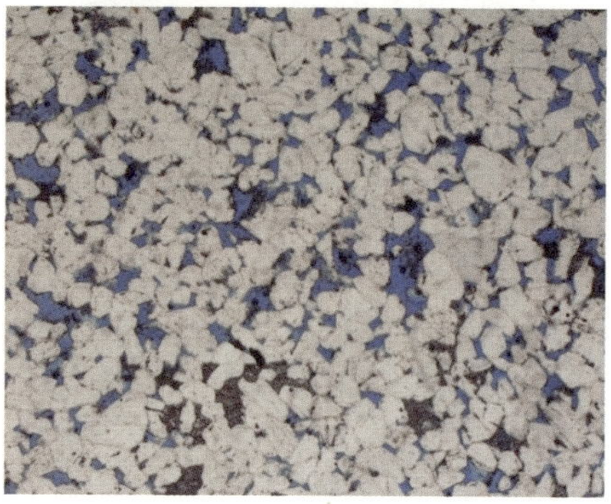

（a）P–22 井，10507.80ft，TmTS，50×，不等粒石英砂岩，粒间孔

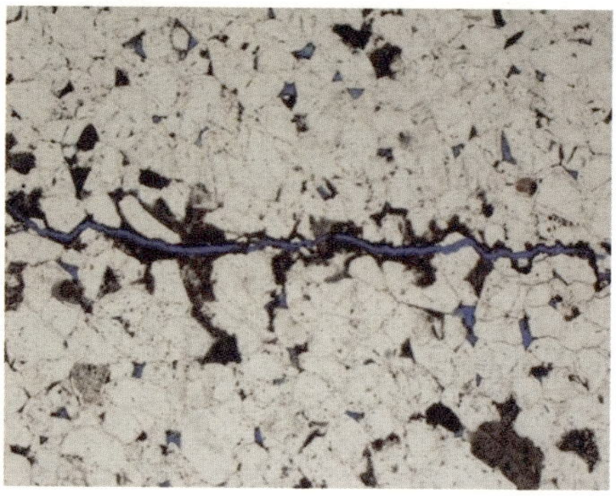

（b）P–22 井，10510.80ft，TmTS，50×，细砂质中粒石英砂岩，微裂缝

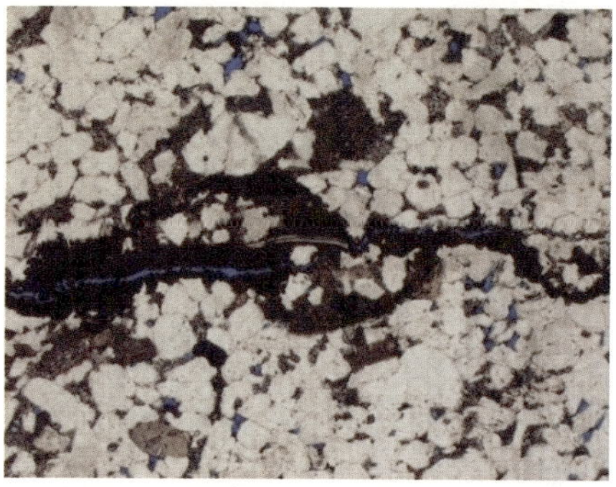

（c）P–22 井，10523.60ft，TmTS，50×，含云中砂质细粒石英砂岩，微裂缝和晶间微孔

（d）P–8 井，9554.70ft，TLUS，100×，中砂质细粒石英砂岩，粒间孔和晶间微孔

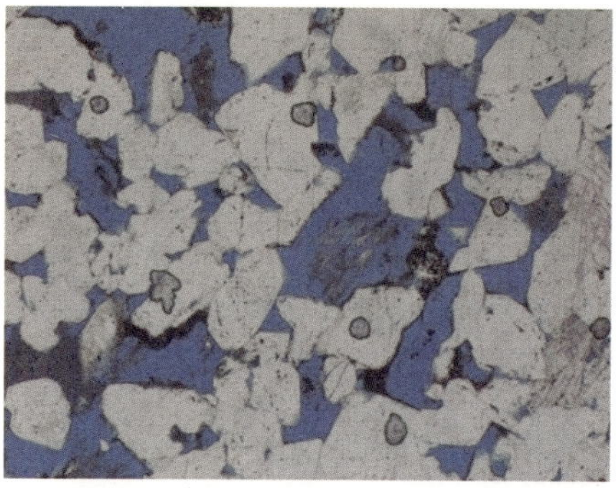

（e）P–8 井，9553.70ft，TLUS，100×，中砂质细粒石英砂岩，粒间孔

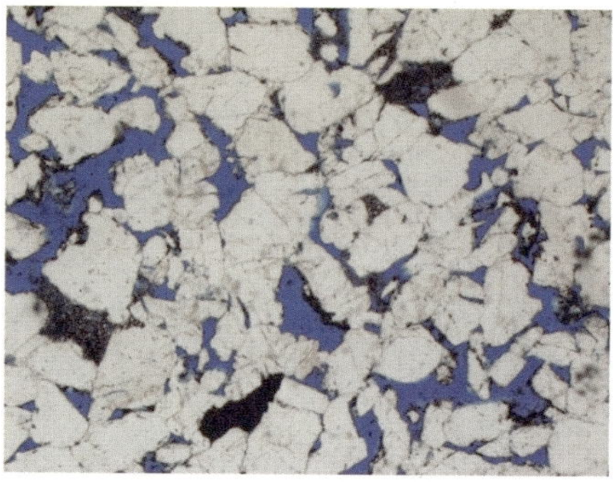

（f）P–22 井，10532.40ft，TLUS，50×，中粒石英砂岩，粒间孔

图 5–6　P 油田 TmTS 层及 TLUS 层岩心铸体薄片鉴定照片

第二节　含海绿石复杂碎屑岩储层岩石物理特征

一、含海绿石复杂碎屑岩岩性特征

P 油田 Napo 组岩性复杂，主要有砂岩、泥岩和灰岩，砂岩又可分为海绿石砂岩、高岭石砂岩、富含铁海绿石砂岩。根据海绿石含量的多少，储集层岩性大体可分为高岭石砂岩、含海绿石砂岩和海绿石砂岩三类。T 段砂岩中的 TmTS 层和 U 段砂岩中的 TLUS 层岩性以高岭石砂岩为主，夹含海绿石砂岩和海绿石砂岩；T 段砂岩的 TUTS 层和 U 段砂岩的 TMUS 层以海绿石砂岩为主，发育少量含海绿石砂岩；T 段砂岩底部发育富含铁海绿石砂岩或富含铁含海绿石砂岩，其特征是富含菱铁矿、赤铁矿、黄铁矿等含铁矿物，测井资料上表现为低电阻、高密度、高光电指数特征，岩心照片呈红色，此次研究把富含铁海绿石砂岩根据海绿石含量大小归类到含海绿石砂岩或海绿石砂岩中（如图 5-7 和表 5-1）。

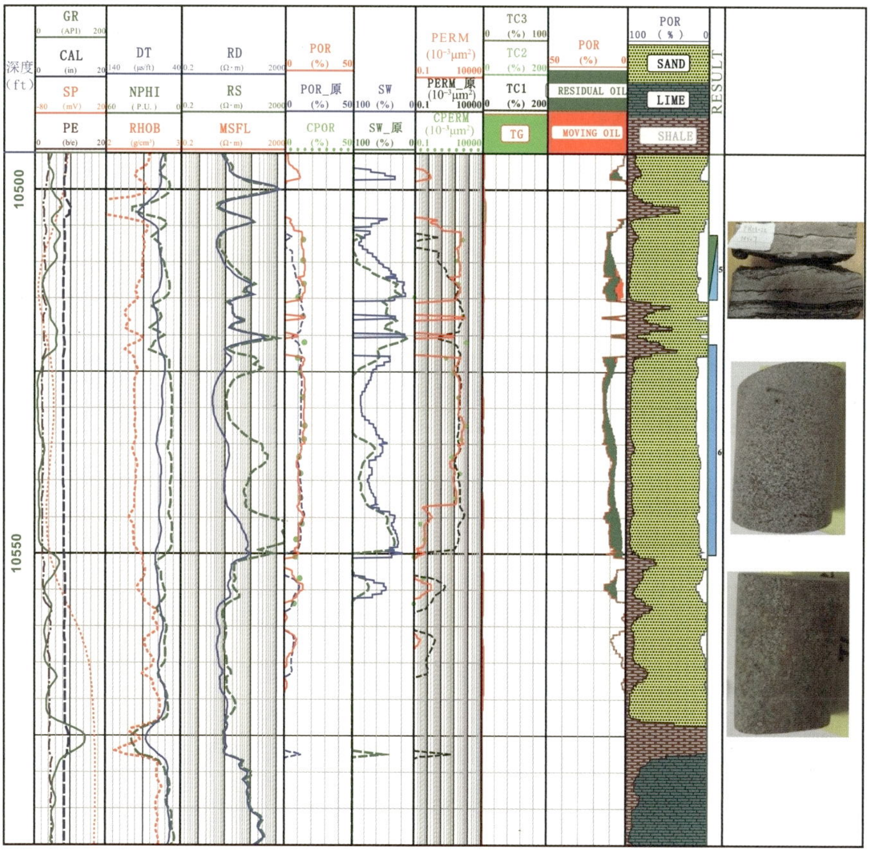

图 5-7　P-22 井 TmTS 层砂岩测井响应特征

表 5-1　P-22 井 TmTS 层 X 衍射矿物成分分析结果

井深（ft）	矿物含量（%）										
	石英	铁白云石	菱铁矿	方解石	白云石	海绿石	高岭石	白云母	伊利石	黄铁矿	锆石
10507.8	84.27	—	—	6.09	—	—	8.17	0.62	—	—	0.85
10514.2	46.17	28.04	4.85	—	16.31	4	微量	—	—	0.63	0.85
10520.4	91.14	2.27	0.72	—	—	—	4.82	0.58	—	—	—
10533.7	88.04	—	0.58	4.9	—	—	4.41	1.47	—	0.06	0.47
10537.4	91.96	1.8	—	—	—	—	5.71	—	—	—	0.53
10541.7	92.22	—	—	—	0.97	—	5.2	1.54	—	0.07	—
10546.1	87.51	0.15	—	—	—	5	6.11	1.23	微量	—	—
10548.2	38.15	—	52.74	—	—	6	微量	3.11	微量	—	—
10554.7	57.08	29.61	8.31	—	—	5	微量	—	微量	—	—
10557.8	78.47	—	9.53	—	—	12	微量	—	微量	—	—
10561.8	42.66	38.83	4.37	—	—	2	10.18	1.02	微量	—	0.94

1. 海绿石矿物岩石物理特征

砂岩中普遍含海绿石是 Napo 组岩性最突出特征之一。海绿石是一种富铁和钾、含水的二八面体层状铝硅酸盐矿物，为半透明至几乎不透明矿物，化学分子式为 $K_2(MgFe)_2Al_5(Si_4O_{10})_3(OH)_{12}$，颜色为玻璃绿、黄绿、蓝绿等，其莫氏硬度为 2，矿物体积密度为 3.04g/cm^3，声波时差为 40~224.1μs/ft，光电吸收截面指数为 6.37b/e，钾含量为 3.2%~5.8%，钍含量为 2~4mg/L，其主要测井特征参数值如表 5-2 所示。

表 5-2　海绿石矿物主要测井特征值

名称	分子式	ρ_{ma}（g/cm^3）	ϕ_{CNL} LINME（p.u.）	Δt_{max}（μs/ft）	Δt_{min}（μs/ft）	Pe（b/e）	Th（mg/L）	K（%，质量）
海绿石	$K_2(MgFe)_2Al_5(Si_4O_{10})_3(OH)_{12}$	3.04	38	224.1	40	6.37	2~4	3.2~5.8

区域岩心 X 射线衍射（XRD）测试结果表明海绿石的主要矿物组分包括伊利石和伊蒙混层（I/S），详如表 5-3。伊利石与云母的质量百分比范围为 8.0%~21.0%，相对含量为 64.0%~69.0%，伊蒙混层（I/S）的质量百分比范围为 4.0%~9.0%，相对含量为 29.0%~36.0%，I/S 膨胀性指标范围为 30%~40%，对应的膨胀层含量范围为 1.2%~3.6%，均小于 5%；岩心扫描电镜配套的能谱图（EDS）显示海绿石矿物的化学组分主要包括 SiO_2、Al_2O_3、Fe_2O_3、K_2O 和 MgO·SiO，具有高 Si、Fe 和 K 的特征。

表 5-3　海绿石颗粒 X 射线衍射（XRD）矿物成分测试结果

样品编号	黏土含量（%）						相对黏土含量（%）				
	蒙皂石	伊蒙混层（I/S）	伊利石与云母	高岭石	绿泥石	I/S 膨胀性	蒙皂石	伊蒙混层（I/S）	伊利石与云母	高岭石	绿泥石
1–4	0	9	21	0	1	40	0	29	69	0	2
2–1	0	4	8	0	0	30	0	34	66	0	0
2–12	0	6	10	0	0	35	0	36	64	0	0

可见，海绿石矿物为一种黏土矿物，具有颗粒细、可塑性强、放射性高等普通黏土特征。测井资料中的自然伽马和中子测井资料对其黏土特性反应敏感，具有高自然伽马和高补偿中子测井响应特征（如图 5–8）。

海绿石主要形成于海相环境，是海侵相的特征矿物，其生长的有利条件是有机质丰富的温暖浅海，形成于水深 50~500m 的慢速、弱还原的沉积环境，尤其在外陆棚和上斜坡部位富集。大量区域岩心分析结果证实，油田白垩系 Napo 组海绿石成熟度高，埋深较浅，海绿石矿物一般以圆球状或粪球粒状颗粒形式充填于孔隙间，仅有极少数海绿石在后期成岩作用过程中经挤压变形呈假杂基结构，海绿石颗粒整体较为均质，为胶结物，颗粒特征明显（如图 5–9）。

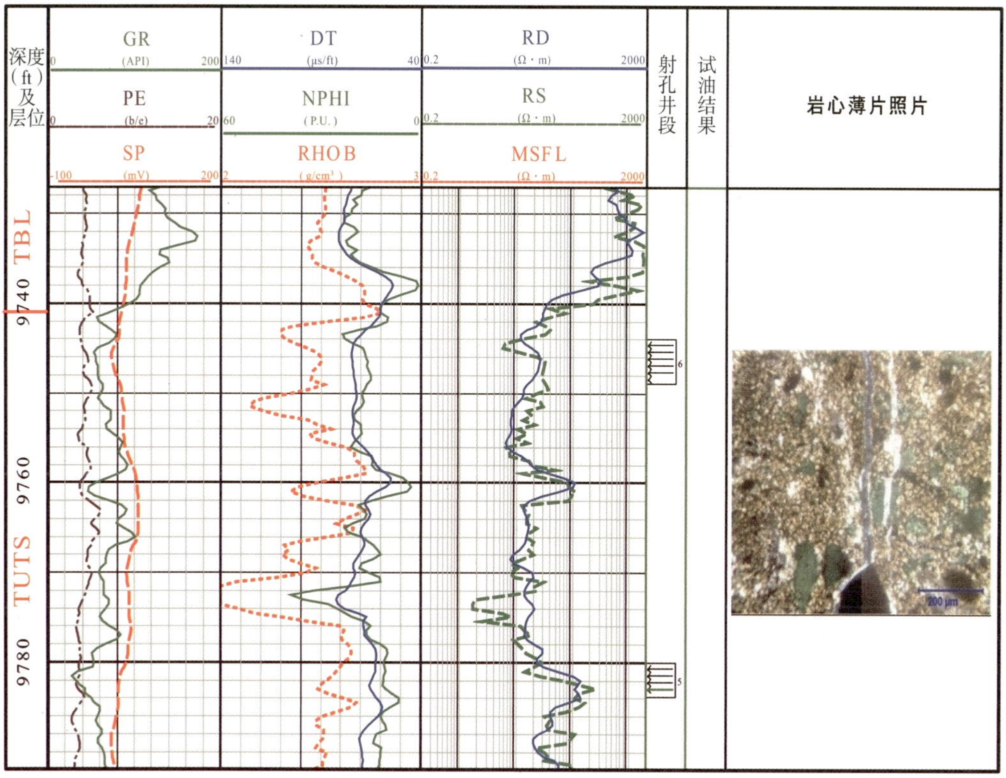

图 5–8　G–3 井 TUTS 层海绿石砂岩储层测井响应特征

图 5-9　海绿石颗粒岩心铸体薄片鉴定照片

由于海绿石矿物具有高光电截面吸收指数（*PE*）值和高岩石体积密度（ρ_{ma}）值特征，当岩石中含有海绿石时，光电吸收截面指数和岩石体积密度测井值将增加（如图 5-8），且随海绿石含量的增加而明显增加，即岩性密度测井资料（包括光电吸收截面指数和岩石体积密度资料）对海绿石颗粒特征反应敏感。

综上所述，海绿石具有黏土特性和碎屑颗粒特性双重岩石物理特征，自然伽马和补偿中子测井资料对其黏土特性反应敏感，光电吸收截面指数和岩石体积密度测井资料对其碎屑颗粒特性反应敏感。

2. 复杂岩性测井识别方法

根据岩心分析海绿石含量及其对应敏感测井资料特征值，利用自然伽马和光电吸收截面指数测井资料交会图技术，或者自然伽马与补偿中子测井资料交会图技术，建立含海绿石复杂碎屑岩岩性识别图版，可有效识别高岭石砂岩、含海绿石砂岩和海绿石砂岩（如图 5-10、图 5-11）。具体识别标准如下：

高岭石砂岩：海绿石含量小于 6%，自然伽马值小于 45API，光电吸收截面指数小于 2.3b/e，补偿中子小于或等于 15p.u.。

含海绿石砂岩：海绿石含量在 6%~10% 之间，自然伽马值在 38~85API 之间，光电吸收截面指数在 2.3~3.0b/e 之间，补偿中子在 12~20p.u. 之间。

海绿石砂岩：海绿石含量大于或等于 10%，自然伽马值在 78~120API 之间，光电吸收截面指数在 2.3~4.5b/e 之间，补偿中子在 18~31p.u. 之间。

泥岩：自然伽马值大于 115API，光电吸收截面指数在 2.6~3.7b/e 之间，补偿中子大于 31p.u.。

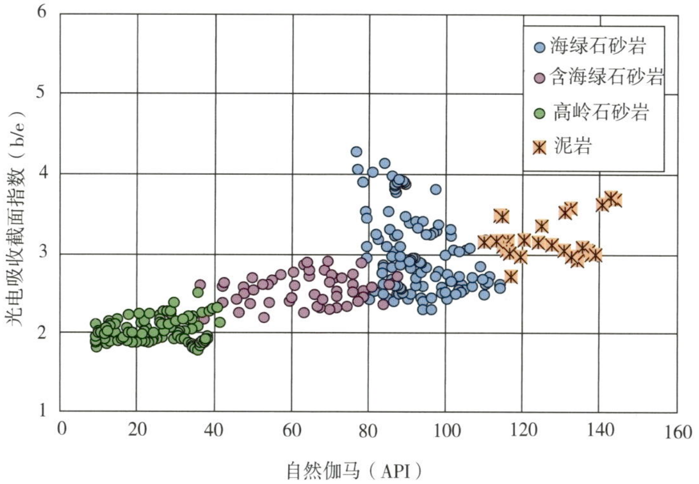

图 5-10 含海绿石复杂碎屑岩自然伽马与光电吸收截面指数交会岩性识别图版

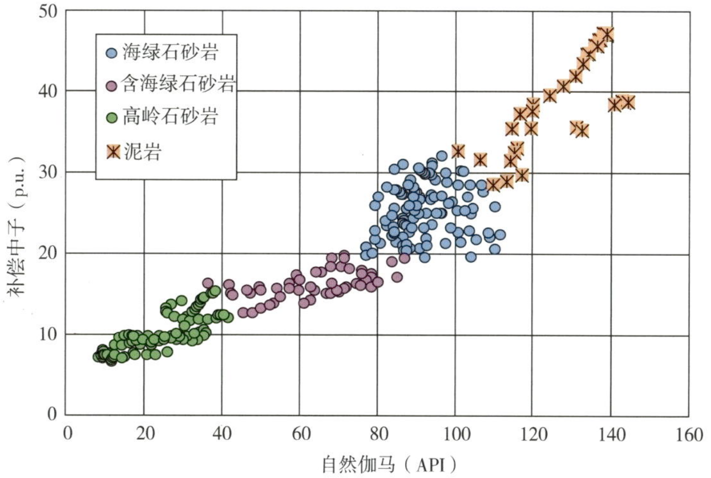

图 5-11 含海绿石复杂碎屑岩自然伽马与补偿中子交会岩性识别图版

二、含海绿石复杂碎屑岩储层测井响应特征

U 段砂岩中的 TMUS 层和 T 段砂岩中的 TUTS 层岩性主要为海绿石砂岩，其次是含海绿石砂岩，海绿石含量一般在 6%~50% 之间。TLUS 层和 TmTS 层主要为高岭石砂岩，其次是含海绿石砂岩，局部夹有海绿石砂岩，海绿石含量一般在 0~10% 之间。

1. 海绿石砂岩储层测井响应特征

分析 P 油田及邻区 Napo 组储层测井特征可知，海绿石砂岩储层在测井资料上表现为高自然伽马值、高光电吸收截面指数、高密度、低电阻率、较高声波时差和较高补偿中子测井特征。其自然伽马值一般在 80~120API 之间，补偿中子值一般在 18~31p.u. 之间，光电吸收截面指数一般在 2.3~4.5b/e 之间，补偿密度一般在 2.45~2.6g/cm³ 之间，电阻率一般在 1~20Ω·m 之间（如图 5-8、图 5-12）。

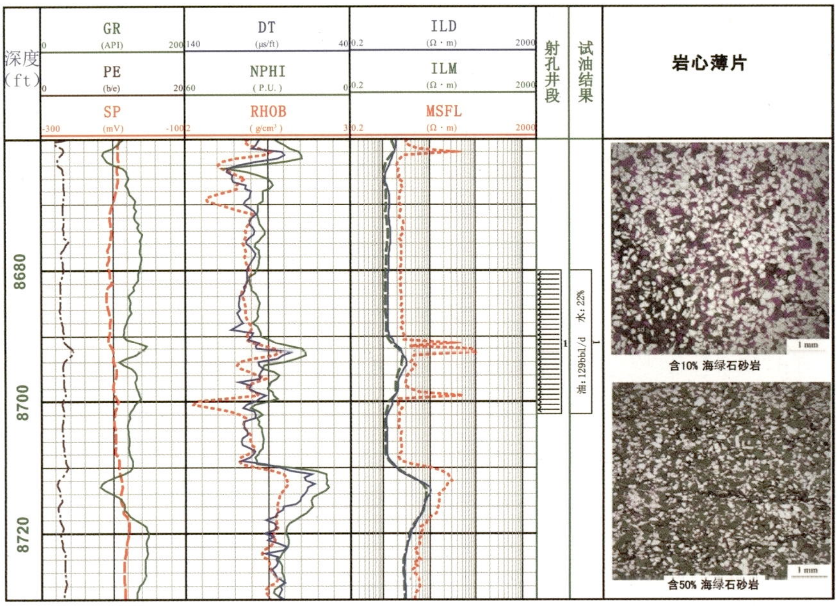

图 5-12　A-1 井海绿石砂岩储层测井响应特征

2. 含海绿石砂岩储层测井响应特征

含海绿石砂岩储层在测井资料上表现为较高自然伽马、较高光电吸收截面指数、较高密度、较低电阻率、较高声波时差和较高补偿中子测井特征。其自然伽马一般在 38~85API 之间，补偿中子一般在 12~20p.u. 之间，光电吸收截面指数一般在 2.3~3.0b/e 之间，补偿密度一般在 2.45~2.65g/cm³ 之间，电阻率一般在 5~100Ω·m 之间（地层含水时电阻率降低），详如图 5-12。

3. 高岭石砂岩储层测井响应特征

高岭石砂岩储层在测井资料上表现为低自然伽马值、低光电吸收截面指数、低密度、高电阻率（地层含水时电阻率较低）、较低声波时差和较低补偿中子的测井特征。其自然伽马值一般在 10~45API 之间，补偿中子值一般在 5~15p.u. 之间，光电吸收截面指数一般小于 2.3b/e，补偿密度一般在 2.3~2.5g/cm³ 之间，油层电阻率一般大于 100Ω·m（如图 5-13、图 5-14）。

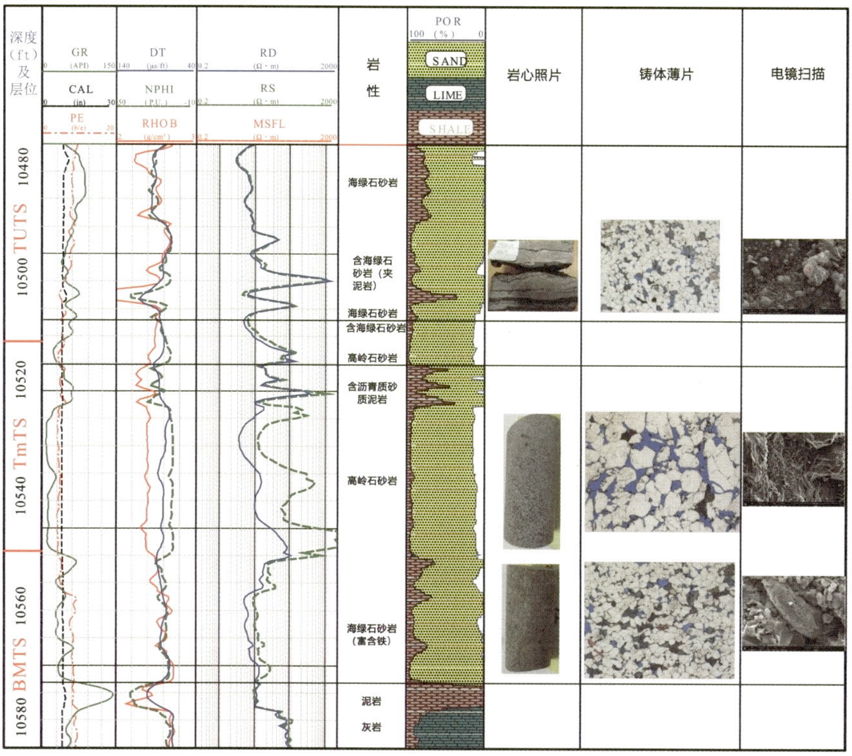

图 5-13　P-22 井 T 段砂岩层含海绿石复杂碎屑岩储层测井响应特征

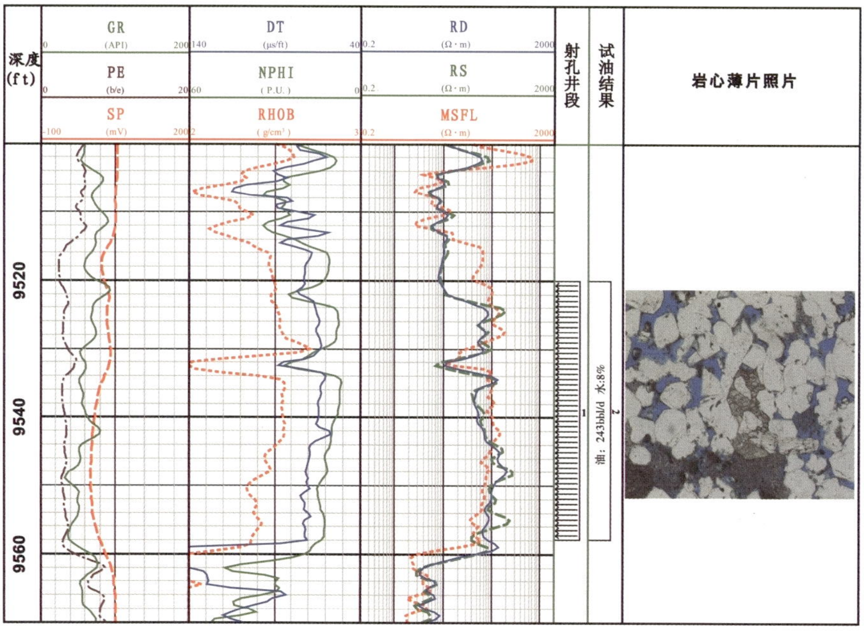

图 5-14　P-8 井 U 段砂岩层含海绿石砂岩储层测井响应特征

三、含海绿石复杂碎屑岩储层物性特征

1. 海绿石砂岩储层物性特征

P 油田 TUTS 层海绿石砂岩无取心资料，据邻区 M1 井 TUTS 层岩心分析资料，孔隙度在 7.7%~20.0% 之间，平均为 13.75%，其中以孔隙度为 10%~15% 的样品占比最高（占总样品数的 49.3%）；根据本油田 32 口井储层测井解释结果可知，TUTS 层海绿石砂岩储层孔隙度在 7.2%~15.3% 之间，平均为 11.06%，其中以孔隙度为 10%~15% 的样品占比最高（占总样品数的53.3%），其次为孔隙度为5%~10%的样品，占37.3%（如图5–15）。按中石油行业标准 SY/T 6285—2011《油气储层评价方法》，该储层孔隙为低孔－特低孔类型。

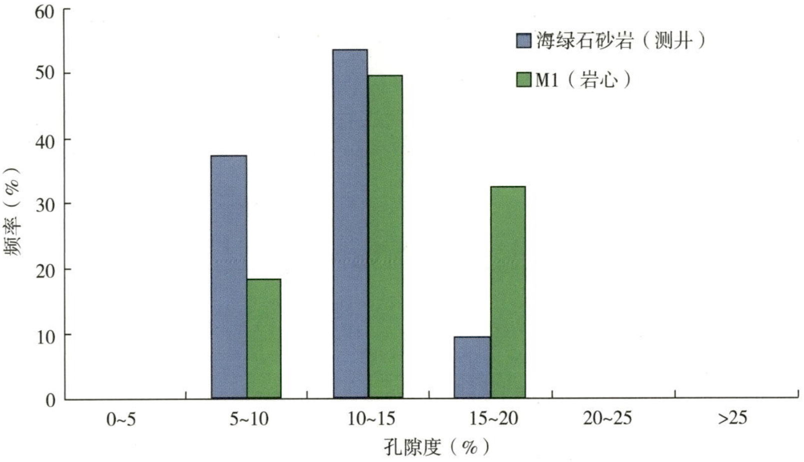

图 5–15　TUTS 层海绿石砂岩储层孔隙度分布直方图

TUTS 层海绿石砂岩渗透率分布较分散，M1 井岩心渗透率为 0.01×10^{-3}~$1321.0\times10^{-3}\mu m^2$，几何平均值为 $3.19\times10^{-3}\mu m^2$，其中以 1×10^{-3}~$10\times10^{-3}\mu m^2$ 之间的样品数最多，占总样品数的 36.6%，最大渗透率超过 $1000\times10^{-3}\mu m^2$（如图 5–16）。P 油田 32 口井 TUTS 层海绿石储层测井解释结果显示，渗透率分布与 M1 井岩心结果相似，储层渗透率在 0.042×10^{-3}~$250.3\times10^{-3}\mu m^2$ 之间，几何平均值为 $5.45\times10^{-3}\mu m^2$，其中以 1×10^{-3}~$10\times10^{-3}\mu m^2$ 之间的样品数最多，占总样品数的 55.2%，其次是 10×10^{-3}~$50\times10^{-3}\mu m^2$ 之间，占 24.2%（如图 5–16），储层渗透率非均质性强，主要为低渗储层。

2. 含海绿石砂岩储层物性特征

根据 P 油田 32 口井含海绿石砂岩储层测井解释结果可知，含海绿石砂岩储层孔隙度在 7.1%~16.8% 之间，平均为 10.87%，其中以孔隙度为 10%~15% 的样品占比最高（占

总样品数的 52.2%），其次为孔隙度为 5%~10% 的样品，占 35.1%（如图 5-17），为低孔－特低孔类型储层。

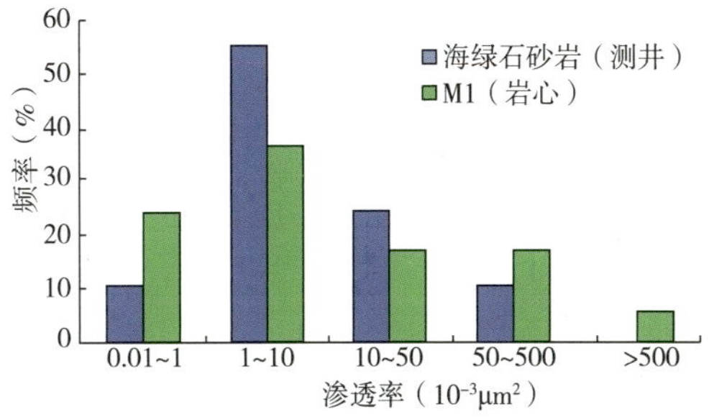

图 5-16　TUTS 层海绿石砂岩储层渗透率分布直方图

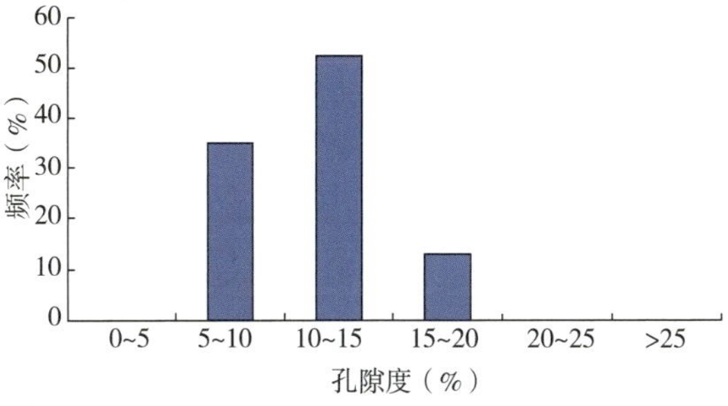

图 5-17　T 砂岩层含海绿石砂岩储层孔隙度分布直方图

根据 P 油田 32 口井含海绿石砂岩储层渗透率分布，渗透率较分散，储层渗透在 0.33×10^{-3}~$484.2\times10^{-3}\mu m^2$ 之间，几何平均值为 $9.52\times10^{-3}\mu m^2$，其中以 1×10^{-3}~$10\times10^{-3}\mu m^2$ 之间的样品数最多，占总样品数的 33.3%，其次是 50×10^{-3}~$500\times10^{-3}\mu m^2$ 之间，占 25.5%（如图 5-18），储层渗透率非均质性强，特低渗－中渗均发育。

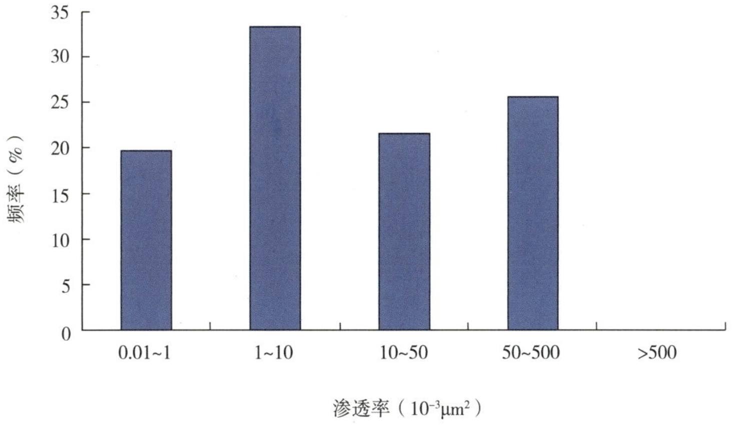

图 5-18　T 砂岩层含海绿石砂岩储层渗透率分布直方图

3. 高岭石砂岩储层物理特征

据 P-22 井 TmTS 层 21 个高岭石砂岩岩样的岩心孔隙度，高岭石砂岩岩心孔隙度在 5.2%~15.6% 之间，平均为 11.5%，其中以孔隙度为 10%~15% 的样品占比最高（占总样品数的 54.2%），其次是孔隙度为 5%~10% 的样品，占 33.3%（如图 5-19），该类储层为低孔－特低孔类型储层。

TmTS 层高岭石砂岩岩心渗透率分布较分散，在 0.04×10^{-3}~$1164.9\times10^{-3}\mu m^2$ 之间，

几何平均值为 $11.1\times10^{-3}\mu m^2$，其中以小于 $1\times10^{-3}\mu m^2$ 及 50×10^{-3}~$500\times10^{-3}\mu m^2$ 之间的样品数最多，占总样品数的 37.5%，最大渗透率超过 $1000\times10^{-3}\mu m^2$（如图 5-20）。超低渗与中渗样品所占比重最大，储层渗透率非均质性强，以中渗为主。

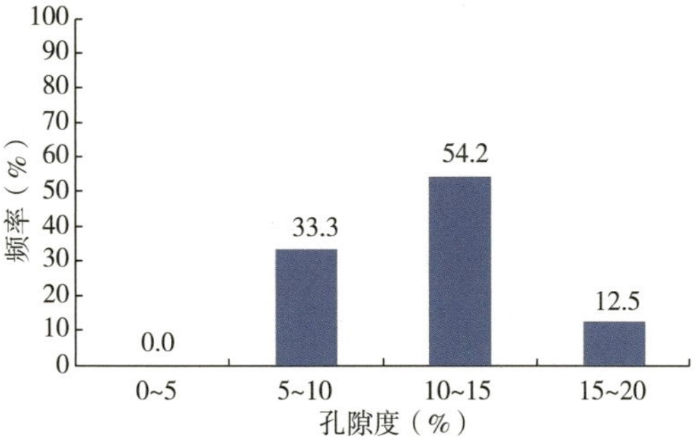

图 5-19　P-22 井 TmTS 层
岩心孔隙度分布直方图

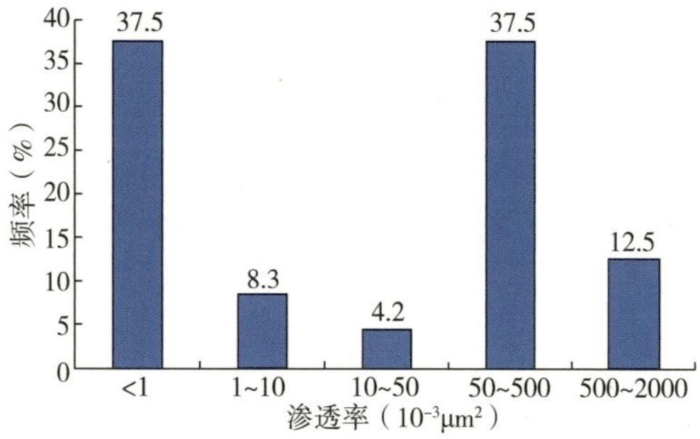

图 5-20　P-22 井 TmTS 层
岩心渗透率分布直方图

P 油田 TLUS 层海绿石砂岩、含海绿石砂岩的储层孔隙度、渗透率与 TmTS 层对应海绿石砂岩、含海绿石砂岩储层的孔隙度、渗透率接近，高岭石砂岩孔隙度和渗透率值比 TmTS 层高岭石砂岩储层孔隙度和渗透率值略小，TLUS 层和 TmTS 层各类储层对应孔隙度和渗透率分布特征均相似。

综上所述，海绿石砂岩与高岭石砂岩比较，两者孔隙度接近，但前者渗透率整体较后者小，非均质性明显增强，主要是因为海绿石充填于孔隙中，增大了孔隙迂回度，大大降低了渗透率，含海绿石砂岩渗透率高于海绿石砂岩、低于高岭石砂岩，孔隙度大体接近。

四、含海绿石复杂碎屑岩储层含油性特征

根据区域岩心分析海绿石含量与核磁共振束缚水饱和度关系，束缚水饱和度与海绿石含量呈明显正相关关系，即对于粒度相似的砂岩油气藏，海绿石含量越大，束缚水饱和度越高（如图 5-21），也就是说该类复杂碎屑储层随海绿石含量增加，含油性变差。原因主要有两个方面：一方面，海绿石颗粒充填于孔隙中，增加了大量的微孔隙，使储层孔喉半径变小、储层喉道弯曲度增大、储层的排替压力与平均孔喉半径密切相关，当孔喉半径减小时，则排替压力直线加大，从而极大地增大了束缚水饱和度；另一方面，海绿石的比表面积大，能吸附一定量的水，这种水在油气运移过程中较难克服毛管阻力，从而使岩石束缚水含量有所增加。

综合分析岩心、测井、测试和生产资料，显示 P 油田 Napo 组高岭石砂岩储层整体含油性较好，无水生产时间较长，但海绿石砂岩储层束缚水饱和度高，含油性差。统计

分析 32 口井 T 段砂岩储层测井解释束缚水饱和度资料可知，高岭石砂岩储层束缚水饱和度在 15.2%~30.7% 之间，平均 28.7%，主要分布在 15%~25% 之间（占 56.7%）；含海绿石砂岩储层束缚水饱和度在 11.3%~48.3% 之间，平均 31.2%，主要分布在 25%~30% 之间（占 30.8%），其次在 30%~35% 之间（占 23.1%）；海绿石砂岩储层束缚水饱和度在 29.3%~65.7% 之间，平均 42.6%，主要分布在 35%~45% 之间（占 47.8%），详见图 5-22。

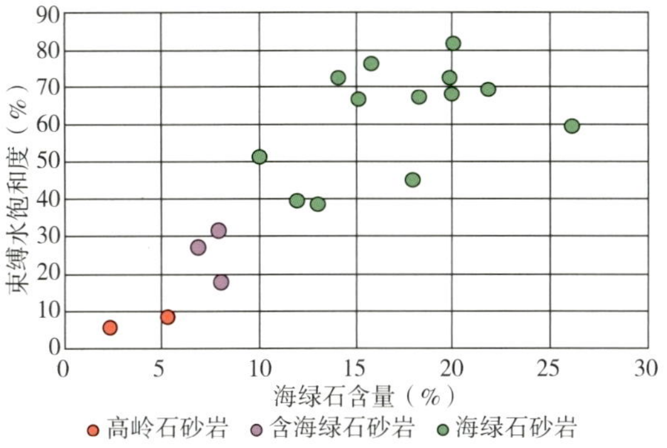

图 5-21　海绿石含量与束缚水饱和度关系图

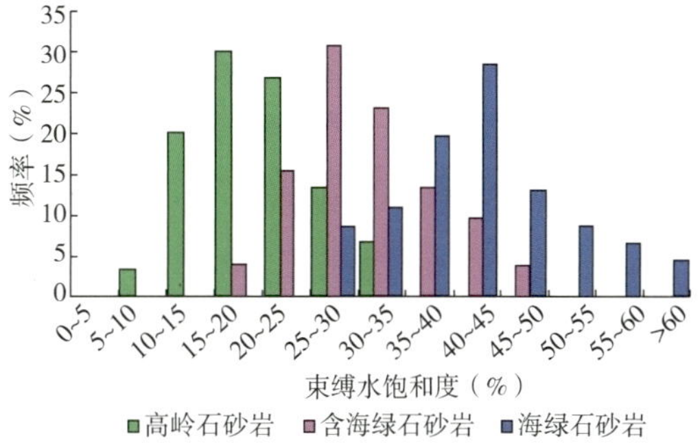

图 5-22　P 油田含海绿石复杂碎屑岩储层束缚水饱和度分布直方图

综上所述，海绿石砂岩储层具有高自然伽马、高光电吸收截面指数、高密度、低电阻率的测井响应特征，较高孔隙度、低渗透率的物性特征，高束缚水饱和度、低含油饱和度含油性特征，该类储层初产和累产油量均较低，生产时一般含水较高。高岭石砂储层具有低自然伽马、低密度、低光电吸收截面指数和高电阻率（地层含水时电阻率值低）的测井响应特征，较高孔隙度、较高渗透率的物性特征，较低束缚水饱和度、较高含油饱和度含油性特征，该类储层初产和累产油量均较高，生产时一般含水较低。含海绿石砂岩具有较高自然伽马、较高光电吸收截面指数、较高密度、较低电阻率测井响应特征，其物性、含油性介于海绿石砂岩与高岭石砂岩之间，即含海绿石砂岩储层较海绿石砂岩储层岩性更纯、孔隙结构更好、物性更好、含油饱和度更高，而具有比高岭石砂岩较差的物性和含油性特征。

第三节　含海绿石复杂碎屑岩储层测井精细解释技术

针对含海绿石复杂碎屑岩储层，研究一套表征海绿石黏土特征和碎屑颗粒特征及定量计算海绿石含量、复杂碎屑储层孔隙度、渗透率和含水饱和度等参数的技术是快速有效评价储层、高效开发油田的技术基础。主要关键技术包括：海绿石岩石物理特征及其敏感测井参数研究，含海绿石复杂碎屑岩储层岩石体积物理模型及测井响应方程组建立，海绿石含量、孔隙度、渗透率和含水饱和度计算方法。该套技术提高了含海绿石复杂碎屑岩储层孔隙度、渗透率和含水饱和度的计算精度和流体判别符合率。

由于缺少定量计算砂岩中海绿石含量的有效方法，目前国内外普遍把海绿石当作一种黏土矿物，把该类复杂碎屑岩简化成黏土和普通砂岩进行处理解释，忽略了海绿石具有碎屑颗粒岩石物理特征，不能正确反映海绿石对储层的影响，获得的储层物性参数与岩心分析结果误差大，且常常漏失低阻油层。国际上少见对海绿石进行定量计算的研究，主要是利用分析实验确定岩心样品中海绿石含量，通过回归海绿石含量与中子或密度测井资料的关系，拟合公式进行定量计算。该类方法需要测定砂岩中的海绿石含量，受到样品数量、操作难度、分析成本等因素的限制，推广使用的难度较大。

一、岩石体积物理模型

基于海绿石具有碎屑颗粒特征，建立以海绿石、石英（或其他普通砂岩碎屑成分）为矿物骨架、以除海绿石外的黏土矿物为填隙物，以及孔隙流体的复杂碎屑岩石体积物理模型（如图 5-23）。

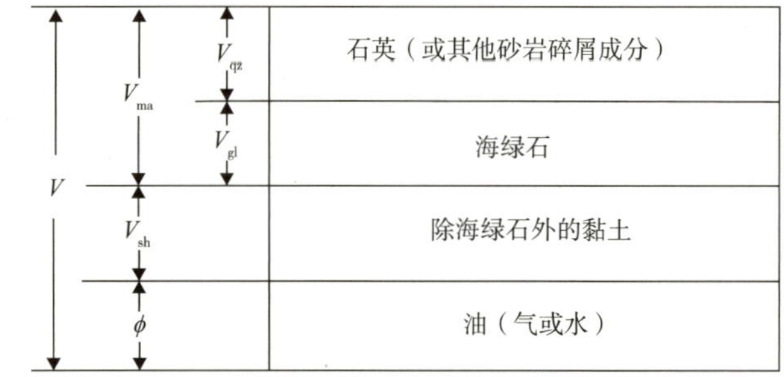

图 5-23　含海绿石复杂碎屑岩储层岩石体积物理模型示意图

二、海绿石含量及孔隙度计算

根据已建立的含海绿石复杂碎屑岩储层岩石体积物理模型，利用对海绿石碎屑颗粒特征及砂岩骨架反应敏感的测井资料、光电吸收截面指数、岩石体积密度资料、自然伽马和补偿中子测井资料，建立测井响应方程组，确定基本参数，计算砂岩井段连续海绿石含量、普通砂岩骨架含量和孔隙度参数，测井响应方程组如下：

$$\begin{cases} PE = PE_{sh}V_{sh} + PE_{qz}V_{qz} + PE_{gl}V_{gl} \\ RHOB = \rho_{sh}V_{sh} + \rho_{qz}V_{qz} + \rho_{gl}V_{gl} + \rho f\phi \\ 1 = V_{sh} + V_{qz} + V_{gl} + \phi \end{cases} \tag{5-1}$$

式中，PE、$RHOB$ 分别为光电吸收截面指数和岩石体积密度测井值，单位分别为 b/e 和 g/cm^3；PE_{sh}、PE_{qz}、PE_{gl} 分别为除海绿石外的黏土、石英（或普通砂岩）、海绿石的光电吸收截面指数，b/e；V_{sh}、V_{qz}、V_{gl} 分别为除海绿石外的黏土、石英（或普通砂岩）、海绿石的体积含量；ρ_{sh}、ρ_{qz}、ρ_{gl} 分别为除海绿石外的黏土、石英（或普通砂岩）、海绿石的岩石体积密度，g/cm^3；ϕ 为地层孔隙度。

利用常规测井资料，结合区域地质资料确定和优选方程组基本参数 PE_{sh}、ρ_{sh}、V_{sh}；

当具有区域岩心 X 衍射黏土矿物分析结果时：

$$PE_{sh} = \sum V_{shi} PE_{shi} \tag{5-2}$$

$$\rho_{sh} = \sum V_{shi} \rho_{shi} \tag{5-3}$$

式中，V_{shi}、PE_{shi}、ρ_{shi} 分别为除海绿石外的第 i 种黏土矿物的体积含量、光电吸收截面指数、体积密度；PE_{sh} 和 ρ_{sh} 为泥岩段的光电吸收截面指数测井平均值和体积密度测井平均值。

当缺少区域岩心 X 衍射黏土矿物分析结果时，用补偿中子资料计算，计算公式如下：

$$\Delta SH = \frac{LOG - LOG_{min}}{LOG_{max} - LOG_{min}} \tag{5-4}$$

$$V_{sh} = \frac{2^{2\times\Delta SH} - 1}{2^2 - 1} \tag{5-5}$$

式中，LOG、LOG_{min}、LOG_{max} 分别为中子测井值、纯砂岩的中子值、纯泥岩的中子值；V_{sh} 为除海绿石外的黏土体积含量。

把计算或优选获得的 PE_{sh}、ρ_{sh}、V_{sh} 及已知的 PE_{qz}、PE_{gl}、ρ_{qz}、ρ_{gl}、ρf 理论值代入岩石物理测井响应方程组，计算获得连续海绿石含量 V_{gl}、普遍砂岩含量 V_{qz} 和地层孔隙度参数 ϕ。

三、渗透率计算

由于海绿石以颗粒形式充填在孔隙中，会明显降低储层渗透率，且随海绿石含量的增加，降低程度增大，因此，必须进行渗透率海绿石影响校正，才能获得储层准确的渗透率参数。具体计算方法步骤如下：

第一步：利用常规砂岩的岩心孔隙度与渗透率关系计算获得基础渗透率 K_o。

第二步：利用计算获得的海绿石含量，根据岩心分析海绿石含量与渗透率的关系（如图 5-24），计算海绿石校正渗透率 K_c。

第三步：由于在含海绿石复杂碎屑储层中，海绿石颗粒与普遍砂岩骨架颗粒近似串联关系，故储层渗透率 K 可以用基础渗透率 K_o 减去海绿石校正渗透率 K_c 来获得，即：

$$K = K_o - K_c \tag{5-6}$$

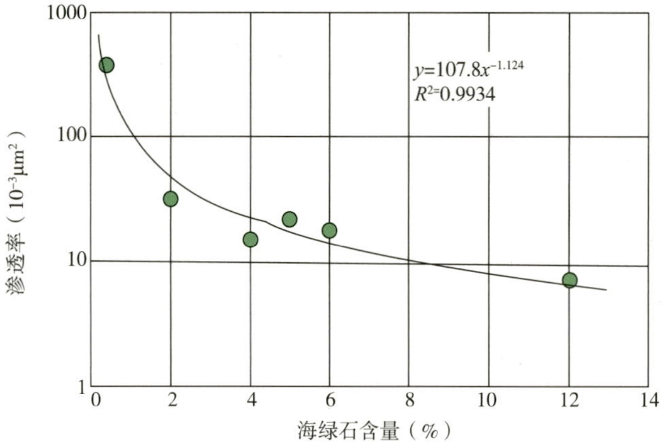

图 5-24 P 油田含海绿石复杂碎屑岩储层海绿石含量与渗透率关系图

四、饱和度计算

由于海绿石以颗粒形式充填于孔隙中，将大大增加孔隙的迂回度，使孔隙结构变差、束缚水饱和度增加，故海绿石含量大的储层电阻率低、含水饱和度高，但可动水饱和度不高，在生产中常常把低阻油层误判为水层，或漏失油层，降低了油田产量和开发效果。要正确判别流体类型，需定量计算可动水饱和度。详细计算方法如下：

第一步：用常规方法（阿尔奇公式）计算储层总含水饱和度 S_w，公式为：

$$S_w=\sqrt[n]{\frac{ab\,R_w}{\phi^m R_t}} \tag{5-7}$$

式中，S_w 为含水饱和度；a、b 为岩性系数；m 为胶结指数；n 为饱和度指数；ϕ 为孔隙度；R_w、R_t 分别为地层水电阻率和复杂碎屑岩地层电阻率，Ω·m。

m、n 值根据复杂碎屑岩岩心的岩电试验获得；R_w 根据复杂碎屑岩储层水分析资料获得；ϕ 根据上述复杂碎屑岩处理解释方法获得。

第二步：利用高岭石砂岩岩心相对渗透率分析资料中束缚水饱和度与孔隙度的关系（如图 5-25），计算常规砂岩束缚水饱和度 S_{wir}。计算公式如下：

$$S_{wir}=13.63\ln\phi+52.574 \tag{5-8}$$

第三步：计算海绿石引起的束缚水饱和度 S_{wirgl}。利用岩心分析海绿石含量与束缚水饱和度的关系进行计算（如图 5-26）。

第四步：计算可动水饱和度 S_{wn}。可动水饱和度等于总含水饱和度减去常规砂岩束缚水饱和度及海绿石增加的束缚水饱和度，即：

$$S_{wn}=S_w-S_{wir}-S_{wirql} \tag{5-9}$$

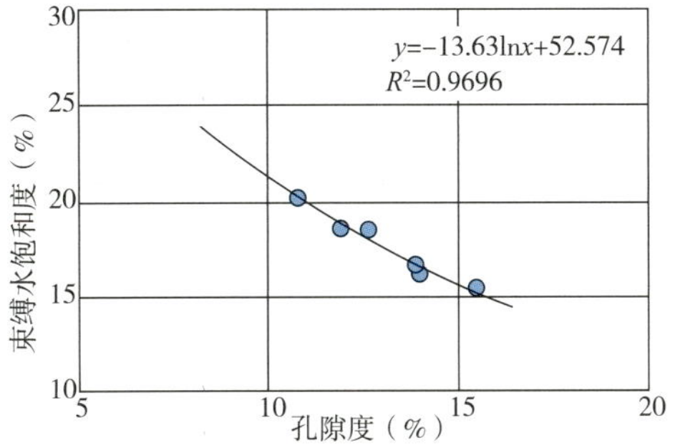

图 5-25　P-22 井高岭石砂岩岩心相对渗透率分析资料中孔隙度与束缚水饱和度关系图

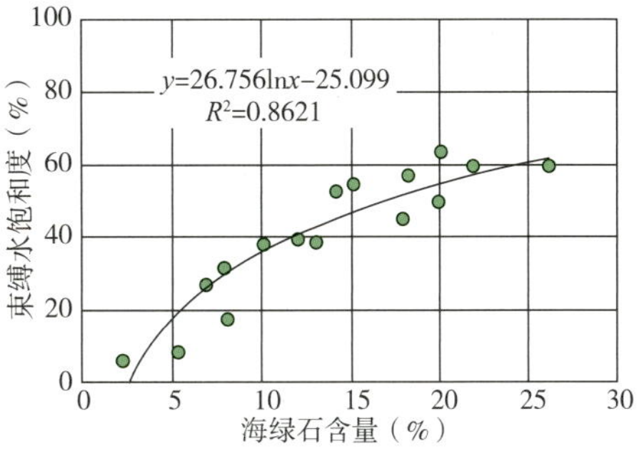

图 5-26　含海绿石复杂碎屑岩储层海绿石含量与束缚水饱和度关系图

利用可动水饱和度，可以有效识别低阻油层，提高流体判别符合率。

针对含海绿石复杂碎屑岩储层测井处理解释，本套技术利用常规测井资料，能快速、准确地计算地层每个深度点的海绿石含量和普通砂岩含量，进而获得储层准确的孔隙度、渗透率、束缚水饱和度、可动水饱和度参数。该技术于 2019—2022 年广泛应用于厄瓜多尔 P 油田、G 油田和 A 油田的实际处理解释中，储层参数解释准确率由 79% 提高到 95%（与岩性分析结果对比），流体判别符合率由 75% 提高到 92%（与试油结果对比），详如表 5-4、表 5-5、图 5-27~ 图 5-29。

表 5-4　A-1 井测井处理孔隙度与岩心分析孔隙度误差统计表

岩心分析孔隙度（%）	测井处理孔隙度（%）	绝对误差（%）	相对误差（%）
13.84	13.95	0.11	0.79

表 5-5　A-1 井测井处理渗透率与岩心分析渗透率误差统计表（几何平均值）

岩心分析渗透率（$10^{-3}\mu m^2$）	海绿石校正前测井渗透率（$10^{-3}\mu m^2$）	绝对误差（$10^{-3}\mu m^2$）	相对误差（%）	校正后测井渗透率（$10^{-3}\mu m^2$）	绝对误差（$10^{-3}\mu m^2$）	相对误差（%）
4.61	6.23	1.62	35.14	5.56	0.95	20.61

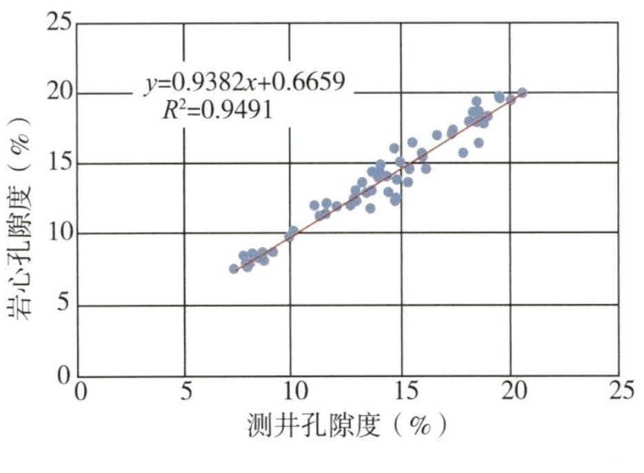

图 5-27　A-1 井测井处理孔隙度与岩心分析孔隙度关系图

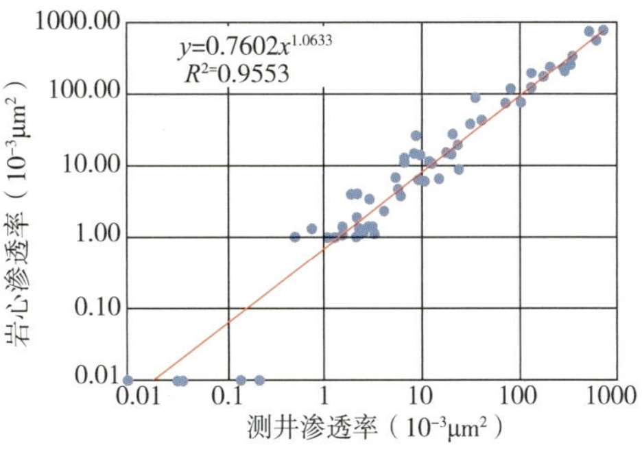

图 5-28　A-1 井测井处理渗透率与岩心分析渗透率关系图

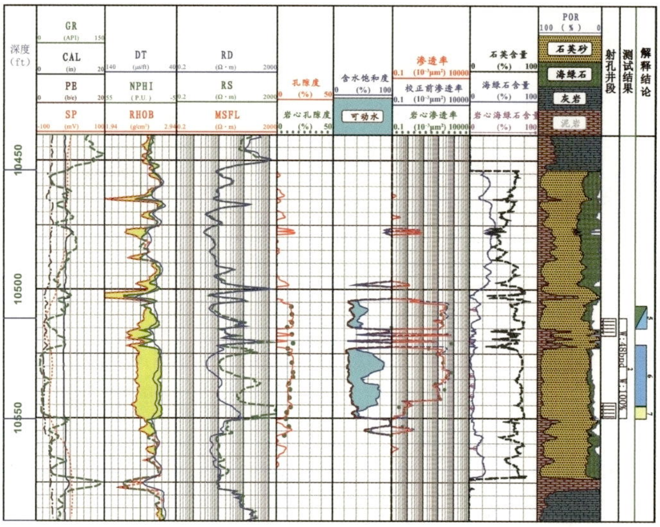

图 5-29　P-22 井 TmTS 层含海绿石复杂碎屑岩储层测井处理解释成果图

第四节　储层流体类型判别

综合利用测井资料和测试资料，建立含海绿石复杂碎屑储层流体类型判别方法，准确识别单井流体类型，为确定油水界面奠定基础。

油层孔隙度高，电阻率高，含油饱和度高，水层电阻率低，含水饱和度高，利用孔隙度与电阻率交会图法、可动水饱和度判别法等方法可以有效判别储层流体类型。

一、孔隙度与电阻率交会图法

统计 P 油田 TmTS 层、TUTS 层和 TLUS 层所有测试段平均孔隙度和平均电阻率，利用孔隙度与电阻率交会图技术，分析油层、油水层、水层和干层数据点在交会图中的分布特征，建立流体类型判别标准，可以判别各储层流体类型（如图 5-30、图 5-31）。由此可知各层流体判别标准为：

（1）高岭石砂岩储层：

油层：POR≥8%，RD≥70Ω·m。

油水层：POR≥8%，20Ω·m≤RD<70Ω·m。

水层：POR≥8%，RD<70Ω·m。

（2）海绿石砂岩储层：

油层：POR≥9%，RD≥10Ω·m。

油水层：POR≥9%，3Ω·m≤RD<10Ω·m。

水层：POR≥9%，RD<3Ω·m（测试结果和测井解释结果未见明显水层）。

含海绿石砂岩各类储层孔隙度和电阻率比高岭石相应储层稍低，与海绿石含量有关，须结合储层海绿石含量进行储层流体类型判别。

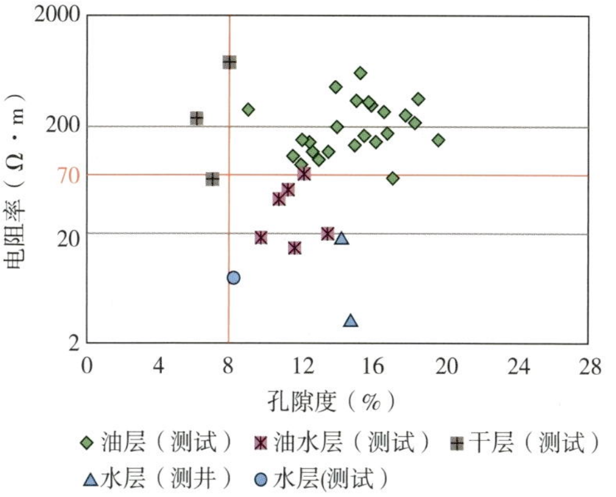

图 5-30　高岭石砂岩储层孔隙度与电阻率交会图

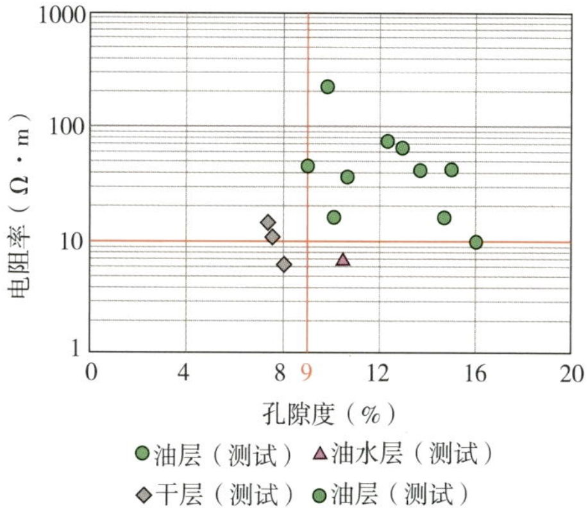

图 5-31　海绿石砂岩储层孔隙度与电阻率交会图

二、可动水饱和度判别法

由于海绿石对电阻率的影响大，且油田海绿石含量变化大，使得采用电阻率信息进行流体判别的方法具有一定的不确定性。可动水含量直接反映产油水特征，不受海绿石等岩性影响，能更好地反映含海绿石复杂碎屑储层的流体状况。具体判别方法如下：首先确立可动水饱和度与流体产状的关系利用大量生产资料，通过分析含水率与可动水饱和度的关系，确定可动水饱和度与流体产状的关系；然后建立可动水饱和度判别流体类型的标准，进行单井储层流体类型判别。该方法能有效解释油层、油水层、水层，特别是低阻油层，提高流体判别符合率。

1. 可动水饱和度与流体产状关系

理论上认为当可动水饱和度大于零时，储层能产出水，油田实际含水率与含水饱和度呈幂（指数）关系。由于一定储层的束缚水饱和度不变，即可推断含水率与可动水饱和度呈某种正相关关系。统计分析 P 油田储层测试或生产初期含水率与束缚水饱和度关系可知，二者呈二项式关系（如图 5-32），可动水饱和度与含水率关系式如下：

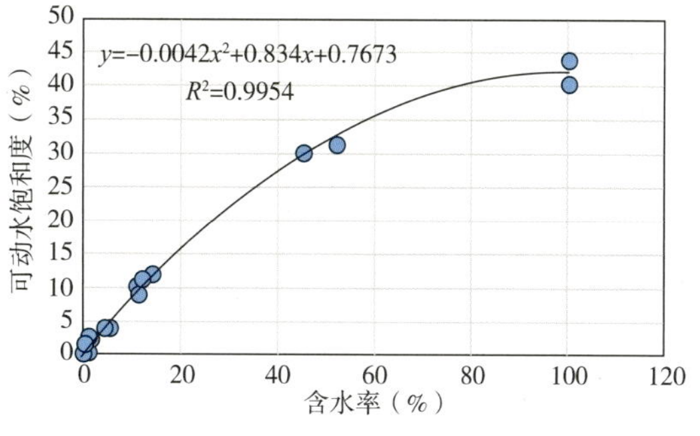

图 5-32　P 油田储层可动水饱和度与含水率关系图

$$S_{Wn}= -0.0042WC^2+ 0.834WC+ 0.7673 \tag{5-10}$$

式中，WC 为含水率，%；S_{Wn} 为可动水饱和度，%。

统计分析油田累产油量高、无水采油时间长的油井产量与含水率关系可知，当含水率大于 10% 时，油井产油量一般小于 100bbl/d，外方认为基本无经济效益（如图 5-33、图 5-34），故取该含水率对应可动水饱和度为油层的可动水饱和度上限值。根据可动水饱和度与含水率关系式，计算可得，含水率为 10% 时对应可动水饱和度为 8.68%，故取油层可动水饱和度上限为 9%。

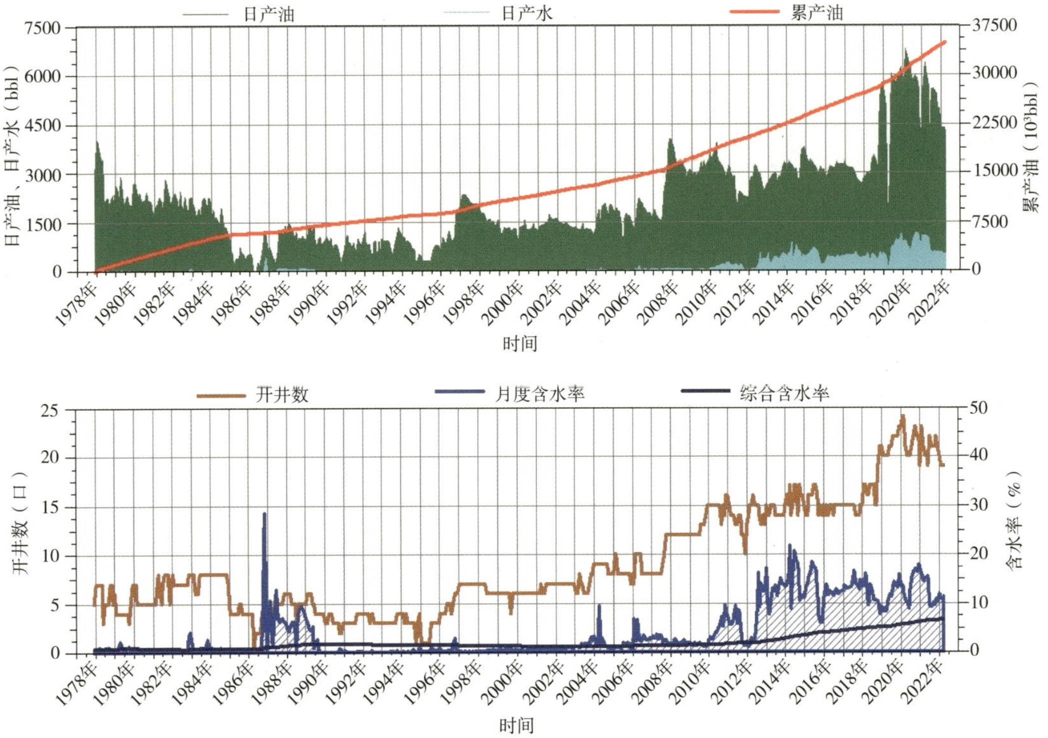

图 5-33　P-1 井 TmTS 层油藏生产曲线图

统计分析油水同产井产量与含水率关系可知，当含水率大于 60% 时，产油量一般小于 100bbl/d，基本无经济效益（如图 5-35），故取该含水率对应可动水饱和度为水层的可动水饱和度下限值。根据可动水饱和度与含水率关系式，对应可动水饱和度为 65.92%，据此取水层可动水饱和度下限为 65%，油水层可动水饱和度在 9%~65% 之间。

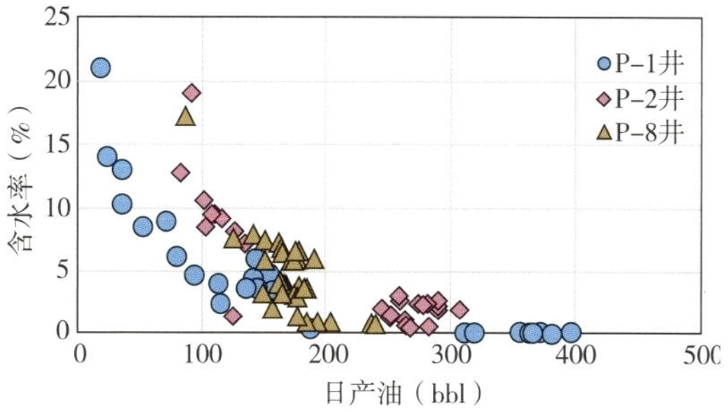

图 5-34　P 油田高产油井生产末期含水率与产量关系图

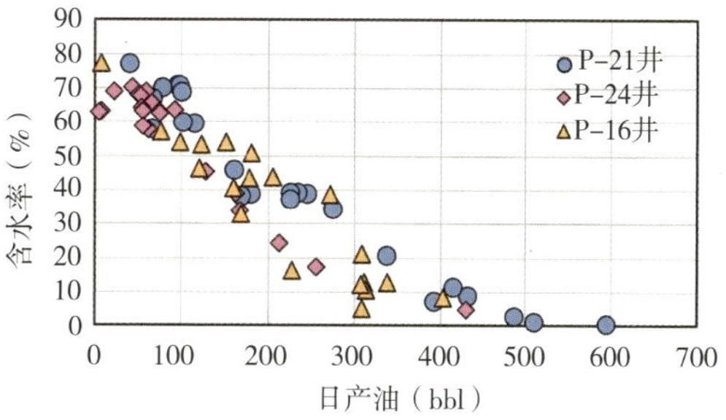

图 5-35　P 油田油水同产井生产末期含水率与产量关系图

2. 可动水饱和度流体判别标准

根据可动水饱和度与流体产状关系，建立可动水饱和度流体类型判别标准，利用含海绿石复杂碎屑岩测井处理解释技术获得的可动水饱和度资料，进行油水层判别，判别标准为：①油层：$S_{wn}\leqslant 10\%$；②油水层：$10\%<S_{wn}<65\%$；③水层：$S_{wn}\geqslant 65\%$。

综合利用孔隙度与电阻率交会图法及可动水饱和度判别法进行储层流体类型判别，能有效识别油层、油水层和水层，对识别海绿石含量高的低阻油层尤其有效，显著提高了油田储层流体类型判别符合率（如图 5-36）。

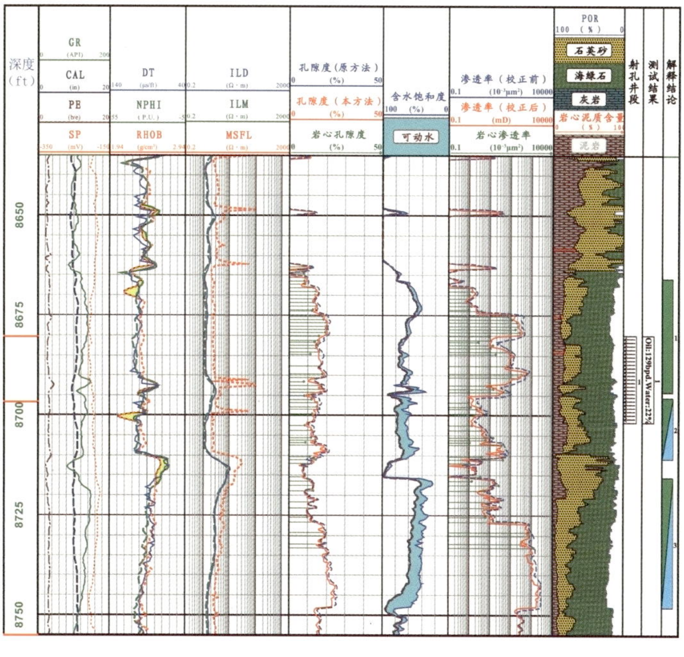

图 5-36　A-1 井 TUTS 层低电阻海绿石砂岩储层流体类型测井解释成果图

第六章

风险合作模式下边际油田效益开发关键技术

第一节 油井产能分类评价

一、目前产能分类存在的问题

由于增产服务项目合同模式的限制，合同者在合同期内完成规定工作量后，根据单井原油产量，按照与国际油价挂钩的桶油技术服务费，在合同期内获取报酬。在控制单井钻完井成本的基础上，合同期内收益最大化的核心就是提高单井累计产量，但在目前生产过程中，没有结合合同模式对油井进行产能分类，存在产能分类、生产措施不匹配的问题，造成部分井生产措施制定不合理，影响开发效果，是P油田开发过程中亟须解决的难题。

如P–23井TmTS层油藏生产历史曲线所示（如图6–1），2019年5月测试期间液产量724.0bbl/d，油产量385.9bbl/d，含水率47%，2019年6月下泵投产后，液产量提升至952.0bbl/d，油产量666.4bbl/d，含水率30%，虽然油井暂时维持了一段相对高产阶段，但到2020年2月后，含水率开始快速上升，至2020年6月含水率上升至65%，油产量降至209.8bbl/d，至2021年7月，含水率上升至76%，油产量降至17.8bbl/d，经过修井产量有所恢复，但含水率持续上升，产油量下降，至2022年4月，含水率上升至90%，油产量降至63.6bbl/d。该井是典型的初期配产过高，导致含水率快速上升，油产量下降，单井累计产量较低，无法获得较好收益。对于该类型油井，生产初期即应控制产量，保持较低含水率生产，防止水体快速推进，提高合同期内单井累计产量。

P–28井为油田北部TBTE段的一口生产井，该井于2019年12月进行测试，日产油829.2bbl，含水率0.1%，投产后连续生产且产量稳定（如图6–2），说明该井所在区域储层发育良好，控制半径大，为快速获产，此类井可以进一步提高产量，以便提高合同期内收益。

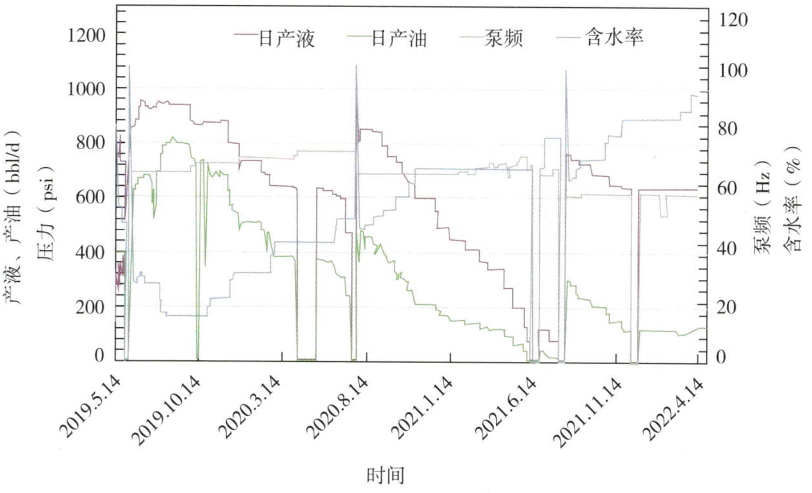

图 6-1　P-23 井 TmTS 层油藏生产历史曲线

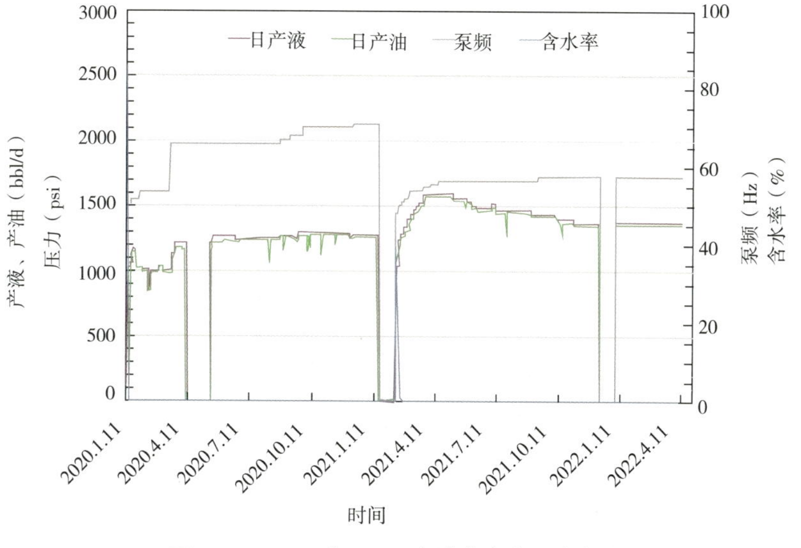

图 6-2　P-28 井 TBTE 段油藏生产历史曲线

油井产能分类评价是正确评价油井生产能力，制定合理采油技术政策，保障油井平稳生产的关键要素。目前国内油井单井产能分类评价主要基于两方面：一是从单井生产能力出发，综合储层地质特征、初期产量大小、生产持续能力等进行分类评价。通常采用米采油指数或者千米井深稳定产量将油井分为高产井、中产井、低产井、特低产井四类。二是从单井经济效益评价出发，根据单井经济效益进行分类评价。例如采用分层次考核，即直接成本层次下的单井经济效益评价、操作层（站、队）间接费用分摊下的单井经济效益评价和管理区间间接费用分摊下的单井经济效益评价，将生产井按照经济效益分为四类：完全负效益井、边际效益井、中低效益井、高效益井。

海外油气开发过程中常依据项目合同模式，采用现金流量法作为评价方法，以项目基准收益率作为评价标准，通过单井税后内部收益率与项目基准收益率进行比较来开展单井效益评价，进而针对生产井进行分类评价。

厄瓜多尔 P 油田增产服务合同是南美地区针对工程技术服务企业推出的一种新型的技术服务合同模式，与常规的国际石油技术服务合同、工程技术服务与建设合同均存在较大的差别。目前常规的产能分类方法仅对测试结果进行分类，在现有的增产技术服务合同模式下，未建立针对此类合同模式的评价方法，无法对油井进行准确的产能分类，制约了单井产能发挥。为了更好地开展和执行该类油田增产服务合同，更加准确地进行油井产能评价及配套开发措施制定，需要结合合同周期、单井地质与油藏条件、单井经济效益开展综合评价，建立适合于本油田的油井产能分类方法，进而对不同类型单井制定合理的采油技术政策，保障单井高产、稳产。

二、增产合同模式下的油井产能分类

增产合同模式下的油井产能分类评价与生产优化的关键技术在于建立一种单井产能分类方法，并针对不同类型井制定相应的开发策略，结合递减率、合同周期、换层时机研究，建立经济评价模型，求得经济极限产量，进而反算单井初期产量，为判断新井产能大小提供依据，在单井分类的基础上，针对不同类型单井制定相应的开发策略。

1. 单井经济极限产量计算

当原油价格高于合同约定的最高价时，桶油技术服务费取顶价，以 NPV=0 为经济效益指标临界值，计算单井最小经济极限产量（Q_{el-min}）。当原油价格低于合同约定的最低价时，桶油技术服务费取底价，以 NPV=0 为经济效益指标临界值，计算单井最大经济极限产量（Q_{el-max}）。单井经济极限产量计算公式见式（6–1）、式（6–2）。

桶油技术服务费取顶价时：

$$\sum_{t=0}^{s}\left(F_{max}Q_{el-min}-C-Tax\right)\left(1+i_0\right)^{-t}=0 \tag{6–1}$$

桶油技术服务费取底价时：

$$\sum_{t=0}^{s}\left(F_{min}Q_{el-max}-C-Tax\right)\left(1+i_0\right)^{-t}=0 \tag{6–2}$$

式中，Q_{el-min} 为单井最小经济极限产量，10^4bbl；Q_{el-max} 为单井最大经济极限产量，10^4bbl；C 为第 t 年的经营成本，万美元；Tax 为第 t 年的税费，万美元。

2. 单井初产反算

由于新投产油井尚无累产数据，为便于投产初期生产井分类，在不同油价下经济极限产量计算的基础上，结合油田生产井递减率，反算油井初产，根据反算的初产进行分类。当技术服务费取顶价，计算单井经济极限产量（$Q_{\mathrm{el-min}}$）最小，对应的单井初期日产油量为 $q_{\mathrm{el-min}}$。当技术服务费取底价，计算单井经济极限产量（$Q_{\mathrm{el-max}}$）最大，按照不同的递减规律计算对应的初期单井日产油量为 $q_{\mathrm{el-max}}$。目前常见的四种递减类型为直线递减、指数递减、双曲线递减、调和递减，各种递减条件下的单井经济极限产量对应的初期日产量分别采用式（6–3）~式（6–10）计算。

1）直线递减

$$q_{\mathrm{el-min}}=\frac{Q_{\mathrm{el-min}}\times 10^4}{(T/12)\sum_{i=0}^{m-1}(1-iD)} \tag{6–3}$$

$$q_{\mathrm{el-max}}=\frac{Q_{\mathrm{el-max}}\times 10^4}{(T/12)\sum_{i=0}^{m-1}(1-iD)} \tag{6–4}$$

式中，$Q_{\mathrm{el-max}}$ 为技术服务费取底价时单井经济极限产量，10^4bbl；$Q_{\mathrm{el-min}}$ 为技术服务费取顶价时单井经济极限产量，10^4bbl；$q_{\mathrm{el-max}}$、$q_{\mathrm{el-min}}$ 分别为 $Q_{\mathrm{el-max}}$、$Q_{\mathrm{el-min}}$ 对应的单井初期日产油量，bbl；T 为每年有效生产天数，d；D 为油产量月递减率；m 为合同周期内总生产时间，月。

2）指数递减

$$q_{\mathrm{el-min}}=\frac{Q_{\mathrm{el-min}}\times 10^4}{(T/12)\sum_{i=0}^{m-1}\mathrm{e}^{-iD}} \tag{6–5}$$

$$q_{\mathrm{el-max}}=\frac{Q_{\mathrm{el-max}}\times 10^4}{(T/12)\sum_{i=0}^{m-1}\mathrm{e}^{-iD}} \tag{6–6}$$

3）双曲线递减

$$q_{\mathrm{el-min}}=\frac{Q_{\mathrm{el-min}}\times 10^4}{(T/12)\left[1+\sum_{i=1}^{m-1}(1+inD)^{-1/n}\right]} \tag{6–7}$$

$$q_{\mathrm{el-max}}=\frac{Q_{\mathrm{el-max}}\times 10^4}{(T/12)\left[1+\sum_{i=1}^{m-1}(1+inD)^{-1/n}\right]} \tag{6–8}$$

式中，n 为产能曲线递减指数，$0<n<1$。

4）调和递减

$$q_{\text{el-min}} = \frac{Q_{\text{el-min}} \times 10^4}{(T/12)\left[1 + \sum_{i=1}^{m-1} (1 + iD)^{-1}\right]} \tag{6-9}$$

$$q_{\text{el-max}} = \frac{Q_{\text{el-max}} \times 10^4}{(T/12)\left[1 + \sum_{i=1}^{m-1} (1 + iD)^{-1}\right]} \tag{6-10}$$

根据累计产量反算单层初产的结果对油井产能进行分类，分类标准如表 6–1。若测试产量大于或等于 $q_{\text{el-max}}$ 则为高产井，测试产量小于 $q_{\text{el-min}}$ 则为低产井，介于两者之间为中产井，为便于现场应用，结果均对十位取整。地质报废井、工程报废井为无效井。

表 6–1　增产合同模式下油井产能分类标准

类别	分类标准
高产井	$q \geqslant q_{\text{el-max}}$
中产井	$q_{\text{el-min}} \leqslant q < q_{\text{el-max}}$
低产井	$q < q_{\text{el-min}}$
无效井	地质报废井、工程报废井

3. 应用效果

P 油田主力产层包括 TmTS、TLUS、TBTE 三套储层，根据不同时期的产量和递减率关系判断，均遵循指数递减规律，利用各层的典型生产井数据，分别对三套油藏的递减率进行了研究。其中，TmTS 层油藏投产时间较长，生产时间最长的井已经投产 33 年，大部分井已经生产了 10 年以上，其单井产量递减分为两个阶段，初期（投产后前 10 年）产量下降较快，后期逐渐趋于平稳。P 油田增产服务项目剩余的生产周期仅 8 年左右，因此，采用前 10 年的递减率作为计算参数。TLUS 层油藏大部分井生产时间在 10 年以内，整个生产周期递减率较均匀，因此取整个生产周期递减率作为计算参数。除 P–4 井外，Basal Tena 段油藏投产井生产时间较短，产量递减规律与 TLUS 层油藏类似。

通过对各层生产时间较长、生产情况基本正常的典型生产井递减率进行统计，TmTS 层油藏平均月递减率为 1.84%，TLUS 层油藏平均月递减率为 1.49%，Basal Tena 段油藏平均月递减率为 1.44%。

根据已有井的测试资料分析，分两种情况建立分类标准，一是两层测试均获工业油流，先投产主力产层，产量较低的为接替产层。二是仅一层获产的情况。下面就这两种情况分别建立分类标准。

情况一：两层测试均获工业油流，先投产主力产层，产量较低的为接替产层。单层月递减率取三层平均值 1.59%，两层的生产时间均为 4 年，每年生产天数为 330d，根据经济评价的结果，中产井和高产井累产需要分别达到 41×10^4bbl 和 67×10^4bbl（如图 6–3、图 6–4），根据累产分别倒推单层初产，为便于现场应用，结果均取整，按照初产进行油井分类（如表 6–2）。

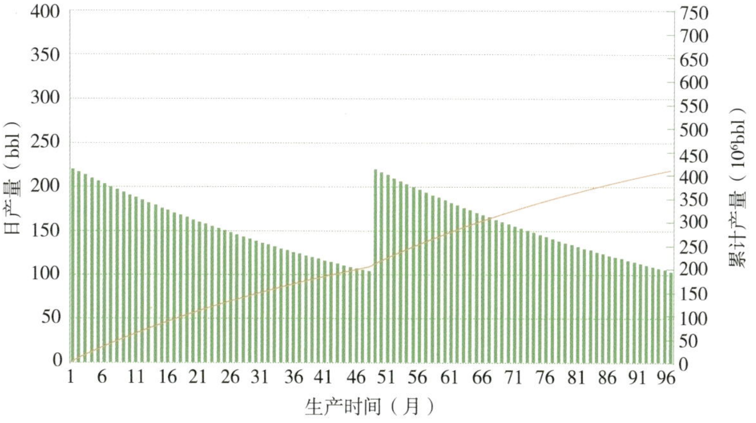

图 6–3　获产两层的情况下累产 41×10^4bbl 产量剖面图

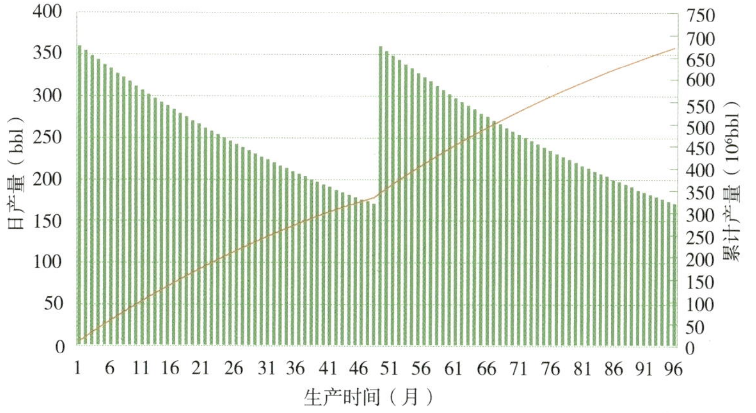

图 6–4　获产两层的情况下累产 67×10^4bbl 产量剖面图

表 6–2　P 油田获产两层的情况下油井分类标准

类别	初产（bbl/d）	累计产量（10^4bbl）
高产井	≥350	≥67
中产井	200~350	41~67
低产井	<200	<41
无效井	地质报废井、工程报废井	

情况二：仅获产一层。单层月递减率取三层平均值 1.59%，单层生产时间为 8

年，每年生产天数为 330d，根据经济评价的结果，中产井和高产井累产需要分别达到 41×10^4bbl 和 67×10^4bbl（如图 6-5、图 6-6），根据累产分别倒推单层初产，为便于现场应用，结果均取整，按照初产进行油井分类（如表 6-3）。

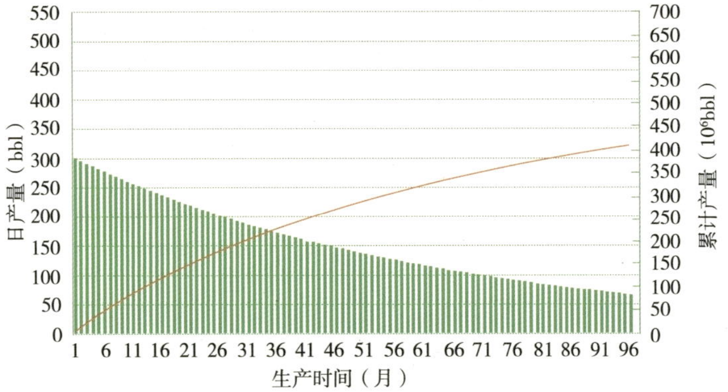

图 6-5　获产一层的情况下累产 41×10^4bbl 产量剖面图

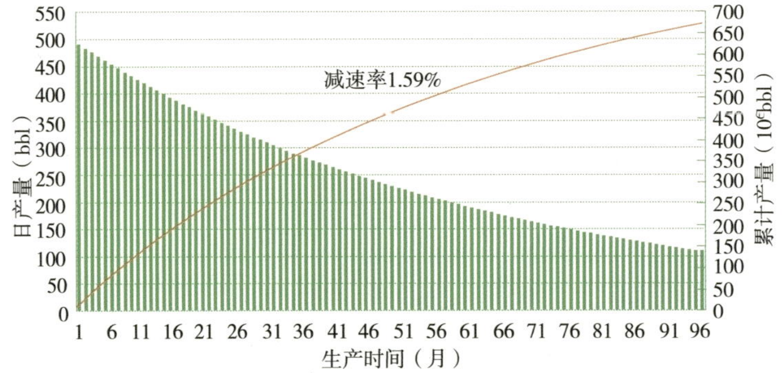

图 6-6　获产一层的情况下累产 67×10^4bbl 产量剖面图

表 6-3　P 油田仅获产一层的情况下油井分类标准

类别	初产（bbl/d）	累计产量（10^4bbl）
高产井	≥500	≥67
中产井	300~500	41~67
低产井	<300	<41
无效井	地质报废井、工程报废井	

对本油田生产时间超过 8 年的老井，同时采用累计产量标准和初产标准进行判别，以检验初产标准的实用性。通过对本油田 23 口老井采用两种标准进行分类，经过对比可以发现，分类结果一致的有 19 口井，不一致的有 4 口井，两种标准判别结果符合率为 83.0%，说明本标准在 P 油田适用。同时，对于生产时间较短或者刚完成测试的新井，采

用初产标准进行判别。对 8 口新井采用初产标准进行了分类，分类结果显示新井高产井占比达 63%，新井实施效果较老井有明显提升（如表 6–4）。

表 6–4　P 油田老井及新井分类情况统计表

类别	老井						新井	
	按照累产标准判断			按照初产标准判断			按照初产标准判断	
	累产油（10^4bbl）	井数（口）	占比（%）	日产油（bbl）	井数（口）	占比（%）	井数（口）	占比（%）
高产井	≥67	8	35	获产一层：≥500 获产两层：≥350	11	48	5	63
中产井	41~67	5	22	获产一层：350~500 获产两层：200~350	4	17	0	0
低产井	<41	9	39	获产一层：<350 获产两层：<200	7	30	2	25
低效井	未投产	1	4	未投产	1	4	1	13

不同类型的油井生产特征差异较大，油井分类的意义在于精细化管理，对不同类别的油井采用有针对性的开采措施。高产井快速开采，力求合同期内产量最大化；中低产井合理配产，在合同期内尽量延长生产时间，精细化管理能够有效提高单井累计产量，实现项目效益最大化。

厄瓜多尔 P 油田增产服务合同是一类特殊的油田技术服务合同，具有模式新、风险高、回报好、综合要求高等特点。要保障合同顺利执行，需针对单井效益评价分类标准中存在的问题，结合风险合作模式，以经济效益评价为手段，建立油田单井分类评价标准，制定合理开发技术政策。实践证明，新标准满足了油藏经营管理的需要，实现了单井效益评价与财务管理的有机结合。

对比目前已有的分类标准，技术服务费合同模式下油井产能分类方法综合考虑了换层时机、合同周期、服务费与油价的关系等因素，对于海外油田特殊的合同模式适用性较强，在不同油价条件下，根据合同期内能否顺利收回成本对单井产能进行分类，有利于对生产井进行精细管理，对不同类别的油井采用有针对性的开采措施。高产井快速开采，力求合同期内产量最大化；中低产井合理配产，在合同期内尽量延长生产时间，精细化管理能够有效提高单井累计产量，实现项目效益最大化。实际应用证明该分类标准与现场生产情况吻合度较高，为项目顺利实施提供了有力保障。

三、油井产能主控因素分析

1. 产能主控因素定性分析

为明确单井产能的主控因素，建立了 T 段油藏因素［渗透率、有效厚度、*KH*（储层渗透率 × 储层有效厚度）、饱和度、孔隙度］与单井初期产能（全勤生产投产 6 个月的产油量与实际生产天数之比）、有效产能（单井累计产油量与实际生产天数之比）和后期产能（全勤生产后期 6 个月的产油量与实际生产天数之比）的相关性。

由图 6–7 可知，该油藏不同阶段的产能均与渗透率、有效厚度和储层 *KH* 呈现较高的相关性。其中，储层 *KH* 的相关性最高，这充分说明影响油藏不同阶段产能的主控因素是 *KH*。

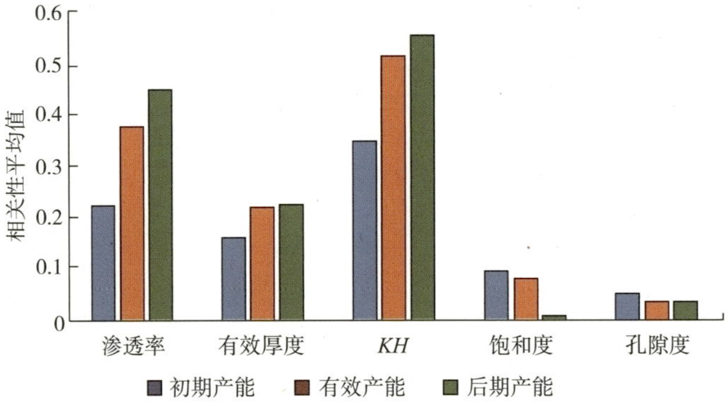

图 6–7　不同阶段产能与储层物性相关性对比直方图

根据达西产能公式可知，渗透率、储层厚度和原油黏度是影响产能的主要因素。由于油藏是普通黑油油藏，在原油黏度一定的情况下，储层渗透率决定了油井初期产能，但决定油井最终产能的主控因素还是储层有效厚度，有效厚度越大，油井产能越高，因此，储层 *KH* 是油藏产能的主控因素。

2. 产能主控因素定量分析

基于 T 段油藏产能主控因素定性分析，依托灰色关联度分析法，进一步明确 T 段油藏产能主控因素定量分析。

1）灰色关联度分析法

灰色关联度分析法的基本思想是根据序列曲线几何形状的相似程度来判断其联系是否紧密。曲线越接近，相应序列之间的关联度就越大，反之就越小。灰色度关联分析法常用于确定各因素对其所在系统的影响程度。该方法可用于油田产能与储层参数等之间的相关性分析研究，也可用于分析注采井组中注水井和生产井之间的连通性。

2）灰色关联度分析 –Topsis 法

灰色关联度分析 –Topsis 法，是在 Topsis 的基础上结合灰色关联度分析法，根据指标性质和数据以一组最优指标数据作为虚拟正理想方案，以一组最劣指标数据作为虚拟负理想方案，同时考虑了对比指标数据与理想方案之间的关联系数，通过比较方案点距正、负理想点的距离来判断被评价方案的优劣。通过这种方法，可以对油藏、井组或单井的各项生产指标和储层参数进行综合评价，对生产单位进行优劣排序，等等。该方法为油田单井、井组和油藏的产能效益评价提供了一种新的思路，可以指导油田后续生产开发和调整。

3）基于灰色关联度分析法和 Topsis 法的软件编制

在灰色关联度分析法和 Topsis 法公式推导基础上，用 Python 编程语言和 Qt 界面编程语言制作出灰色关联度分析软件，可以对油田单井、井组和油藏的生产指标和储层参数进行分析评价（如图 6–8）。

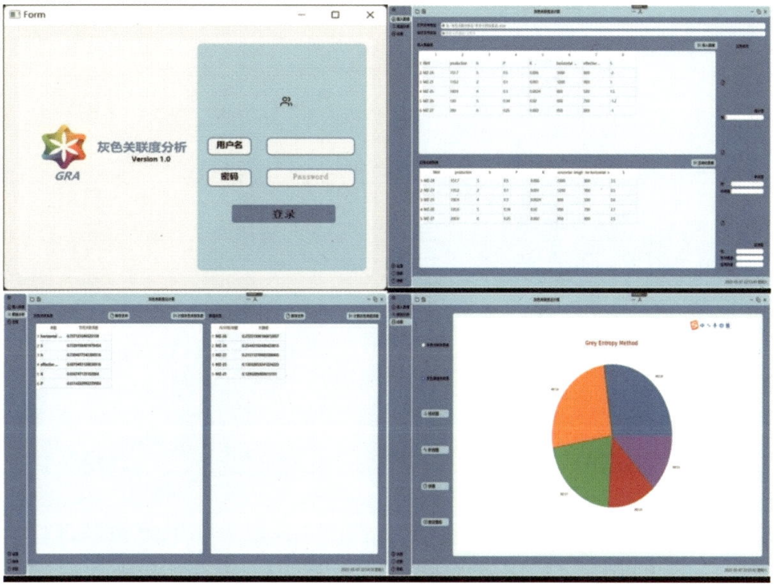

图 6–8　灰色关联分析软件界面图

该软件集合了灰色关联度分析模块和灰色关联度分析 –Topsis 模块，通过对基础数据的读取，系统地对基础数据进行正向化、无量纲化处理。并且可以快速、精确地计算出油田生产指标的关联度和综合评分，同时对计算结果予以可视化展示，从而有助于更加直观地认识油田不同生产指标和储层参数对单井、井组和油田的影响，综合分析判定单井、井组和油田的生产状况。该软件有效简化了烦琐的计算过程，提高了计算精度，对油田后续合理开发起到了重要作用。

4）油藏参数和生产指标主控因素分析

通过灰色关联度分析软件，对 T 段油藏产能主控因素进行计算和分析。针对 T 段油藏计算单井有效产能，梳理各单井地质、工程等主要参数。以有效产能为参考指标，优选出 5 个主要关联性参数：试井渗透率（K）、储层厚度（H）、含油饱和度（S_o）、地层压力（p）、孔隙度（POR）。结合灰色关联度分析模块，计算这 5 个参数的关联度，综合分析出哪几个参数对单井的有效产能影响最大，进而重点发挥这几个参数在后续新井部署规划和生产措施实施中的作用。

针对P油田T段油藏，统计梳理16口单井的生产参数，把P油田的单井有效产能作为母序列（如表6-5），把试井渗透率、储层厚度、含油饱和度、地层压力、孔隙度等作为子序列。把这些参数导入灰色关联度分析软件中进行分析计算可以得出不同地质工程参数与单井有效产能的关联性。

表6-5　P油田16口油井单井生产参数

井号	有效产能（bbl/d）	试井渗透率（$10^{-3}\mu m^2$）	储层厚度（m）	含油饱和度（%）	孔隙度（%）	地层压力（psi）
P-31TI	1068	350.4	16.4	84.4	15.0	3546.0
P-1TI	438	121.0	34.6	84.5	17.5	4064.0
P-29STI	587	222.1	24.0	78.1	15.0	3057.4
P-23TI	359	136.3	16.0	87.4	9.1	3388.0
P-8TI	273	197.0	35.8	71.3	15.8	1591.2
P-12TI	430	150.0	37.5	72.8	16.9	1586.0
P-2TI	252	21.0	40.1	88.5	17.5	3288.0
P-11TI	422	498.8	35.4	88.7	15.2	1629.0
P-15TI	208	63.0	34.8	59.5	13.1	1568.8
P-17TI	217	57.4	46.4	62.0	16.9	1802.0
P25TI	165	43.1	12.9	74.2	10.5	3616.6
P-40TI	149	153.0	20.1	70.7	12.4	1907.2
P-24TI	95	17.4	19.9	82.2	13.1	1666.0
P-14TI	155	17.4	9.5	85.0	14.3	1972.3
P-13TI	142	44.8	27.0	62.1	16.9	1617.7
P-18TI	108	57.7	52.5	75.9	15.2	1477.3

对T段油藏16口单井数据进行筛选过滤，通过灰色关联度分析软件计算得知（如图6-9），对产能影响较大的前三位因素为试井渗透率、地层压力和储层厚度。其中，单井产能与试井渗透率趋势匹配度最高，其次为地层压力（如图6-10）。

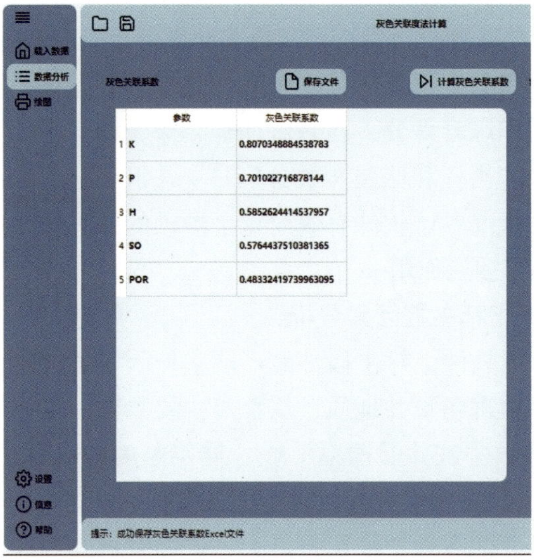

图6-9　P油田生产参数关联度计算结果

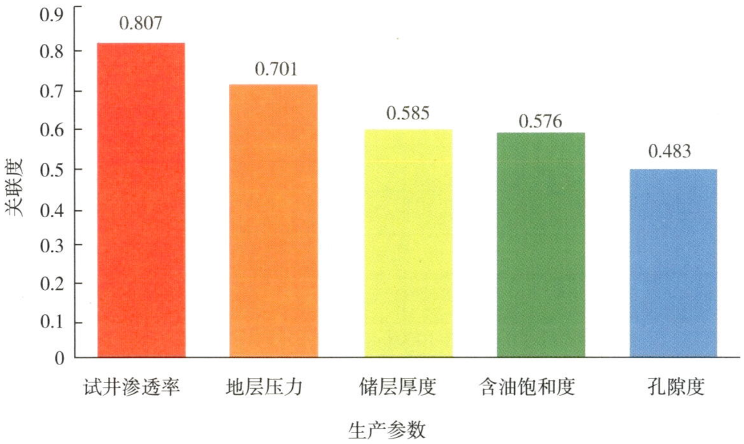

图 6-10　P 油田生产参数关联度排序图

第二节　产量预测与经济评价

一、产量预测

随着开发的不断深入，油气田都会进入产量递减阶段。为了更好地了解油田开发状况，需要根据已经取得的生产数据，采用不同的方法判断其所属的递减类型，确定其递减参数，建立相关经验公式，从而进行产量预测。

1. 初期产量预测

中方接手油田后，通过调研邻区油田的油藏参数、查阅相关文献，对三种产量预测方法（地层系数法、米采油指数法和经验公式法）进行了深度研究，最终总结出适用于 P 油田的产量预测方法。

1）地层系数法

该方法通过分析同一油藏已投产油井的油藏参数和产量情况，建立地层系数（储层厚度与渗透率的乘积）与初期产量之间的关系（如图 6-11），从而预测油井初期产量。新井初期产能的影响因素包括邻井的初期产量、储层厚度、渗透率。但是，对于同一井区的两口井，由于投产时间不同而存在井间干扰，对产量有极大影响，因此，曲线拟合存在较大误差。

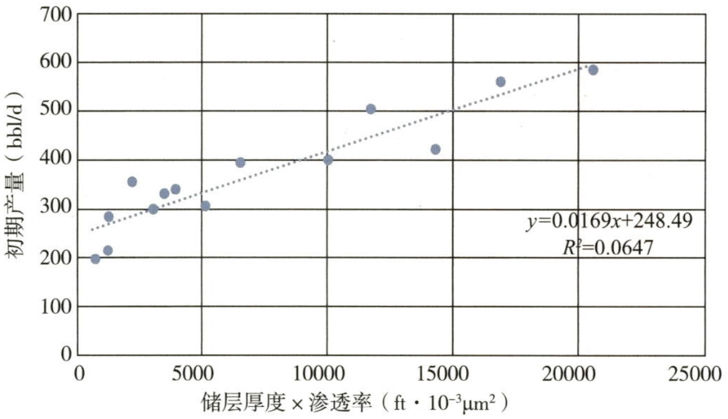

图 6-11　P 油田 T 段油藏初期产量与地层系数关系曲线

2）米采油指数法

该方法通过分析同一油藏已投产油井的油藏参数和产量情况，利用相渗曲线求取该井区油层无因次采油（液）指数曲线（如图 6-12），结合单井产能计算公式［式（6-11）］，预测油井在一定生产压差下的初期产能。

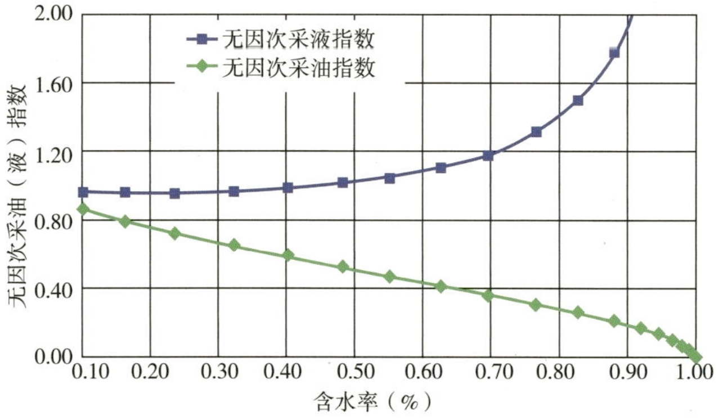

图 6-12　P 油田 TmTS 组油藏无因次采油（液）指数曲线

$$Q_o=h\cdot K_o\cdot J_o \tag{6-11}$$

式中，J_o 为米采油指数，bbl/d·MPa；Q_o 为单井产量，bbl；K_o 为渗透率，$10^{-3}\mu m^2$；h 为储层厚度，ft。

米采油指数法指导后期调整井配产主要用于：①注水开发油田；②新投产区块（探井产能）。对于 P 油田，由于初期产能测试的生产压差数据极少，因此，采用米采油指数法预测油田产能时存在不确定性。

3）经验公式法

该方法为国内常用的定向井产能评价公式法。影响产能的因素有渗透率（K_o）、储层厚度（h）、生产压差（Δp）、原油黏度（μ_o）、原油体积系数（B_o）、供给半径（r_{ev}）、有效井筒半径（r_{we}）、完井表皮系数（S_θ）、井身结构表皮系数（S_d）：

$$Q_o = \frac{542.87K_o h\Delta p}{\mu_o B_o\left(\ln\frac{r_{ev}}{r_{we}} + S_\theta + S_d\right)} \tag{6-12}$$

式中，Q_o为单井产能，bbl；K_o为渗透率，$10^{-3}\mu m^2$；h为储层厚度，ft；Δp为生产压差，MPa；μ_o为原油黏度，mPa·s；B_o为原油体积系数；r_{ev}为供给半径，ft；r_{we}为有效井筒半径，ft；S_θ为完井表皮系数；S_d为井身结构表皮系数。

该方法的缺点为控制参数较多，且r_{ev}、r_{we}、S_θ、S_d不容易确定，因此计算难度较大。

单独使用以上三种方法对P油田进行油井初期产能评价时，结果均存在不确定性，因此，结合三种方法，我们认为各油藏油井的μ_o、B_o、r_{ev}、r_{we}、S_θ、S_d相同，那么影响单井初期产能最重要的因素为K_o、h、Δp，由此可以建立产量与这三种因素的关系式：

$$Q = f(h, K_o, \Delta p) \tag{6-13}$$

建立各油藏已投产井的储层厚度、渗透率、生产压差三者之积与产量的关系曲线，拟合出关系曲线公式，可以得到各油藏产能的计算公式。

实际生产中，渗透率可分为两种，分别是试井渗透率和测井渗透率：试井渗透率表示井筒外区域动态渗透率，测井渗透率表示井筒附近的静态渗透率。因此，试井渗透率比测井渗透率更符合式（6-13）计算的含义。经过两种渗透率拟合比选，试井解释渗透率对应的$hK_o\Delta p$与Q之间的线性关系拟合也确实更好。

图6-13所示是以TmTS层油藏为例的$hK_o\Delta p$与Q之间的关系拟合曲线。

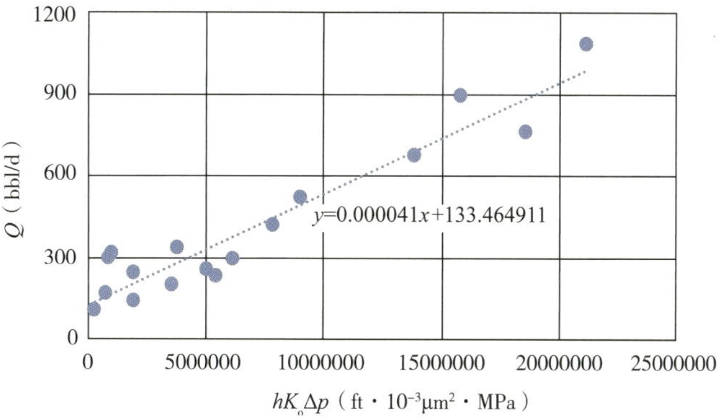

图6-13　P油田TmTS层油藏$hK_o\Delta p$与Q关系拟合曲线

综上所述，对于均质地层且受井间干扰影响较小的油井，可由测井解释结果预测单井初期产能。对于非均质地层的油井，建议测试完成后再进行产能预测。若须在测试之前预测产能，可采用邻区的试井解释结果确定其渗透率取值，再依据各油藏拟合的

$hK_o\Delta p$ 与产量 Q 的关系式，计算出新井的初期产能。虽然预测结果与实际产能存在偏差，但误差较小，可为后期生产提供参考。

2. 递减率预测

结合阿尔浦斯（Arps）的三种递减类型，将各油藏的生产井分别做产量与时间、产量与累计产量的关系曲线，经过分析可知，油井曲线特征均符合指数递减规律。因此，由关系曲线拟合得到如下递减公式，以确定其递减参数：

$$Q = Q_i e^{-Dt} \tag{6-14}$$

式中，Q 为递减阶段 t 时间的产量，bbl/d；Q_i 为初期产量，bbl/d；D 为瞬时递减率；t 为递减阶段的生产时间，月。

以开发 T 段油藏的 P-40、P-29 井为例（如图 6-14、图 6-15），产量与时间的关系曲线符合指数递减规律且拟合程度较高，递减率分别是 2.1%、3.7%。

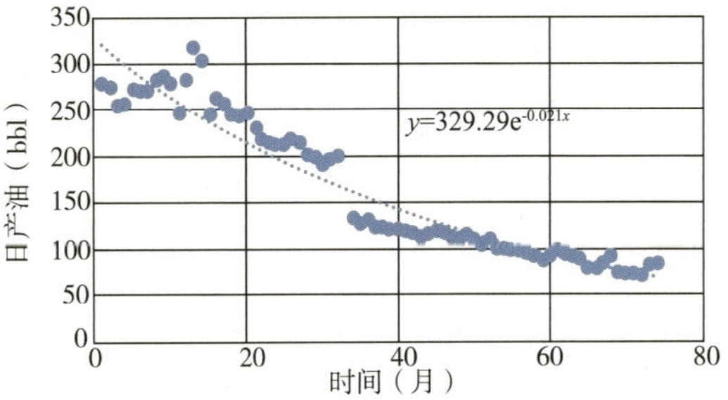

图 6-14　P-40 井产量递减曲线

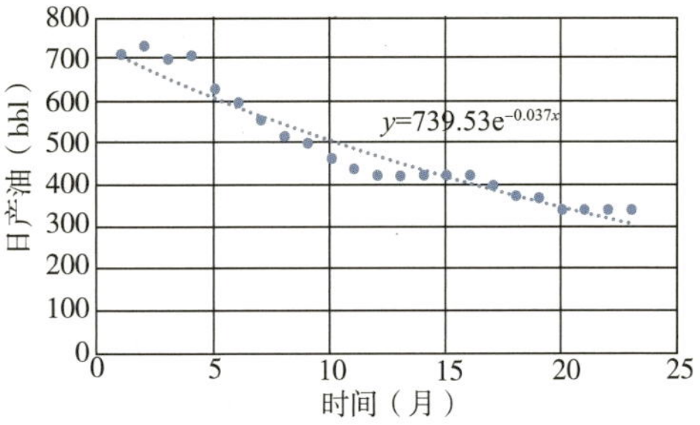

图 6-15　P-29 井产量递减曲线

由此，将各油藏的生产井分别做递减曲线拟合，得到单井递减率并取平均值，由此可得油藏的平均单井初期递减率，作为该油藏的新井递减率，加上单井的预测初期产量，代入式（6-14）可计算出月产量，代入式（6-15）可计算出单井的累计产油量 N_p。

$$N_p = \sum_{n=1}^{t} \left(Q_i e^{-Dt} \right) \tag{6-15}$$

式中，N_p 为累计产油量，bbl；Q_i 为初期产量，bbl/d；D 为递减率；t 为时间，月。

二、单井经济效益评价

单井经济效益评价是针对某口探井、开发井或修井措施作业而展开的经济评价。随着我国对油气资源的需求量不断增加，获取油气资源的途径越来越多，对油气项目的研究，尤其是经济效益研究显得越来越重要。近年来，国际油价跌宕起伏，国内油气公司建立倒逼机制，树立底线思维，通过深化油气田生产成本分析，优化现场管理，提升油气田开发效益。为此，需要对油气田进行精细成本分析和经济评价，以便优化管理，提升效益。同时，为保障年度工作计划预算的顺利实施，全方位掌握油气公司经营状况和整体投资策略，也有必要研究油气项目单井全生命周期效益评价方法，从而提高油气公司资金使用效率和投资决策水平。

1. 单井效益评价的正算法和反算法

1）基本计算方法

在计算方法层面上，贴现现金流法是目前国际上最常用的效益评价方法。单井效益评价的计算也是建立在贴现现金流法这一基本原理基础上的，通过预测单井产量，同时根据具体的合同模式和财税条款预计单井各年的现金流入和现金流出，建立现金流量模型，计算每年的现金流量，并且对各年净现金流量折现。由于海外项目风险很大，也会根据项目的风险分析调整项目折现率的大小。

2）正算法

（1）计算步骤。

①根据合同模式和主要财税条款建立单井经济评价模型。

②设置技术参数和经济参数，技术参数主要包括：生产天数、初始产量、递减率等；经济参数主要包括：评价油价，单井综合投资（钻井、地面等）、操作费（固定和可变）等。

③根据以上技术参数和经济参数计算单井经济结果，财务内部收益率，财务净现值，年度现金流等。

（2）评价指标。

①内部收益率。也称内部报酬率，是指项目投资实际有望达到的报酬率，即能使投资项目的净现值等于零时的折现率。在进行油气投资决策分析时，一般情况下应该选择内部收益率大的项目。

②财务净现值。是指按照折现率将项目计算期内各年净现金流量折现到项目建设初期的现值之和。它是考察项目在计算期内盈利能力的动态评价指标。一般计算结果有三种情况，净现值大于零、小于零和等于零。当净现值大于零或者等于零的时候，表明项目或者合同者的盈利能力满足要求，是可以接受的，从某种意义上说是符合经济性的；当净现值小于零的时候，表明项目或者合同者的盈利能力不满足要求，经济上是不可行的。

③投资回收期。一般意义上是指静态投资回收期。投资回收期是指以投资项目经营净现金流量抵偿原始总投资所需要的全部时间。将计算的投资回收期与行业平均的投资回收期相比较，如果计算的项目回收期短，说明项目效率较高，投资回收较快。

④累计现金流。现金流是根据总销售收入减去资本性支出、相关税收以及费用后的金额。以一年为计算单位的现金流叫年度现金流。年度现金流合计为累计现金流。

3）反算法

计算步骤：

（1）根据合同模式和主要财税条款建立单井经济评价模型。

（2）设置技术参数和经济参数，技术参数主要包括：生产天数、初始产量、递减率等；经济参数主要包括：评价油价，单井综合投资（钻井、地面等）、操作费（固定和可变）等。

（3）根据以上技术参数和经济参数计算单井经济结果，财务内部收益率，财务净现值，年度现金流等。

（4）反算内部收益率等于基准收益率（即财务净现值为0）的时候，第一年单井日产量，即为单井经济极限初期日产，财务净现值为0时的单井累产，即为单井经济极限累计产量。

4）评价指标

（1）单井经济极限初产。当内部收益率等于基准收益率（即财务净现值为0）的时候，第一年单井日产量。

（2）单井经济极限累产。当内部收益率等于基准收益率（即财务净现值为0）的时候，单井的累计产量。

2. 影响单井效益评价的因素

在实践过程中，影响单井效益评价的敏感性因素一般有：油气价格、贴现率、操作成本、产量、递减率、投资、资源国合同模式和财税条款等。主要分技术因素和经济因素，下面就影响单井效益评价的技术和经济关键因素进行逐一分析。

1）技术因素

（1）产量。

产量主要受地质和开发的影响。圈闭的大小、储层分布、物性参数、油气藏埋深、开采方式、油品品质、开采年限、单井产量等都会直接影响产量的大小。因此，尽可能多采出油气是油气公司的主要目标。从单井效益评价角度来看，一般单井初产对经济效益的影响较大。

（2）递减率。

产量递减率是反映油田生产能力受采出程度增加和地层能量下降等因素影响而降低的程度指标。它是根据油井投产后的产量变化程度确定的。按研究范围和影响产量递减的因素不同，可以计算老井产量自然递减率和老井产量综合递减率。递减率的大小反映了油田稳产形势的好坏，递减率越小，说明稳产形势越好，综合递减率是制定原油生产计划依据之一。因此，递减率的高低对单井经济效益也起着至关重要的作用。

2）经济因素

（1）油气价格。

油气价格直接影响单井销售收入。它受地缘政治、供求、通货膨胀等因素的影响很大，在不同时期的油气价格产生不同程度的波动。另外，不同资源国油气定价机制不一样，因此，油品挂靠的原油价格也有差异。考虑油品的差异以及油气销售费用所得的油气实现价格也不一样。尤其是天然气价格，因其用途不同而差别很大。合同谈判的时机、销售方式、天然气购销合同条款也会使天然气价格产生波动效应。天然气本身的品质差异（是否含硫，含硫比例的高低）以及天然气用途不同也导致天然气价格差别很大。

（2）操作成本。

操作成本是油气生产过程中因操作和维护井及有关设备的设施而发生的成本总支出，主要包括采出作业费、油气处理费、轻烃回收费、井下作业费、测井试井费、天然气净化费、维护及修理费、运输费等。按照操作成本会计核算方法，需要将操作成本劈分至单井，分为固定（间接）操作成本和可变（直接）操作成本。固定（间接）操作成本指的是需要用一种标准分配至单井的费用，包括地面设施费用、辅助生产部门费用、公共支持费用、管理费用等，建议劈分标准如表6-6；可变（直接）操作成本指的是与生产直接相关，可以计入单井的费用。操作成本作为构成现金流量表中现金流出的主要内容，直接影响到单井效益评价的准确度。在进行操作成本预测时，首先要选定直接影响成本变化的基本开发变量，如生产井数、产液量、产油量、注水量等。另外，受地质和开发程度的影响，各含油气地区的操作成本水平不一样，构成明细也不一样。

表6-6　油田固定（间接）操作成本建议劈分标准

序号	分摊类型	相关费用
1	按开井数	管理费用
2	按生产天数	材料费、燃料费、其他动力费、直接人员费、井下作业费、测井测试费、维护及修理费、运输费、其他直接费用
3	按油气产量	其他期间费用、地质勘探费用、轻烃回收费
4	按掺油（水、药）量	掺稀费、掺水费、掺药费
5	按产液量	油气处理费、运输费
6	按受效井产液量	注入井测试费、注入井作业费
7	按铭牌功率、电机功率、负载率	电度费、容量电费
8	按注汽、注水量	稠油热采费、注汽自用油（气）产品、注水费
9	按产气量	天然气处理费

（3）投资。

油气项目所得的产品主要是通过钻井工程、采油工程地面集输和处理系统来实现油气销售。其具有投资大、风险高的特点，因此将单井投资控制到最低并且实现经济利益最大化是国内油气公司共同关注的焦点。就钻井投资来说，一般要考虑价格因素、工艺因素、政策因素和管理因素。价格因素主要是指人工工资、钻井主材价格等；工艺因素是指采用不同的钻机类型、井身结构等；政策因素主要包括政府颁布的安全环保要求、征地价格要求等；管理因素则主要通过加强造价控制等来实现。

（4）贴现率。

贴现率反映油气投资者对于投资项目的预期收益率。这一经济指标主要用于计算财务净现值。当贴现率高于基准收益率时，财务净现值大于0，经济上可行；当贴现率低于基准收益率时，财务净现值小于0，经济上不可行。故油气投资者会参考不同资源国政治经济环境差异，制定不同的贴现率水平政策，以指导项目科学决策。

（5）资源国合同模式和财税条款。

进行单井效益评价时，必须充分把握资源国的合同模式、财税条款及相应的油气法律制度，这也是在经济评价时最重要的一项工作。合同模式、财税条款的不同会直接导致经济结果的不同，甚至差距很大。如成本回收比例、利润分成、所得税、折旧方式及年限等因素都会造成结果的重大差异。

3. 实例分析

1）方法及目的

通过技术方案提供的单井产量、单井钻井、地面工程投资数据及经济参数，并依据合同模式及主要财税条款，应用贴现现金流方法计算P油田单井经济极限值。

2）P油田单井基本概况

基于P油田增产服务合同模式，合同期为10年，取两口单井累计产量分别为 0.50×10^6bbl 和 0.80×10^6bbl 的井进行单井经济评价。各年度产量如表6–7所示。

表6–7　P油田单井分年度产量

单位：10^6bbl

时间	单井1	单井2
2019年	0.07	0.11
2020年	0.08	0.13
2021年	0.06	0.10
2022年	0.04	0.07
2023年	0.03	0.05
2024年	0.09	0.11
2025年	0.06	0.11
2026年	0.04	0.07
2027年	0.03	0.05
2028年	0.01	0.02
合计	0.50	0.80

3）P油田合同模式和主要财税条款

（1）合同模式：增产服务合同模式。由承包商负责垫资，并提供技术装备队伍，按照甲方批准的开发方案和作业计划，提供钻修井、复产、换层、地面工程建设等一系列工程技术总包服务，根据增产产量以及合同约定的单桶服务费获得工程技术服务收入。

（2）合同期：10年（2019—2028年）。

（3）收入分配流程如图6-16所示。

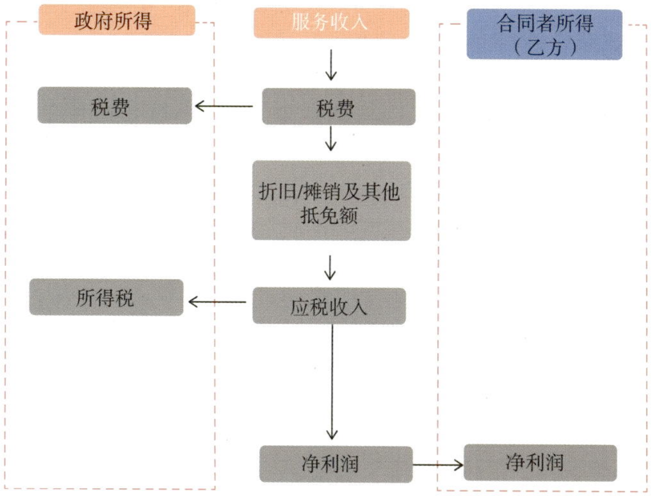

图6-16　收入分配流程

（4）单桶服务费计算示意图（如图6-17）。

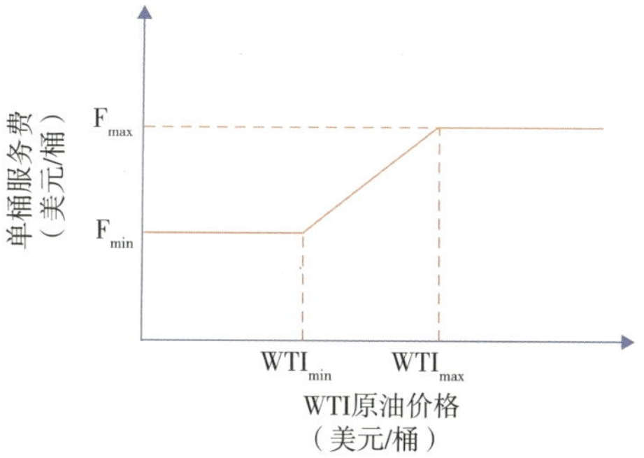

图6-17　P油田增产服务单桶原油服务费说明图

（5）折旧方法：根据本项目实际情况，按照产量折旧法计算。

（6）税费。

①所得税：按照员工分红后税前利润计算，2013年及以后年份为22%。企业上年度亏损可以在以后5年内以当年营业利润的20%在税前抵扣。

②员工分红（利润分成）：按照扣除管理费、折旧、总监会规费等的利润的 15% 计算。

③资金出境税：对于所有从厄瓜多尔向境外支付的款项，需交纳 5% 资金出境税（2011 年 11 月 24 日税率由 2% 调整为 5%），税基为税后利润。

④总监会规费：按照项目年末资产总额（年末净资产）的不同税率征收。

（7）WTI 油价。WTI 油价随着国际原油供需变化而变化。本次评价中采用实际油价与预测油价相结合方式进行单井效益评价。

（8）基准收益率：根据项目实际情况，取基准收益率为 10%。

4）P 油田单井效益评价结果

假设 P 油田单井综合投资为 5.00 百万美元，根据单井 1 和单井 2 计算的经济结果如表 6-8 所示。

表 6-8　P 油田单井经济评价结果表

评价参数	单井 1	单井 2
产量（10^6bbl）	0.50	0.80
单井投资（百万美元）	5.00	5.00
折现率（%）	10.00	10.00
财务净现值（10%）（百万美元）	−0.62	1.01
财务内部收益率（%）	4.96	18.35
累计净现金流（百万美元）	0.91	3.35
投资回收期（年）	6.94	5.23
单井经济极限累产（百万美元）	0.62	0.62

第三节　典型试井解释模型及实例分析

试井解释就是根据试井中所测得的数据（产量、压力变化等），结合其他资料，来判断油藏类型、测试井类型和井底完善程度，并计算油层及测试井的特性参数（渗透率、表皮系数、储量、地层压力等），以及判断测试井附近的边界情况、井间连通情况等。试井资料解释结果在油藏开发生产中发挥着非常重要的作用，是进行动态监测、储层类型判别、物性评价、措施选井及措施后的评价等过程中不可缺少的资料。试井解释对于油藏滚动勘探也非常重要，特别是在储层物性、油藏边界性质及距离判识，油藏原始压力求取等方面发挥着不可替代的作用。本节主要介绍生产中常用的压力恢复试井解释方法。

压力恢复试井解释模型主要包括井模型、储层模型、边界模型三个主要组成部分，此外，还可能包括扩展模型。

1. 井模型

井模型涉及的参数大致可以分为以下四类：①井轨迹本身结构，如斜井、水平井等；②井筒储集效应，即由于井筒内流体膨胀或压缩对生产开发产生影响；③生产作业对地层的污染或改善导致的表皮效应；④对于低渗透储层、页岩储层等，常采用水力压裂来提高储层生产能力，对于此类情形，引入有限（无限）导流裂缝来表征压裂裂缝渗流特征。

2. 储层模型

储层模型是由地层均质性决定的，P 油田主要存在两种储层模型，即均质储层模型、复合储层模型。均质储层表现为油藏内的储集空间和渗流通道为单一均匀的孔隙介质，储层各个方向、各个位置的组成、渗透特性完全一致；复合储层表现为油藏储层具有性质截然不同的多种介质，每种介质具有不同的孔隙度和渗透率，且位于储层的不同区域。

3. 边界模型

边界模型是指在测试井波及范围内，由于存在断层、水体、气顶等情况，而抽象出各种边界（即油藏外缘）的情况。对于同一油藏中的不同井，外边界的类型相同，但与边界的距离各不相同。常见的边界类型有：①无限大地层（无任何外边界）；②一条不渗透边界；③一条不密封断层；④两条平行不渗透边界，即条带状油藏的情况；⑤两条相交不渗透边界；⑥三边密封、一边开放的矩形边界；⑦恒压边界；⑧封闭系统的边界；⑨流动系数或储能系数发生改变的边界。

4. 扩展模型

随着钻井及储层改造技术的推陈出新，上述模型组合已经不能较好描述某些复杂的、特殊情况下的储层渗流特征，因此，技术人员开发了一系列特殊模型作为常规模型的扩展（即扩展模型）。常见扩展模型主要包括压裂径向复合地层模型、多区复合地层模型、双层双孔地层模型、多分支水平井模型、多段井模型、多层斜井模型、多段压裂水平井模型等。扩展模型为复杂情况下压力恢复试井解释提供了更多有效工具。

试井解释的一项重要任务，就是根据实测资料选择合适的解释模型，确保所选择的解释模型符合测试层和测试井的实际情况，而经反复调整所得到的模型参数，应该与测试层和测试井的实际参数一致。

P 油田历经 40 余年的开发，积累了较为丰富的测压资料，包括 78 井次压力恢复试井资料以及 30 井次静压测试资料。结合地质情况对全区的单井压力恢复资料进行了分析。本油田的 78 井次资料，有 51 井次表现出均质地层特征，17 井次表现出复合地层油藏特征，裂缝特征井等其他模型 10 井次，该油田整体表现为均质地层，局部表现为复合地层，但是，在采用均质地层模型解释的井中，多井次可见阻流边界反应，说明砂体横向变化较快，地层存在一定非均质性（如图 6–18）。下面按不同的模型实例分别进行分析。

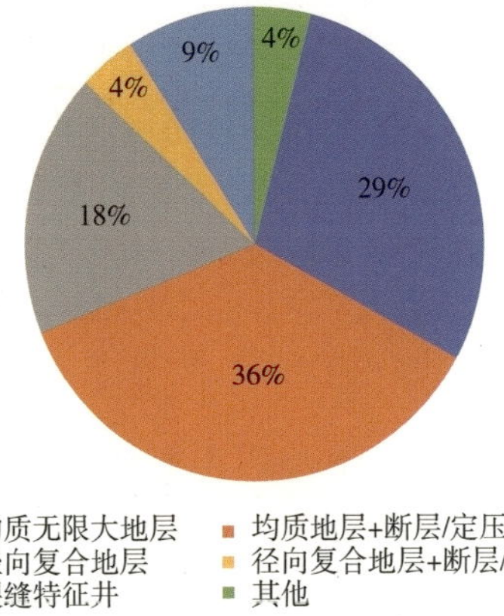

图 6–18　P 油田试井解释模型类型统计图

P 油田试井解释过程中常用模型有均质储层模型、有限导流裂缝模型、无限导流裂缝模型、复合储层模型等；边界类型通常为无限大地层或断层。

一、均质储层模型

1. 均质储层模型特征

均质储层模型，是指假设地层孔隙度、渗透率等特性是各项同性的单一孔隙介质油层，即在油藏内只有一种渗透性介质参与流动的储层模型，是压力恢复试井中最常见的一种储层模型。该模型主要特征为在试井测试研究的油藏半径范围内，储层及流体性质变化不大。我国大部分砂岩储层属于均质储层；某些具有天然裂缝的碳酸盐岩地层，当裂缝发育很均匀时，通常也表现出均质储层的特征。均质储层中，直井不稳定试井典型曲线特征及其解释方法，是均质储层不稳定试井资料解释分析的基础。均质储层模型示意图如图 6–19 所示。

我们采用常用双对数压力加导数和半对数压力曲线来表示均质储层试井特征曲线（如图 6–20、图 6–21）。

图 6–20 是识别均质储层的典型双对数特征图，曲线可以分成三段。第 I 段“叉把”部分，这部分双对数压力和压力导数曲线合二为一，呈 45° 的直线，是纯井筒储集效应的影响阶段。第 II 段为过渡段，导数出现峰值后向下倾斜。峰值的高低，取决于参数 C_De^{2S} 值的大小。在参数组 C_De^{2S} 中，C_D 为无量纲的井筒储集常数，S 为表皮系数。由于 S 值处于指数位置，所以受表皮影响比较大。C_De^{2S} 越大，则峰值越高，下倾越陡，而且峰值出现时间越迟。根据双对数压力曲线与压力导数水平直线段张开的距离，可以判断储

层试井研究范围内是否存在污染（即孔隙裂缝等吼道堵塞）。渗流通道堵塞越严重，污染越严重，双对数压力曲线与压力导数曲线相距越远。第Ⅲ段导数曲线呈水平直线，在无因次压力坐标下导数值为 0.5，是典型的径向流特征曲线，可用来确定单对数图中的直线段。

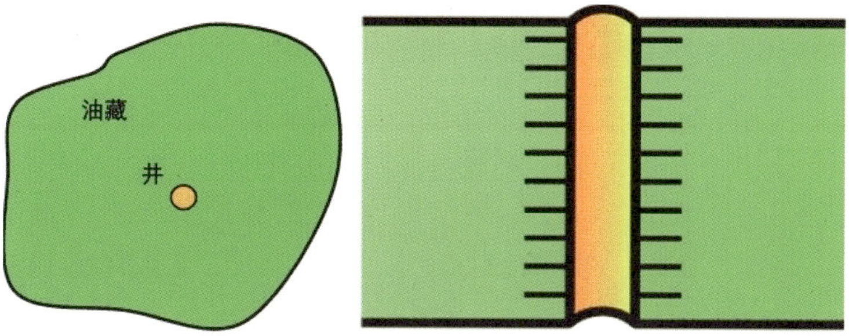

图 6–19　均质储层模型示意图

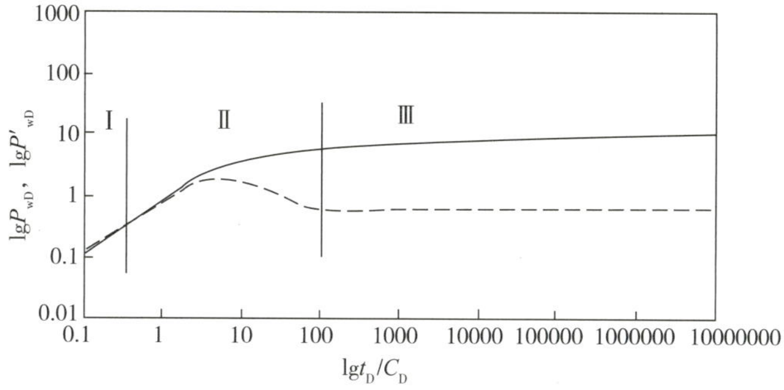

图 6–20　均质储层典型双对数特征图

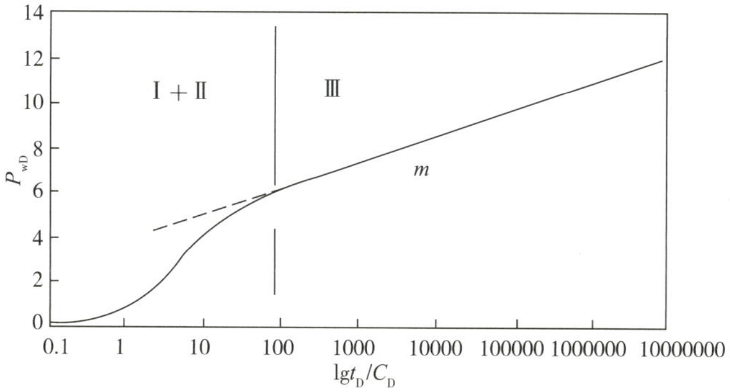

图 6–21　均质储层压力半对数图

图 6–21 是均质储层压力半对数图，其特征为：①半对数图的形状像一把“勺子”，作为续流段和过渡段的第Ⅰ和第Ⅱ段，在半对数图上是“勺头”，是一条弯曲曲线；作为径向流的第Ⅲ段，在半对数图中形成一条直线，可以比作“勺把”；②斜率为 m 的径向流直线段和双对数图中的导数水平段相对应。

2. 均质储层试井解释实例

P-12 井是本油田具有代表性的一口井，于 2008 年 10 月投产，投产初期日产油 458.0bbl，含水率 0.2%，一直保持稳定、连续生产至今，目前日产油 458.0bbl，含水率 0.2%，累计产油 202.0×10^4bbl，生产历史曲线如图 6-22。

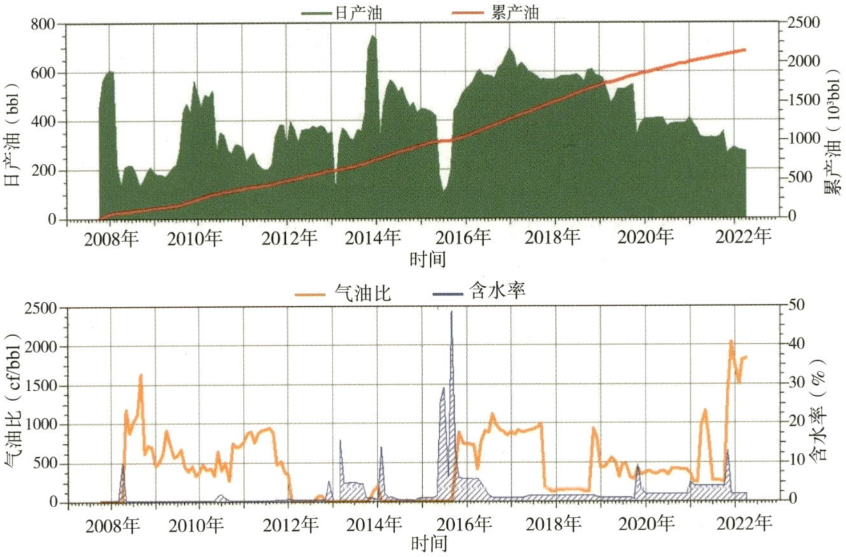

图 6-22　P-12 井 TmTS 层生产历史曲线图

2008 年 9 月，P-12 井在 TmTS 层投产前试油期间进行了一次压力恢复测试，关井 27.0h（如图 6-23），双对数曲线由井储段及径向流段组成，表现出标准的均质无限大地层特征，选择恒定井储 + 无限大均质地层模型进行解释（如图 6-23、图 6-24）。渗透率为 $150.5\times10^{-3}\mu m^2$，为中渗储层，表皮系数为 24，说明井筒周边储层存在较严重污染（如表 6-9）。结合双对数曲线特征及测井曲线可以看出，P-12 井区 TmTS 层储层厚度大、分布范围较广、储层物性好，解释模型与生产情况及地质情况吻合度高。

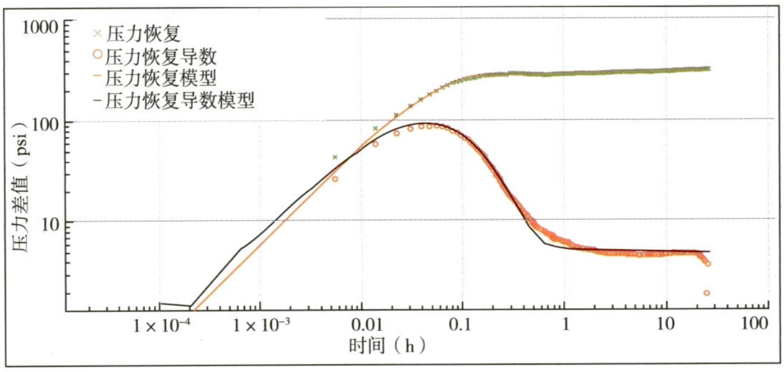

图 6-23　P-12 井 TmTS 层压力恢复双对数曲线图

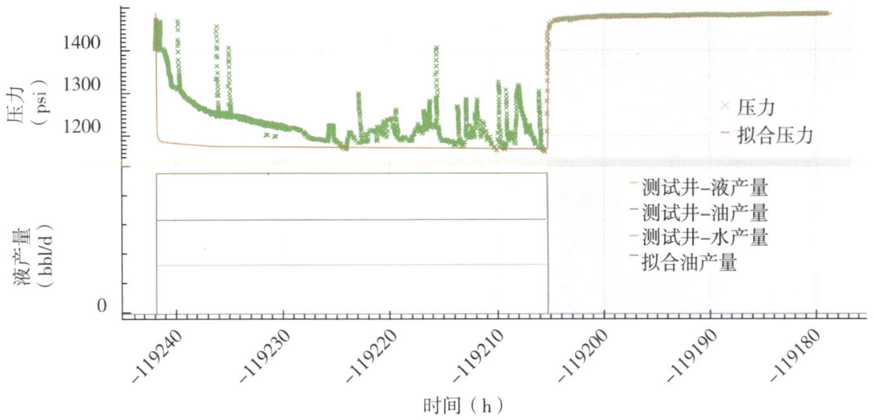

图 6-24　P-12 井 TmTS 层压力历史拟合曲线图

表 6-9　P-12 井 TmTS 层试井解释参数表

模型	恒定井储 + 均质储层模型
储层有效厚度	38.0ft
地层系数	$5700.0 \times 10^{-3}\mu m^2 \cdot ft$
渗透率	$150.0 \times 10^{-3}\mu m^2$
表皮系数	24.0
井储系数	0.0038bbl/psi
地层压力	1581.5psi

二、垂直裂缝井试井模型

1. 垂直裂缝井模型特征

人工压裂是一项重要的增产措施，对于提高污染井和低渗透油藏单井的生产能力有很好的效果。虽然压裂可能产生各种各样的裂缝，但在深度超过 700m 的地层中，压裂产生的裂缝基本上都是垂直裂缝。因此，关于裂缝井试井解释的研究，着重于垂直裂缝的情形。对于水力压裂等措施井，可以使用此方法，有效地判断是否形成了裂缝，并且把压开的裂缝的长度估算出来。

目前常见的有两类不同的垂直裂缝模型，有限导流性垂直裂缝模型及无限导流性垂直裂缝模型。

1）有限导流性垂直裂缝模型（如图 6-25、图 6-26）

（1）纯井筒储集阶段。压差曲线和导数曲线接近重合，呈一条斜率为 1 的直线，即 45° 线（与均质储层无裂缝情形相同）。

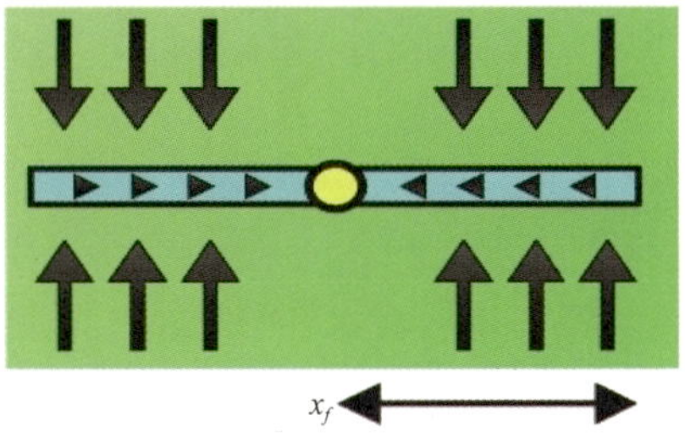

图 6-25　有限导流性垂直裂缝示意图

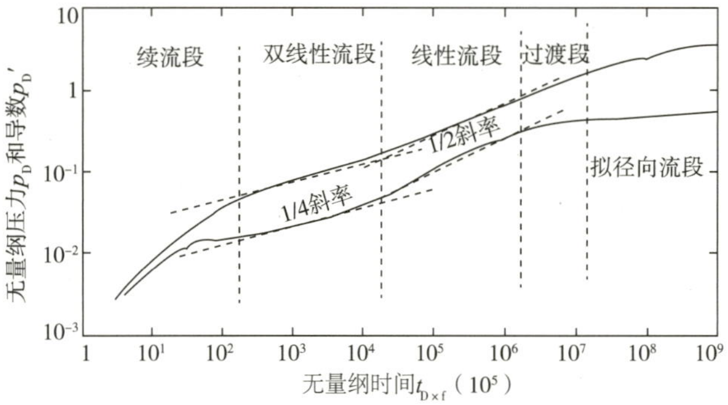

图 6-26　有限导流性垂直裂缝双对数曲线图

（2）双线性和线性流阶段。在关井压力恢复早期，除了从油层向裂缝面的线性流动之外，还存在裂缝内的线性流动，组合成了所谓的“双线性流动”。压差和压力导数的双对数曲线都是斜率为 1/4 的直线且在纵轴方向上相距 lg4≈0.6021 个对数周期。

（3）线性流段后段和过渡段。有可能出现与无限导流性垂直裂缝情形一样的线性流动，其特征是压差和压力导数的双对数曲线都呈斜率为 1/2 的直线。

（4）拟径向流阶段。线性流动结束后，便过渡进入拟径向流动阶段。拟径向流动阶段的特征和径向流动阶段一样。其特征曲线也是 Horner 曲线或 MDH 曲线。半对数分析亦与均质储层（无裂缝）情形相同。

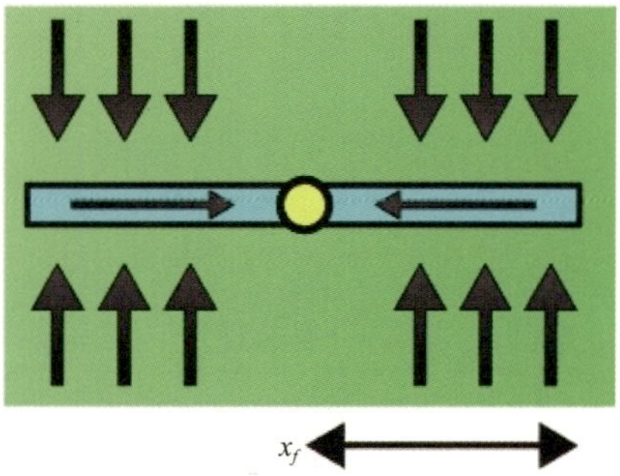

图 6-27　无限导流性垂直裂缝示意图

2）无限导流性垂直裂缝模型（如图 6-27、图 6-28）

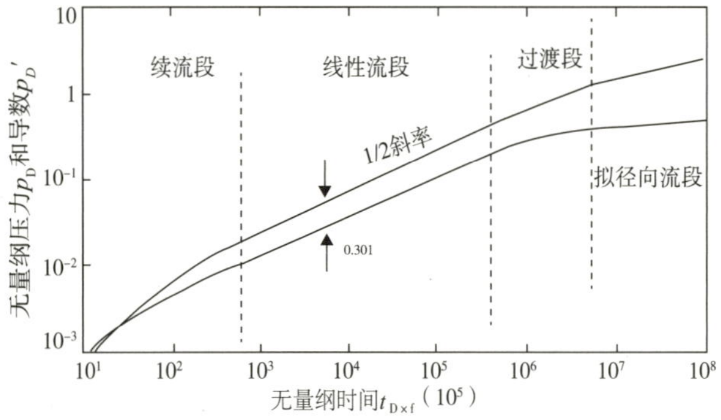

图 6-28　无限导流性垂直裂缝双对数曲线图

无限导流性垂直裂缝模型的流动可以分为续流段、线性流段、过渡段、拟径向流段

（如图 6–28）。

（1）续流段。在纯井筒储集阶段，压差曲线和导数曲线重合，呈一条斜率为 1 的直线，即 45° 线（与均质储层无裂缝情形相同）。

（2）线性流阶段，压差曲线和导数曲线都呈斜率为 1/2 的直线，即它们互相平行，而且它们之间（在纵坐标方向上）相距 lg2≈0.3010 个对数周期。

（3）在拟径向流阶段，储层所有方向的流线汇聚到井和裂缝处。导数样板曲线是水平直线（亦与均质储层无裂缝情形相同）。不过，这种井很少出现纯井筒储集阶段，往往一开始就是线性流动，双对数曲线呈现斜率为 0.5 的两条平行直线。

2. 垂直裂缝井试井（P–11 井 TLUS 层）解释实例

P–11 井 TLUS 层于 2009 年 4 月投产，投产初期日产油 365.0 bbl，含水率 4.0%，生产至 2012 年 5 月关井（如图 6–29），2014 年 4 月 17 日进行了一次水力压裂，压裂后双对数曲线表现出明显的有限导流裂缝特征（如图 6–30），压力历史拟合效果较好（如图 6–31），表皮系数较试油期间有明显降低，裂缝半长 118.0ft，说明压裂效果较好（如表 6–10）。

图 6–29　P–11 井 TLUS 层生产历史曲线图

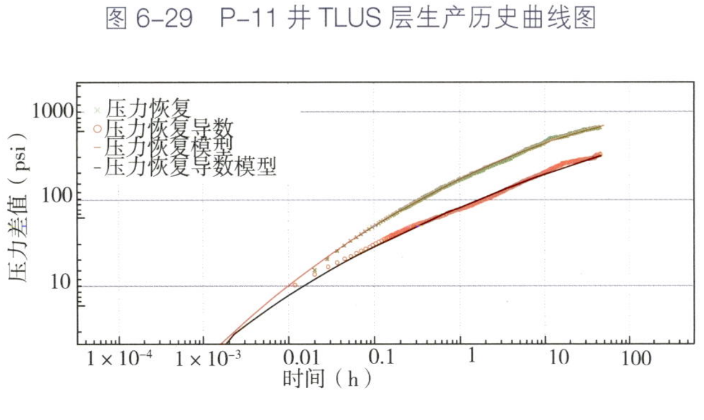

图 6–30　P–11 井 TLUS 层压力恢复双对数曲线图（软件界面）

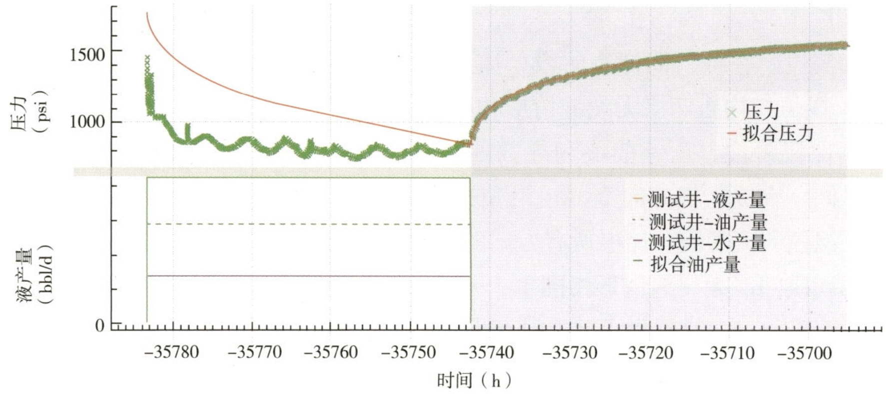

图 6-31　P-11 井 TLUS 层压力历史拟合曲线图（软件界面）

表 6-10　P-11 井 TLUS 层试井解释成果表

模型	恒定井储 + 无限导流裂缝 + 均质储层模型
储层有效厚度	22.0ft
地层系数	$26.4\times10^{-3}\mu m^2\cdot ft$
渗透率	$1.2\times10^{-3}\mu m^2$
裂缝半长	118.0ft
表皮系数	-5.01
井储系数	0.0049bbl/psi
地层压力	1789.0psi

三、复合储层试井模型

在大面积分布的储层形成及后期成藏过程中，由于各种因素的影响，平面上可能会形成一定的非均质性，复合储层可以用来有效地描述这种平面非均质性。复合储层形成的原因主要包括：①单井进行压裂、酸化等改造措施后，井底附近的地层得到改善，这样在径向上储层中形成了两个明显不同的渗透性区域；②单井附近因钻完井或生产措施等原因，在径向上有泥浆或压井液侵入形成污染带；③井周围内外区域流体性质差异较大形成的复合地层；④井外围储层物性发生明显变差或者变好的情况。常见的复合储层一般分为径向复合储层及线性复合储层（如图 6-32），P 油田常见的类型为径向复合储层。

1. 复合储层模型特征

复合储层试井特征曲线如图 6-33、图 6-34，在内外不同流度比条件下复合油藏的压力及导数双对数图呈现出不同的特征。复合储层的双对数特征图可以划分成四个阶段：

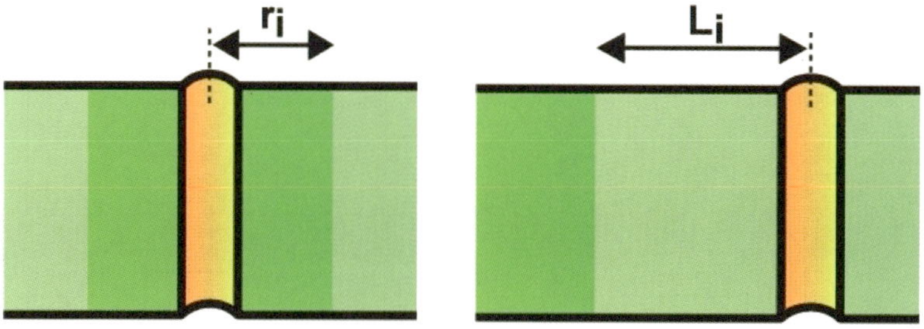

（a）径向复合储层　　（b）线性复合储层

图 6-32　复合储层示意图

（1）a~b 段是纯井筒储集影响期，这一段双对数压力和压力导数曲线合二为一，呈 45° 的直线，表征续流段的影响。纯井筒储集效应的影响结束后，导数出现峰值后向下倾斜，峰值的高低，取决于参数 C_De^{2S} 值的大小。在参数组 C_De^{2S} 中，C_D 为无量纲的井筒储集常数，S 为表皮系数。由于 S 值处于指数位置，所以受表皮系数的影响比较大一些，C_De^{2S} 越大则峰值越高，下倾越陡，而且峰值出现时间较迟。峰值出现时间的轨迹与参数 C_De^{2S} 存在着与均质地层相似的关系式。

（2）b~c 段压力导数出现水平段，是地层中内区系统产生径向流的典型特征。用它来确认内区系统半对数图中的直线段。

前两段的压力导数特征和均质储层的压力导数特征一致，是内区均质储层的试井曲线特征。

（3）c~d 段压力导数为内外区过渡段曲线，内好外差储层导数曲线上翘，内差外好储层导数曲线下掉，过渡曲线开始时间与内区半径有关。

（4）d~e 段压力导数出现水平段，这是地层中外区系统产生径向流的典型特征。用它来确认外区系统半对数图中的直线段。

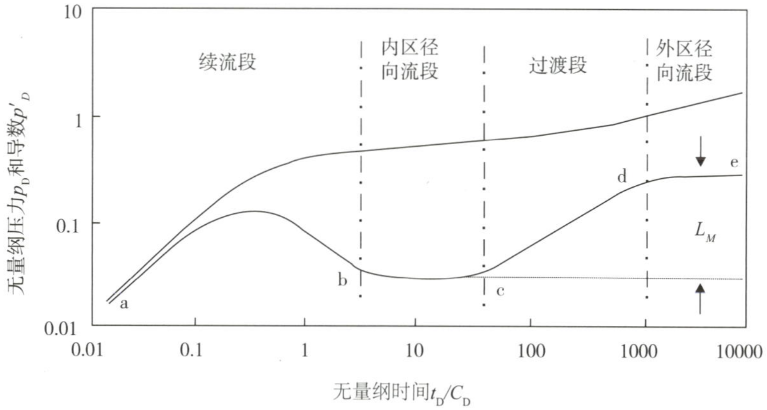

图 6-33　复合储层（内好外差）的压力及导数双对数图

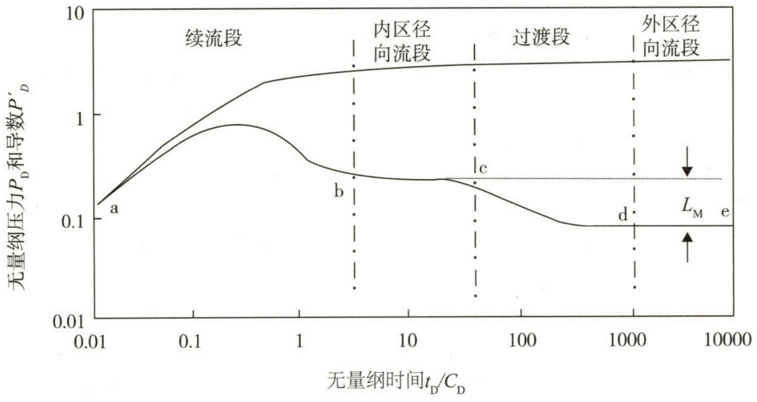

图 6-34　复合储层（内差外好）的压力及导数双对数图

2. 复合储层试井解释实例

P-13 井 TmTS 层 2015 年 3 月投产，投产初期日产油 136.0bbl，含水率 35.9%，生产至 2015 年 11 月日产油 116.0bbl，含水率降至 7.9%，2015 年 11 月—2018 年 12 月期间整体含水率较低，日产量整体呈现稳中有升的趋势，日产量在 2017 年 8 月达到顶峰 228.0bbl，含水率 4.1%，说明本井外围区域供给较充足（如图 6-35）。

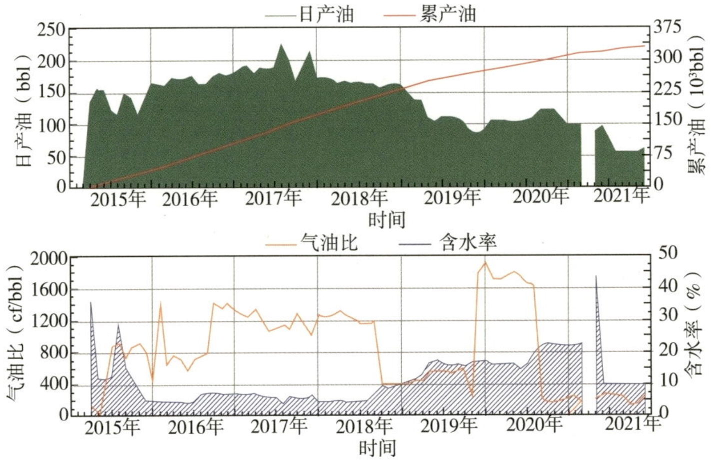

图 6-35　P-13 井 TmTS 层生产历史曲线图

P-13 井于 2008 年 2 月试油期间进行了一次压力恢复测试，双对数曲线初期为井储段及过渡段，中期为内区径向流段，经过过渡段逐渐变为外区径向流段，反映本井外区储层物性或者厚度变好，外区流动系数变大，采用恒定井储 + 径向复合储层模型进行了解释，试井解释成果如表 6-11，双对数曲线及压力历史曲线拟合较好（如图 6-36、图 6-37），与实际生产情况吻合，解释结果可靠。

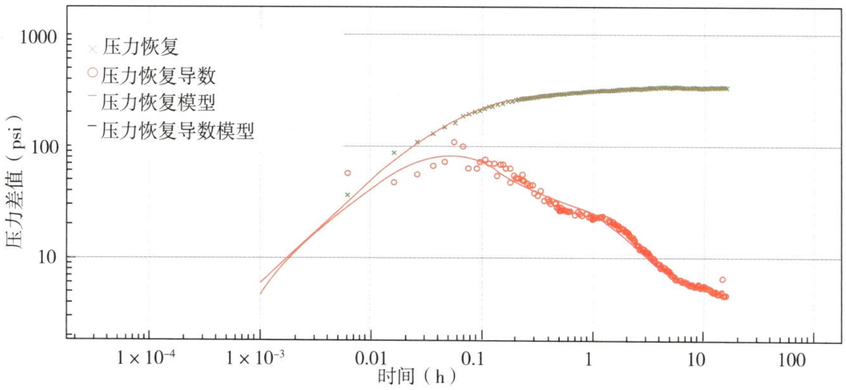

图 6-36 P-13 井 TmTS 层压力恢复双对数曲线图（软件界面）

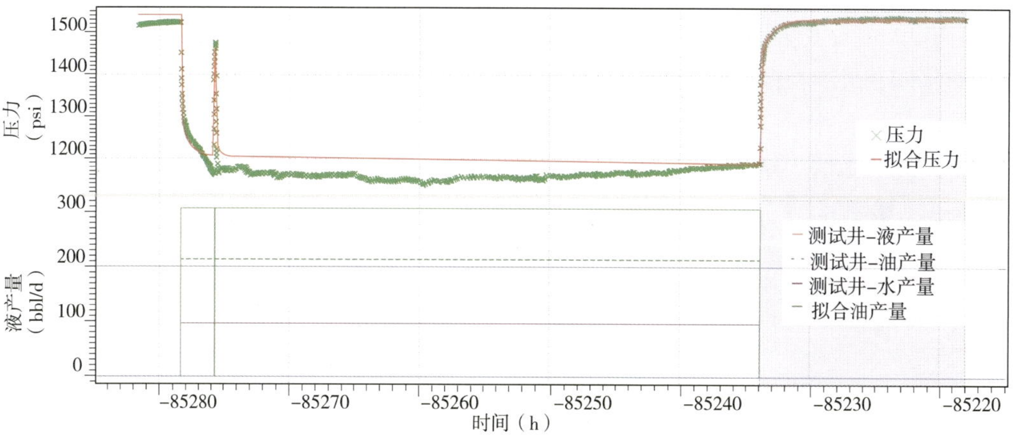

图 6-37 P-13 井 TmTS 层压力历史拟合曲线图

表 6-11 P-13 井 TmTS 层试井解释成果

模型	恒定井储 + 径向复合储层模型
储层有效厚度	26.0ft
内区渗透率	$44.8 \times 10^{-3} \mu m^2$
外区渗透率	$135.8 \times 10^{-3} \mu m^2$
表皮系数	0.86
井储系数	0.002bbl/psi
流度比	0.33
地层压力	1625.0psi

四、具有外边界影响的均质储层试井模型

地层往往不是无限大的，周围具有边界。对在这种地层中的油气井进行测试，测试资料的压力曲线会因为边界的影响而变得很复杂，但主要影响曲线的晚期形态。影响这

些边界形态的因素主要有以下几种：

（1）在井附近存在断层或地层尖灭等不渗透边界。

（2）由边水或注水形成的定压边界。

（3）地层存在气顶或底水。

（4）平面非均质性分布。

以上每种类型的影响，又可表现为多种不同的形式。比如断层的影响，可能是单一断层，又可能是多种形式组合的断层组，甚至封闭系统。外边界对试井特征曲线的影响可以通过镜像法则和叠加原理来说明。

1. 单条线性边界模型特征及解释实例

1）单条线性边界模型特征

具有单条线性边界的导数曲线，出现系统径向流后，当线性边界为封闭边界时，储层中的流体变成半径向流，随流度减小为原来的 1/2。在半对数坐标上，直线段斜率变为径向流直线段斜率的 2 倍；在导数曲线上则出现第二条水平直线段，而且高度是第一条水平直线段的 2 倍。用无量纲项表示，则第一条导数水平直线段为 0.5，而第二条水平直线段为 1（如图 6–38、图 6–39）。

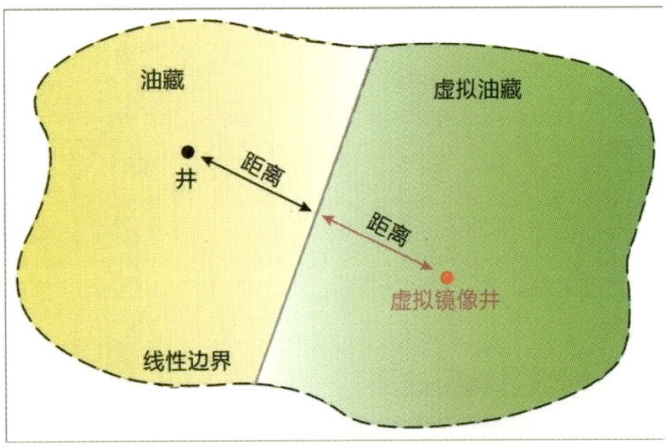

图 6–38　单条线性边界模型示意图

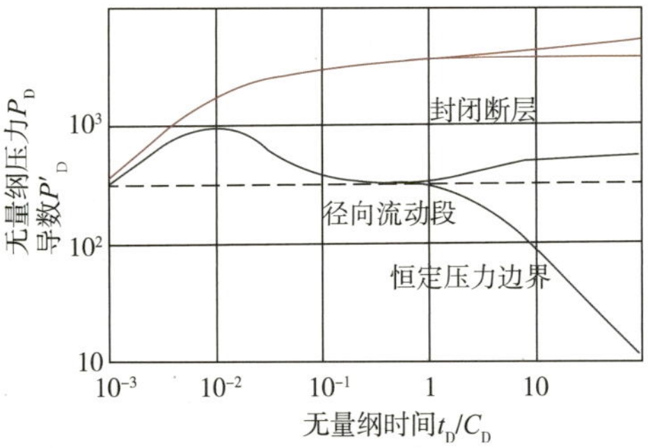

图 6–39　单条线性边界双对数曲线图

2）单条线性边界模型解释实例

P–10 井 TmTS 层 2002 年 2 月投产，投产初期日产油 33.0 bbl，含水率 0.5%，初期生产不连续，仅 2004 年生产两个月，2005 年 2 月至 2005 年 9 月连续生产，日产油由 315.0 bbl 降至 51.0 bbl，含水率 3.0%，2006 年、2007 年分别短期生产，2007 年 6 月关井，累计产油 4.0×10^4bb（如图 6–40）。

根据曲线特征，井储段结束后为明显的径向流段，后期压力恢复双对数导数曲线上翘，结合物探解释结果，本井选用恒定井储 + 均质储层 + 单条断层模型对 2014 年 2 月 21—23 日的测压资料进行了解释，试井解释成果如表 6–12，双对数曲线及压力历史曲线拟合较好（如图 6–41、图 6–42），断层距离为 177.0ft，与实际构造图相符（如图 6–43）。

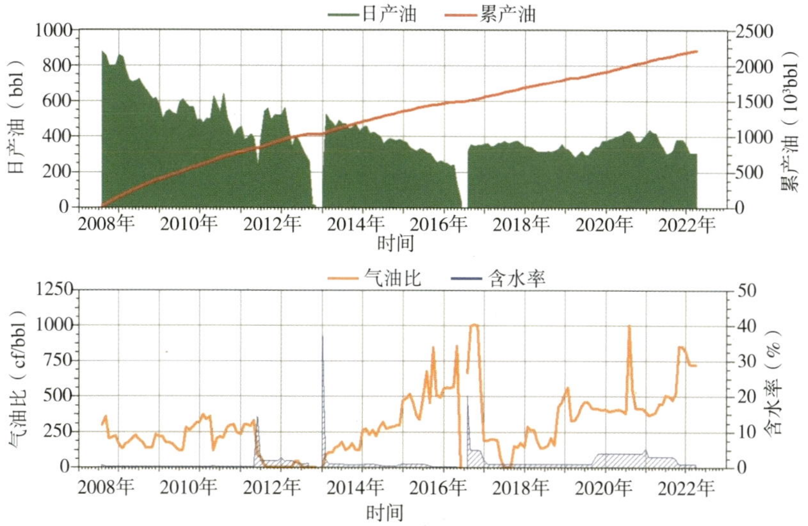

图 6-40　P-10 井 TLUS 层生产历史曲线图

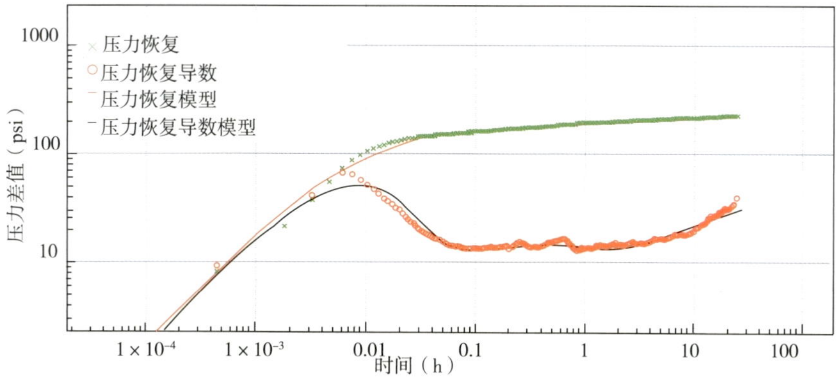

图 6-41　P-10 井 TLUS 层压力恢复双对数曲线（软件界面）

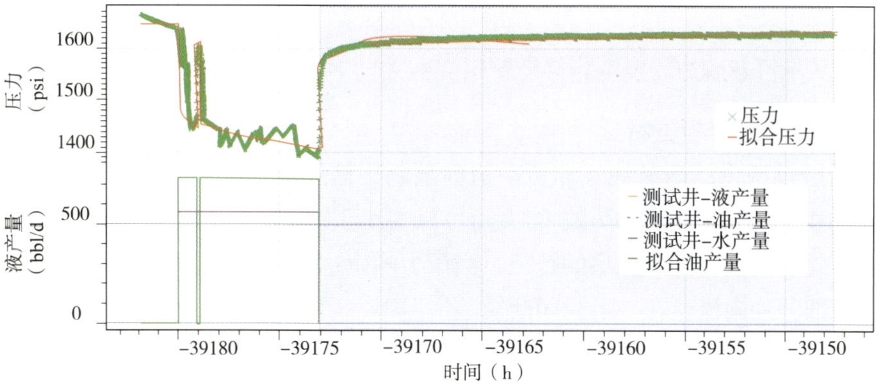

图 6-42　P-10 井 TLUS 层压力历史拟合曲线（软件界面）

表 6-12　P-10 井 TLUS 层试井解释成果表

模型	恒定井储 + 均质地层 + 单条断层
储层有效厚度	18.0ft
地层系数	$2657.8 \times 10^{-3}\mu m^2 \cdot ft$
渗透率	$147.7 \times 10^{-3}\mu m^2$
表皮系数	−5.0
井储系数	0.13bbl/psi
断层距离	177.0ft
地层压力	673.4psi

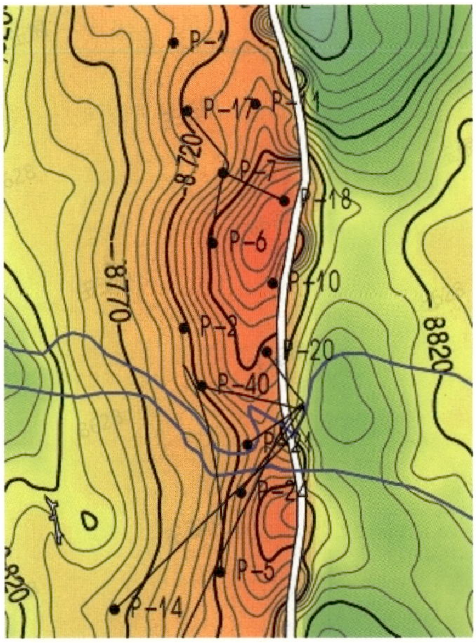

图 6-43　P-10 井区 TLUS 层顶面构造图

2. 交叉 / 平行断层边界模型特征及解释实例

1）交叉断层边界模型特征

交叉断层模型中的两条线性非流动边界限制了储层泄油范围，换句话说，即储层为无限延伸的楔形储层。两条断层之间夹角可以为小于 180° 的任意角（如图 6-44）。压力响应曲线首先表现出无限大储层的特征，当压力响应达到两条断层时，由于楔形储层边界的影响出现部分径向流。在一条封闭断层的情况下，后期只有半边储层产出流体，此时半对数直线段的斜率为无限大储层的 2 倍，无量纲导数值稳定为 1.0。当储层区域被两条交叉断层限制时，只有小部分的储层区域产出流体，导数曲线值稳定在第二条水平直线段。

两条导数水平直线段之间过渡段的形状与井在交叉断层中的位置有关。如果井位于角平分线上，即井与两条边界的距离相等，那么导数过渡段是一条斜率为 0.5 的直线段（如图 6–45，曲线 A）。如果井靠近两条边界中的任意一条，在楔形储层响应出现之前可以首先看到一条封闭断层的响应：导数首先表现为斜率为 0.5 的水平直线段，然后表现为斜率为 1 的水平直线段，最后才是楔形储层响应的水平直线段（如图 6–45，曲线 B）。导数曲线的初始水平直线段与最终水平直线段之间的过渡段较长。

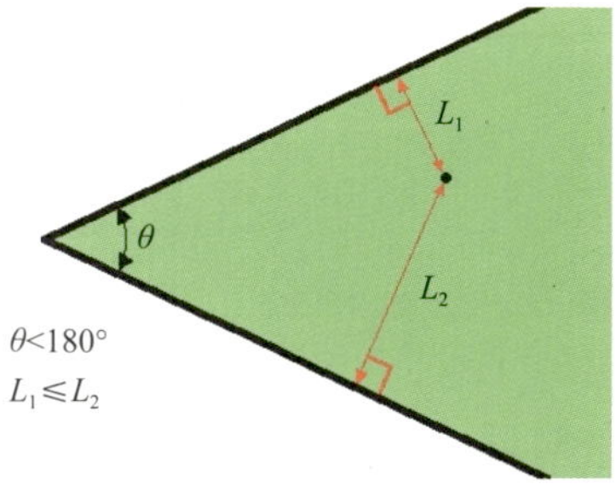

图 6–44　交叉断层边界模型示意图

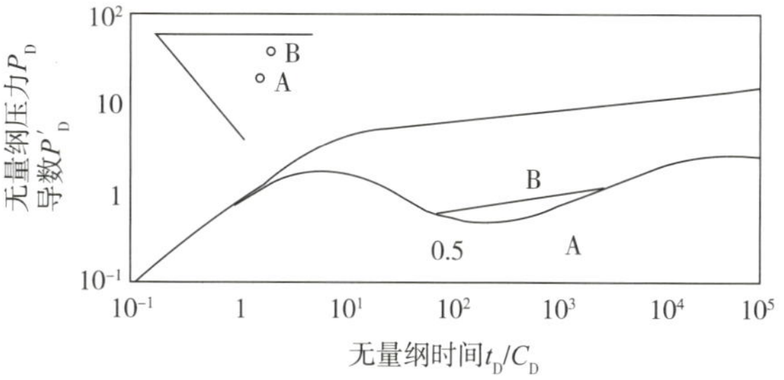

图 6–45　交叉断层边界双对数曲线图

2）平行断层边界模型特征

在这种边界模型中，测试井位于两条封闭断层之间（如图 6–46）。尽管在断块储层中经常遇到这种情况，但是它常常代表的是长而窄的储层，比如槽状储层。

图 6–47 所示的是具有井筒储集和表皮效应的均质储层中两条平行封闭断层之间一口测试井的压力响应曲线。在图 6–47 所示的双对数曲线上，导数曲线首先反映的是井筒储集效应，然后表现出导数为 0.5 的水平直线段。接下来，当压力响应传到储层的两条边界时，流线就会与储层边界平行，并且出现线性流动压力变化与 $\sqrt{\Delta t}$ 成正比，导数曲线表现出斜率为 1/2 的直线段。径向流和线性流之间过渡段的形状与井在储层中的位置有关。如图 6–47 中曲线 A 所示，若井与两条边界的距离相等，那么径向流和线性流之间过渡段很短。如果井靠近其中一条边界，那么就会在线性流之前看到一条封闭断层特征，即导数曲线上首先出现导数为 0.5 的水平段，然后出现导数为 1 的水平段，最后表现出斜率为 1/2 的直线段。

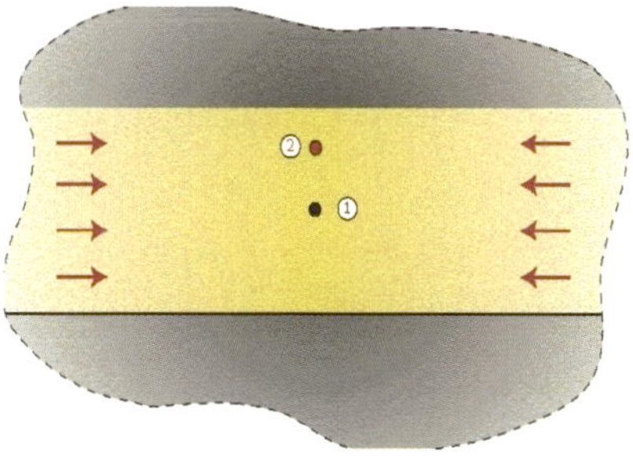

图 6–46　平行断层边界模型示意图

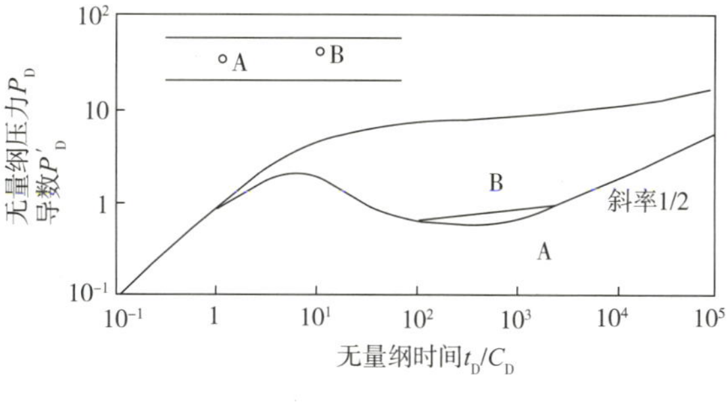

图 6–47　平行断层边界双对数曲线图

3）交叉断层边界模型解释实例

P–25 井 TmTS 层 2015 年 10 月投产，但未连续生产，投产初期日产油 366.0bbl，含水率 14.2%，2016 年 10—12 月短期生产，2018 年 12 月至今连续生产，日产油由 334.0bbl 降至 100.0bbl，含水率 78.0%，累计产油 19.0×10^4bbl（如图 6–48）。

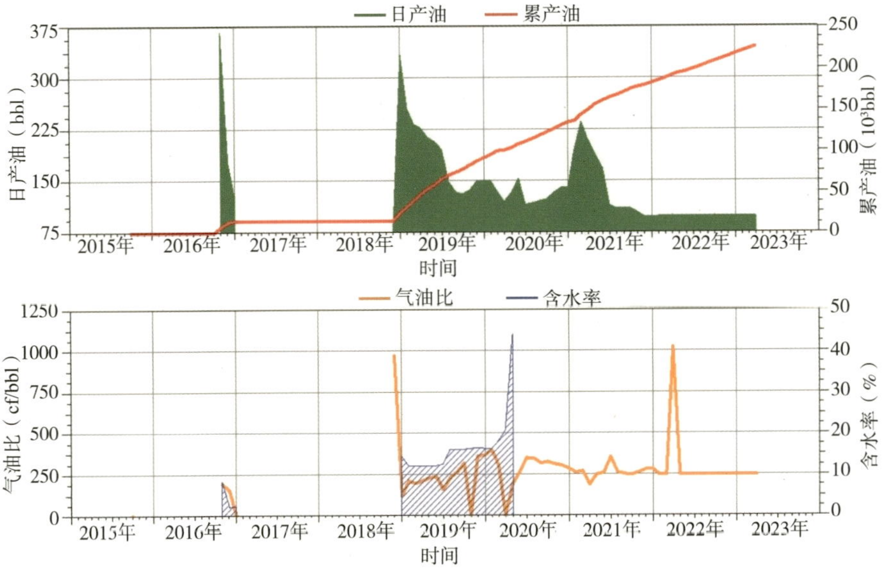

图 6–48　P–25 井 TmTS 层生产历史曲线图

P–25 井 TmTS 层于 2018 年 12 月进行了压力恢复测试，双对数曲线井储段结束后为径向流段，导数曲线后期上翘，为断层边界反应，本井采用恒定井储 + 均质地层 + 交叉断层模型进行解释，压力导数双对数曲线及压力历史曲线拟合效果较好（如图 6–49、图 6–50），断层 1 距离 340.0ft，断层 2 距离 460.0ft，与地震解释断层距离较为符合（如图 6–51、表 6–13）。

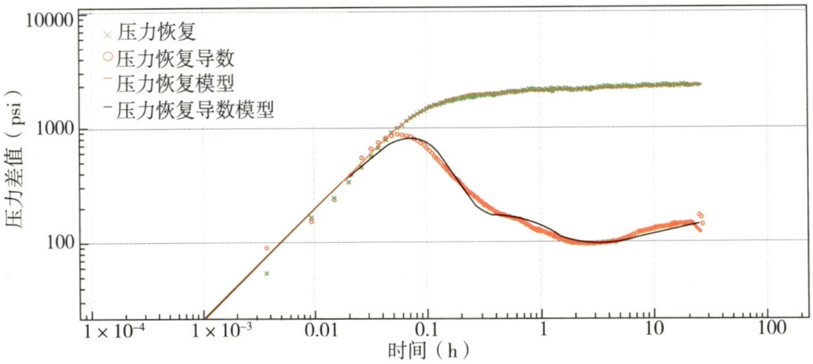

图 6–49　P–25 井 TmTS 层压力恢复双对数曲线图（软件界面）

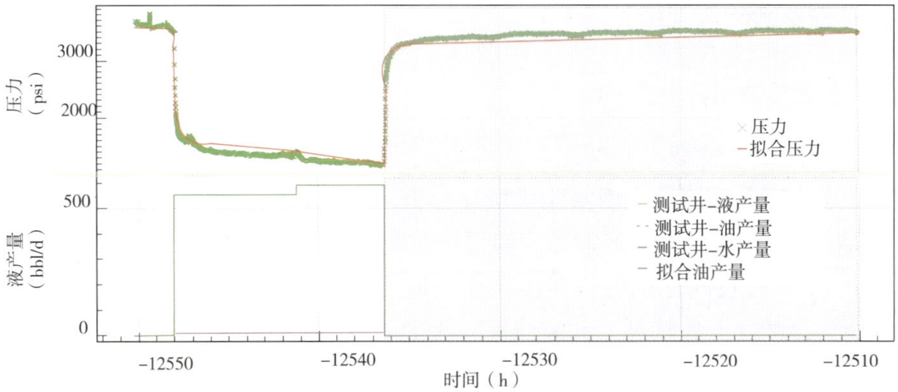

图 6-50　P-25 井 TmTS 层压力历史拟合曲线（软件界面）

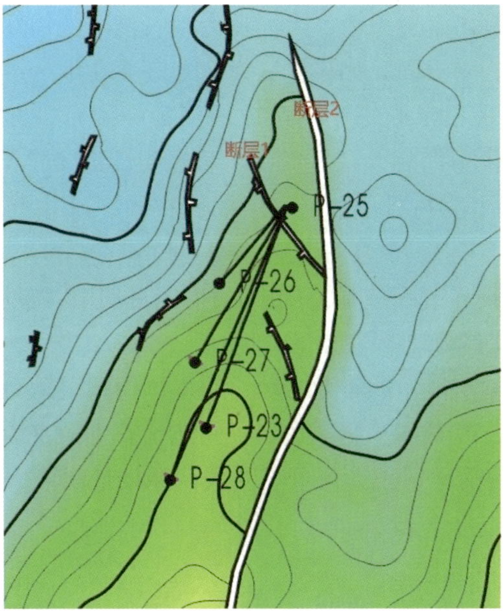

图 6-51　P-25 井区 TmTS 层顶面构造图

表 6-13　P-25 井 TmTS 层试井解释成果表

模型	恒定井储 + 均质地层 + 单条断层
储层有效厚度	12.2ft
地层系数	$525.82\times10^{-3}\mu m^2\cdot ft$
渗透率	$43.1\times10^{-3}\mu m^2$
表皮系数	7.5
井储系数	0.002bbl/psi
断层 1 距离	340.0ft
断层 2 距离	460.0ft
地层压力	3616.6psi

五、储层参数综合评价

1. 解释参数与油田开发之间的关系

1）均质储层解释参数

根据地质研究及实测压力恢复曲线特征分析，P 油田主力储层整体表现为均质储层。地层系数 KH 主要反映底层渗流能力，渗透率越高、储层厚度越大，地层渗流能力越强。流动系数 KH/μ 直接反映地层流体在多孔介质地层中的流动能力，Kh/μ 越大，流动阻力越小，相同条件的井产能越高。井筒储集系数 C 反映井口关井后，井筒储存效应对压力恢复速度及所需测试时间的影响，C 越大，测试时间越长。

表皮系数 S 表示近井地层被污染的程度，其定义为 $S=(K/K_s-1)\ln r/w$，因此，S 是相对于测试井的地层渗透率来说的，因钻井污染、打开程度、措施改造等会使近井地层渗透率改变，表皮系数是对上述原因产生的压力损失情况的描述。对于同一口井的不同时期测试结果进行解释，一方面，如果 S 变大，则表明在生产过程中因注入流体等影响造成了地层污染，或因地层出砂等原因造成地层污染；另一方面，如果 S 变小，则说明在生产初期压裂液反排不彻底，在生产中随着压裂液逐步排出而得到改善。S 值的大小在区域上应用的可对比性并不是很强，但一般在同一口井上应用，却有较好的可对比性。

裂缝半长 X_f 主要表征压裂裂缝在地层中延伸的长度，直接反映压裂效果的好坏，裂缝半长越长说明压裂效果越好。

地层压力 P 是表征地层能量的重要参数，目前国内地层压力评价一般采用测试井泄油区域内平均地层压力，或者基于测试达到径向流状态下的直线分析技术获得外推压力概念进行评价。P 油田目前地层压力评价主要采用原始地层压力及压力恢复试井解释外推压力进行评价。

2）复合地层油藏解释参数

由于沉积环境的影响，P 油田局部地区存在储层非均质性较强的特征，表现为复合地层，储层外区的渗透性或者厚度发生较明显的变化。

复合地层增加参数项弹性储能比 ω_{12}、流度比 M_{12}、复合半径 R，弹性储能比 ω_{12} 的大小表征了外区弹性储能与内区弹性储能的比值大小，而流度比 M_{12} 则表征了外区流动阻力与内区流动阻力变化的大小，复合半径的大小表征了流动阻力变化的界面距离井筒中心的远近，那么对于流体黏度变化引起的复合特性，随着开采时间的延长，复合半径将随之变化，注入井将表现为复合半径不断增大，采出井将表现为复合半径不断减小；另一方面，如果是岩性变化引起的复合特性，则复合半径的大小相对比较稳定，因此经过对压力测试资料的历史分析，将对进一步认识地层平面非均质性，证实或修正地质静态研究成果有益。

2. 储层渗透性分析

P 油田 Napo 组储层的渗透性相对来说比较好，渗透率中等。从 TmTs 层试井解释渗透率来看，油田北部 P–23 及 P–28 井区、中部 P–11 及 P–12 井区、P–40 井区、南部 P–5 井区物性较好，P–6 井区及 P–8 井区渗透性较差。从渗透率的非均质情况来看，储层非均质性较强，最高的渗透率为 $498.8\times10^{-3}\mu m^2$，最低的渗透率为 $5.7\times10^{-3}\mu m^2$。

TmTS 层平均渗透率为 $118.2\times10^{-3}\mu m^2$，整体表现为中低渗储层，其中中渗储层占比为 57%（如图 6–52、图 6–53）。

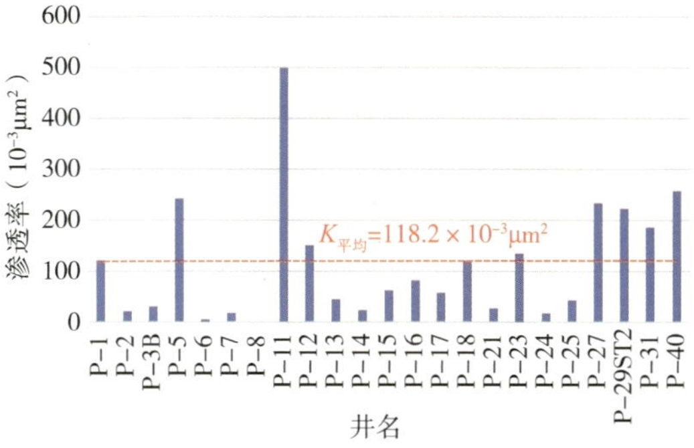

图 6–52　P 油田 TmTS 层试井解释渗透率柱状图

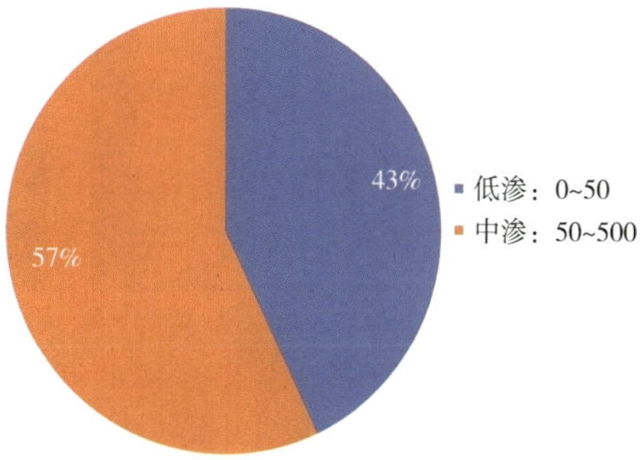

图 6–53　P 油田 TmTS 层试井解释渗透率分布饼状图

从 TLUS 层试井解释渗透率来看，北部 P–27 井及 P–28 井区、中部 P–11 井区、P–13 井区物性较好，P–20 井区及 P–3B 井区渗透性较差。从渗透率的非均质情况来看，储层非均质性较强，最高的渗透率为 $438.6\times10^{-3}\mu m^2$，最低的渗透率为 $32.9\times10^{-3}\mu m^2$。

TLUS 层平均渗透率为 $190.6\times10^{-3}\mu m^2$，整体表现为中低渗储层，其中中渗储层占比为 50%（如图 6–54、图 6–55）。

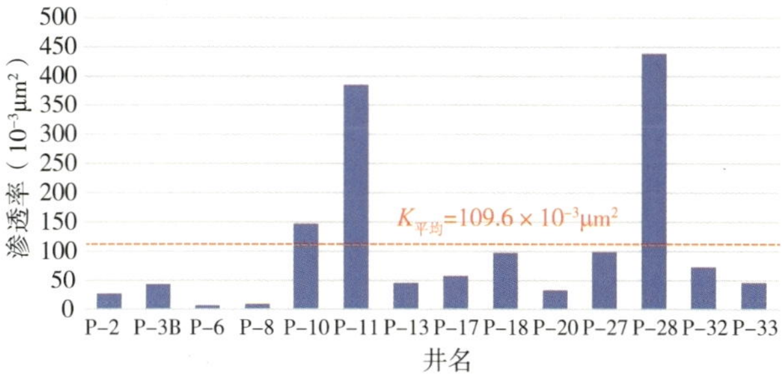

图 6–54　P 油田 TLUS 层试井解释渗透率柱状图

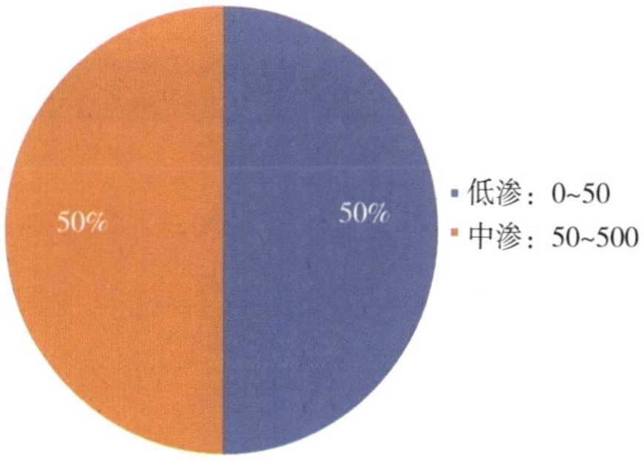

图 6–55　P 油田 TLUS 层试井解释渗透率分布饼状图

P 油田 Basal Tena 段储层的渗透性相对来说比较好，中部区域渗透率中等，北部区域渗透率较高，从 Basal Tena 段试井解释渗透率来看，北部 P–26、P–27、P–28 井区物性较好、中部 P–1 井及 P–4 井区物性较好，P–7 井区及 P–8 井区渗透性稍差。从渗透率的非均质情况来看，储层非均质性较强，最高的渗透率为 $2648.7 \times 10^{-3}\mu m^2$，最低的渗透率为 $55.0 \times 10^{-3}\mu m^2$。

Basal Tena 段油藏中部平均渗透率为 $1037.7 \times 10^{-3}\mu m^2$，为高渗储层，北部渗透率较高的解释主要是黏度数据跟中部差别较大，有待北部 PVT 分析证实（如图 6–56、图 6–57）。

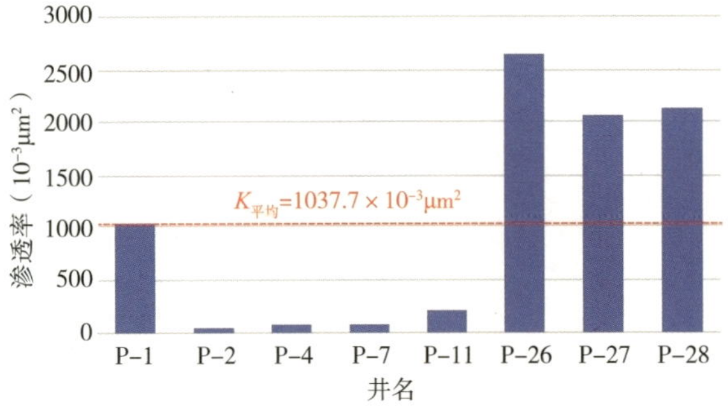

图 6–56 P 油田 TBTE 段试井解释渗透率柱状图

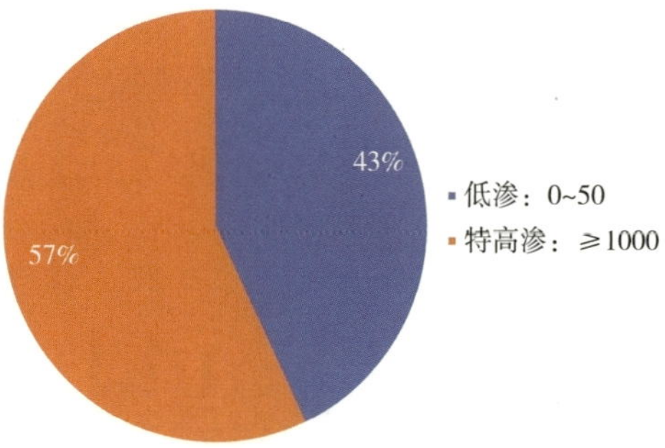

图 6–57 P 油田 Basal Tena 段试井解释渗透率分布饼状图

3. 油层损害和油井完善程度分析

试井求出的表皮系数并不是纯污染的表皮系数，它是包含了完井工程以及任何引起偏离理想井的拟伤害的总表皮系数。试井总表皮系数减去拟表皮系数才能得出纯伤害总表皮系数。虽然无法定量评价储层伤害程度，但是可以定性分析储层损害程度及改造效果。按照油层损害的评价标准及表皮系数与油层损害的关系，可以按照数值大小将表皮系数分为特高、高、中、低、较低、很低 6 级，分别对应不同的储层伤害程度（如表 6–14）。

表 6–14 表皮系数 S 值分级表

分类级别	S 值
特高	>20
高	5~20
中	1~5
低	–1~1
较低	–3~–1
很低	<–3

P 油田 TmTS 层共有 34 个有效的试井解释表皮系数值，其中，储层伤害级别为“特高”的有 7 井次，占 17%；储层伤害级别为“高”的有 12 井次，占 29%；储层伤害级

别为“中”的有 7 井次，占 17%；储层伤害级别为“低”“较低”“很低”的有 16 井次，占 38%。从整体解释结果来看，储层损害较高（如图 6–58）。

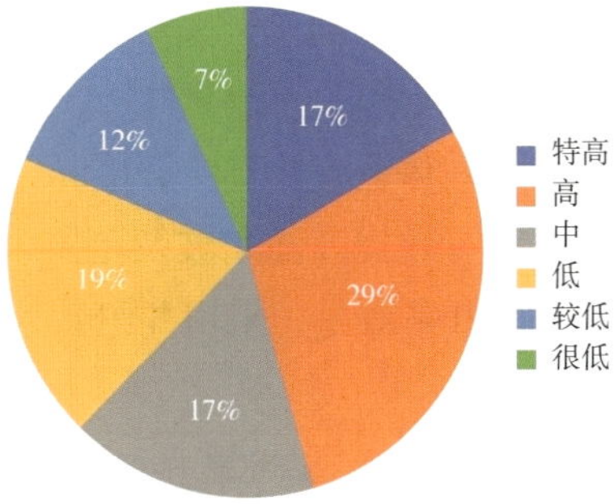

图 6–58　P 油田 TmTS 层试井解释表皮系数分布饼状图

TLUS 层共解释了 34 个有效的表皮系数值，其中储层伤害级别为“高”的有 6 井次，占 30%，储层伤害级别为“中”的有 5 井次，占 25%，储层伤害级别为“低”的有 3 井次，占 15%，从整个解释结果来看储层的损害程度是中等 – 高（如图 6–59）。

P 油田 Basal Tena 段共有 18 个有效的试井解释表皮系数值，其中储层伤害级别无“特高”的；储层伤害级别为“高”的有 2 井次，占 11%；储层伤害级别为“中”的有 2 井次，占 11%；储层伤害级别为“低”的有 8 井次，占 44%；储层伤害级别为“较低”的有 5 井次，占 28%；储层伤害级别为“很低”的有 1 井次，占 6%，从整体解释结果来看，储层损害较低（如图 6–60）。

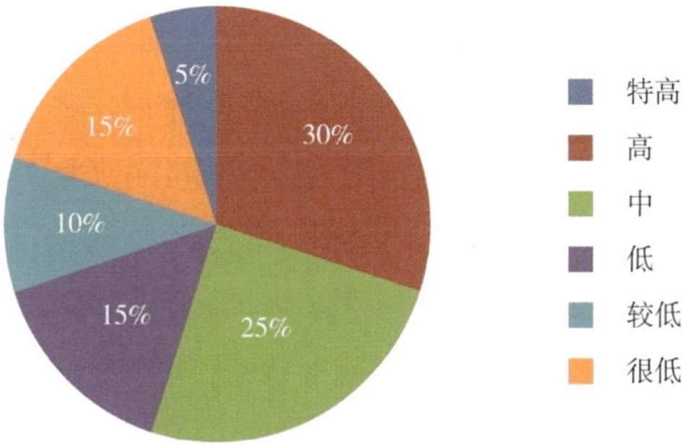

图 6–59　P 油田 TLUS 层试井解释表皮系数分布饼状图

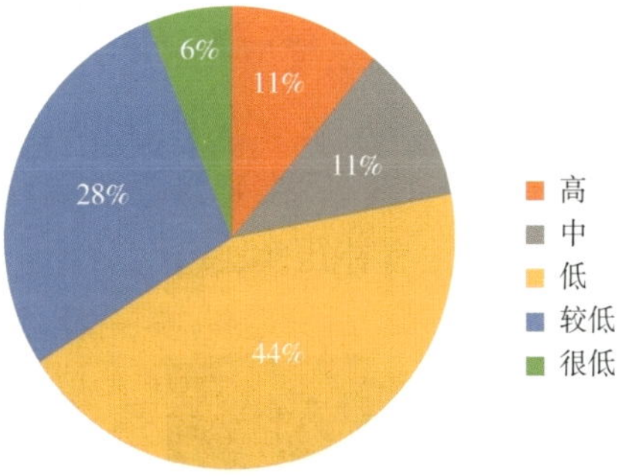

图 6–60　P 油田 Basal Tena 段试井解释表皮系数分布饼状图

第四节　合理井型及水平井参数优化

油藏数值模拟方法是定量描述非均质地层中多相流体流动规律的重要方法。该方法能够快速、高效模拟不同开发方式下的开发过程，并从中选出最好的开发方案。数值模拟方法广泛应用于水平井井位优化部署中，通过模拟不同水平段长度、水平井轨迹、井位等方案的井组开发指标，评价不同方案的开发效果，并选出最优方案，指导水平井井位部署。

建立数模模型需要充分考虑地质认识、流体 PVT 特征、岩石相渗特征、动态监测结果、生产动态数据等，是一种综合性的方法。模型建立包含模型研究区域确定、区域储层物性特征分析及质量控制、流体及岩石特征数据分析筛选、生产测试数据输入、模拟方法选择等过程。为得到切合油田实际的动态模型，需确保每一步数据的可靠性及合理性。

以P油田为例，采用直井衰竭式开发，单井产量低，油田开发效率低。为提高原油开采效率，引入水平井生产。由于油田砂体发育复杂，连通性不明，水平井相对直井钻遇有效砂体概率更高，投产成功率更大。同时，水平井可以连通多个砂体，在注水开发后，可有效提高注水波及范围，实现油田均匀注采。为确保第一口水平井投产成功并达到最优开采效果，采用井组数值模拟，对水平井轨迹位置、水平段长度等展开论证。

一、模拟区域确定

确定研究的目标和范围是开展油藏数值模拟工作的第一步。首先要给本次数模研究一个明确的定位，明确本次模拟要解决的主要问题是什么，需要研究哪些油藏动态特性，这些项目的完成对油藏的经营管理会产生什么影响，等等。从而根据项目的要求进行数值模拟区域的确定。

模型区域大小、边界范围需结合区域构造特征和试井解释结果来确定。如在封闭断层附近，可选封闭断层作为模型边界的一部分；若在油藏边部，还需考虑天然水体影响。此外，若有试井解释控制半径，模型平面大小应结合试井解释结果，以反映井组的真实储量控制范围。

模型纵向区域的划定需考虑层间连通性和新井未来的补孔换层作业计划。若层间隔夹层封隔能力有限，则需要将目的层与连通小层均纳入模型中。若小层间隔夹层作用明显，但未来新井有补孔换层或侧钻动用其他小层的计划，则同样需要将涉及的小层考虑在井组模型中；若无此类计划，则模型仅考虑目的小层即可。

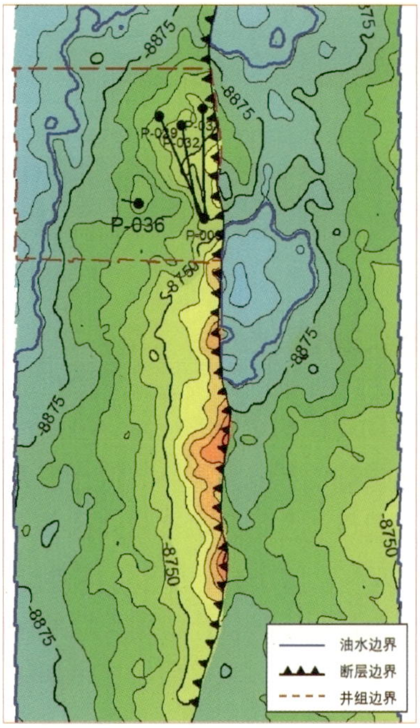

图 6-61　P油田井组数值模拟区域

此外，邻井生产会对新井区域的饱和度、压力等造成影响，在井组区域确定时，需将邻井也考虑在模型区域中，以供历史拟合，进而得到新井投产时的初始条件。

P-36井为P油田H平台设计新井。新井水平段轨迹优化模拟时主要考虑局部地质构造特征的影响。新井的构造东部存在一条大封闭断层，西部靠近油水边界，因此，井组模型东部以断层为边界，西部则以油水边界外延500~1000m为边界。该区域直井投产后测压显示，区域压力均低于原始压力，因此考虑在产井的影响，将邻近老井包含在井组模型内。试井解释直井波及范围800m左右，考虑到水平井波及范围更大，水平井模型边界取1200m以上，因此，区域北部以老井外延800m为边界，区域南部以新井外延1200m为边界。据此在地质模型上切取中部作为井组模型，模型区域边界如图6-61所示。垂向P油田生产层位自下而上包含 TmTS 层、TLUS 层、TBTE 层，新井目的层位为 TmTS 层；同时，垂向各小层连通性差，且新井无开采其他小层的计划，因此，此次井组模型垂向仅保留 TmTS 层。

二、数值模拟基本数据

动态模型建立的基础数据来自地质、实验、生产测试等多个方面，包含油田勘探、评价、开发全过程，需要收集所有相关数据，对这些来自不同渠道的数据进行鉴别、整理后用于数值模拟。若数据质量参差不齐或数据类别不充分，可依靠经验公式进行修正和补充。

1. 储层构造、属性数据

井组模型储层属性模型直接采用地质模型结果，从地质模型中切取井组属性模型（如图 6–62）。包含孔隙度模型、渗透率模型、含水饱和度模型及净毛比模型。一般情况下，井组模型作为参数优化的基础，其网格大小应尽量与精细地质模型保持一致，以确保模拟结果与地质认识匹配度更高。若受到设备算力限制，或未粗化前井组模型网格数达百万级，可以在保留关键层特征的前提下对模型进行适当粗化，但平面上井间网格应保持在 5 个以上。

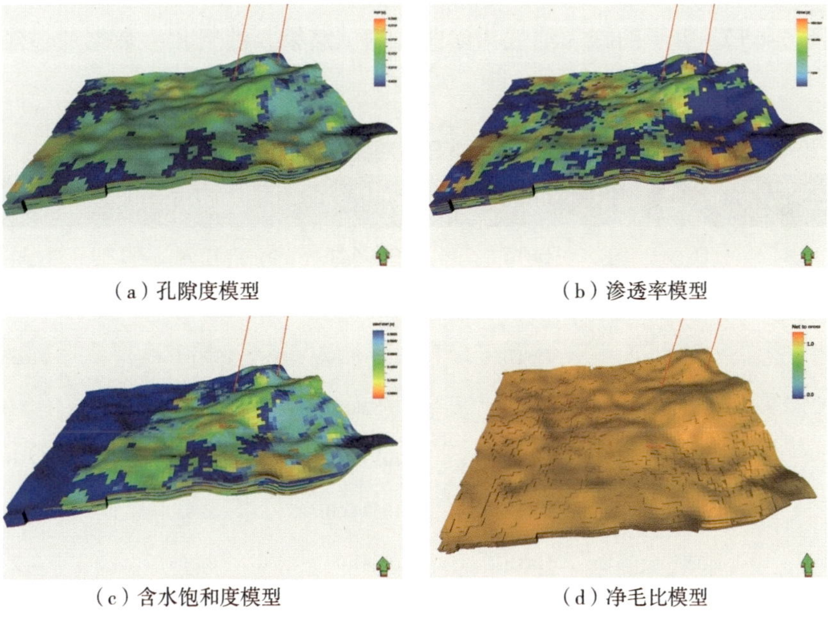

（a）孔隙度模型　（b）渗透率模型

（c）含水饱和度模型　（d）净毛比模型

图 6–62　P 油田井组属性模型

2. 相渗曲线

相渗曲线包括控制油、气、水在地层中渗流的关键参数，将影响生产井见水特征、原油采收率等。在应用到井组模型之前，需对相渗曲线进行统计、分析、筛选、分类、归一化等处理。

首先，统计目的层所有参与相渗测试岩心的物性参数，分析岩心的孔隙度、渗透率，若存在差异较大的岩心，应进行单独归类。结合地质认识，分析每类岩心的代表性，若代表性强，则应在模型中进行单独的相渗分区；否则作为异常，不予采用。其次，对每类相渗数据进行标准化处理，在标准化的基础上进行曲线形态对比，保留相渗形态一致、等渗点接近的相渗曲线。最后，对筛选的相渗曲线进行归一化处理，并采用筛选后的相渗端点平均值作为新的端点，对归一化的相渗曲线进行端点标定，得到模型输入相渗曲线。在整个相渗曲线分析过程中，应注意高渗层的相渗分析，通常对其进行单独分区处理。

油田在 TmTS 层取心井 P-22 井进行了 9 个油水相渗测试（如表 6-15），岩心深度为 10514.80~10545.00ft，分布范围覆盖整个 TmTS 层。样品孔隙度范围为 8.21%~15.44%，渗透率范围为 2.89×10^{-3}~$710.83\times10^{-3}\mu m^2$，样品渗透率变化范围较大，但从测试相渗曲线标准化对比来看，各样品测试油水相渗相差较小（如图 6-63）。因此，模型采用一套油水相渗曲线，对测试相渗曲线归一化处理（如图 6-64），并标定端点后作为模型输入数据（如图 6-65）。由于油藏无油气相渗曲线测试结果，油气相渗数据通过经验公式计算得到。

表 6-15　P 油田 TmTS 层油藏油水相渗测试情况表

井号	岩心号	层位	深度（ft）	孔隙度（%）	渗透率（$\times10^{-3}\mu m^2$）
P-22	6	TmTS	10514.80	10.76	152.00
	7	TmTS	10516.60	13.96	639.00
	8	TmTS	10518.70	12.61	655.00
	11	TmTS	10528.00	13.89	225.31
	13	TmTS	10532.40	15.44	710.83
	14	TmTS	10534.60	13.85	427.00
	15	TmTS	10541.00	8.21	2.89
	16	TmTS	10542.20	12.56	167.52
	17	TmTS	10545.00	11.91	14.78

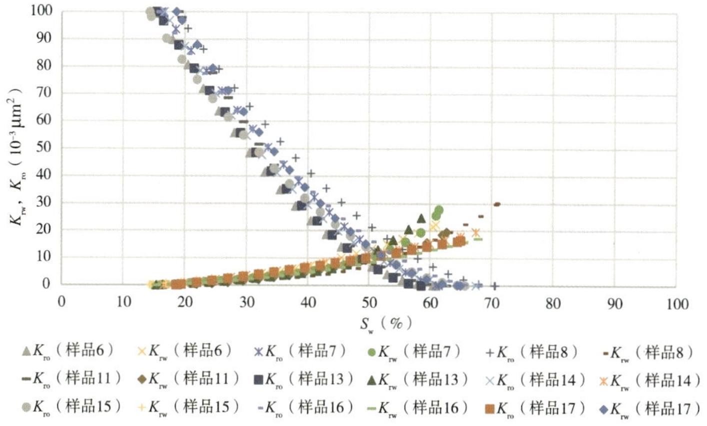

图 6-63　P 油田 TmTS 层油藏数值模拟相渗测试结果

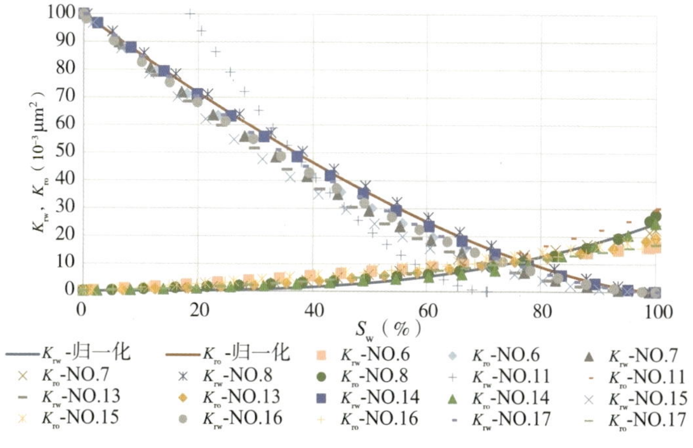

图 6-64　P 油田 TmTS 层油藏数值模拟模型输入油水相渗曲线

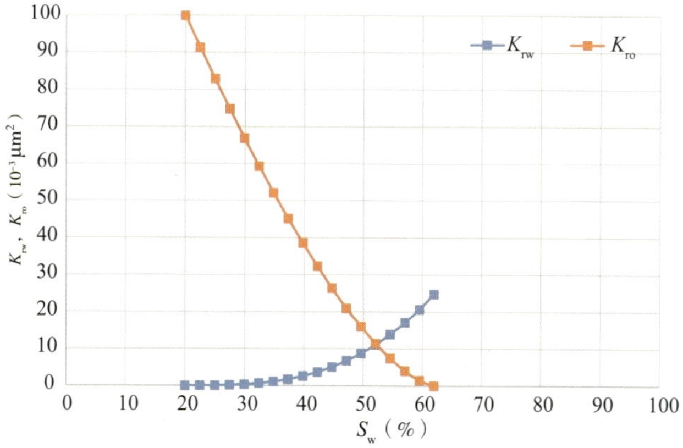

图 6-65　P 油田 TmTS 层油藏数值模拟模型输入油气相渗曲线

3. PVT 数据

整理 PVT 数据前，应首先开展 PVT 测试结果的质量检测分析。要求取样压力在泡点压力以上，实验测试数据完整（包含井流物组分、CCE 测试结果、DL 测试结果等），且样品各项测试结果变化规律正常。统改质量检测分析，确保样品可以很好地代表油藏原油原始状态，测试结果能反映原油在不同压力条件下的特征。

PVT 数据处理一般有两种方法：第一种是对实验结果直接插值，并输入模型；另一种是利用 PVTi、PVTsim 等软件拟合 CCE、DL 等测试结果后，导出不同压力分布范围的体积系数、黏度、气油比等数据，作为 PVT 的输入数据。两种方法均被普遍采用，为避免 PVT 导致的模型不收敛问题，推荐采用第二种方法。

P-1 井在 TmTS 层取样进行了 PVT 测试，取样压力在泡点压力以上，且实验测试数据完整，包含井流物组分、CCE 测试结果、DL 测试结果等。该样品测试条件满足要求，内容完整，且分析该样品各项测试结果变化规律正常，因此该样品可以很好地代表油藏原油原始状态，测试结果能反映原油在不同压力条件下的特征，拟合该样品测试结果后输入动态模型。

P-1 井原油样品 PVT 拟合结果如图 6-66 所示，饱和度压力、体积系数、黏度等实验结果均拟合较好。利用该拟合好的样品，输出不同压力下的体积系数、黏度、气油比等数据，进而作为动态模型 PVT 输入数据。PVT 输入数据如图 6-67~ 图 6-69 所示。

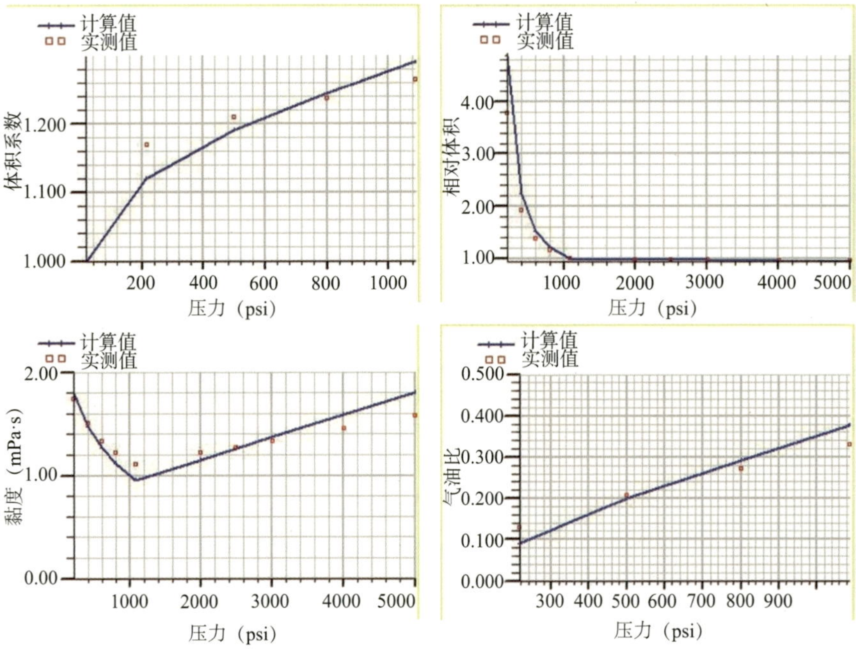

图 6-66　P 油田 TmTS 层油藏 PVT 拟合结果

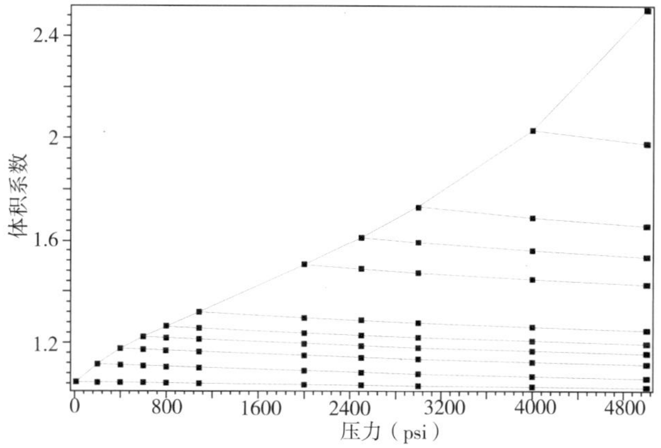

图 6-67　P 油田 TmTS 层油藏原油体积系数输入数据

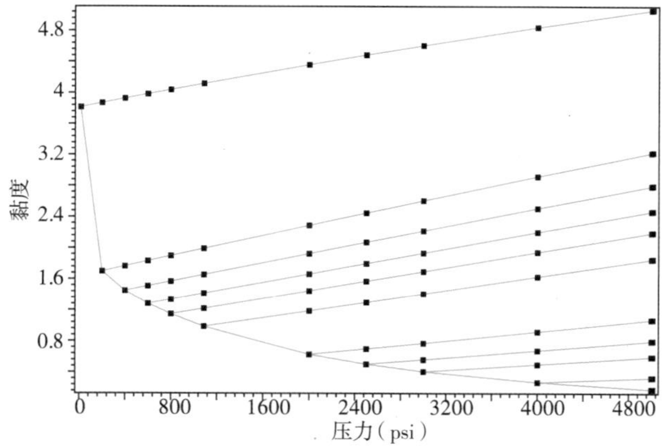

图 6-68　P 油田 TmTS 层油藏原油黏度输入数据

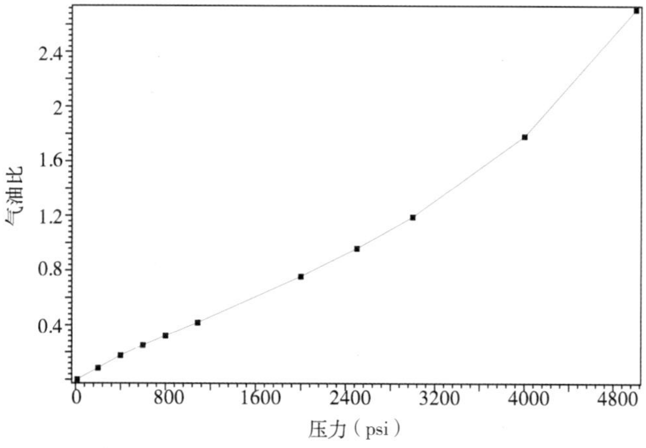

图 6-69　P 油田 TmTS 层油藏原油气输入数据

4. 模型初始化

模型初始化时，首先要考虑选择合适的初始化方法。初始化方法一般分为赋值法、平衡法、平衡赋值法。赋值法是直接给模型每个网格的压力、饱和度、初始气油比幅值，输入的初始场数据需要相互匹配，否则易出现模型初始不平衡的情况。该方法多用于从已有模拟结果中导出相应的场开展重启运算。平衡法则是利用相渗曲线端点和毛管压力曲线生成初始饱和度场。该方法建立的模型初始平衡。平衡法主要用于油水分布规律简单、非均质性较弱的油藏。对于油水分布规律复杂的油藏，该方法建立的饱和度场与地质模型认识将存在较大差异。平衡赋值法则是结合两种方法，通过给定饱和度场、标定毛管压力的方式完成初始化。该方法可直接采用地质模型粗化的饱和度场，使动态模型的饱和度与地质认识一致，同时，通过标定毛管压力，确保模型初始平衡。平衡赋值法是十分常用的初始化方法。确定初始化方法后，则要确定初始化参数，如初始压力、饱和度压力、油水界面位置等。

P 油田水平井轨迹优化模型的初始化模型采用 E100 黑油模型，模型初始化方法采用平衡赋值法。初始压力参考油田北部 5 口井 TmTS 砂层组地层压力测试结果，取 3500.0psi（如表 6-16）。模型油水界面设置参考邻井测井解释结果，将 TmTS 层油水界面设置为 −8910.0ft。

表 6-16　P 油田 TmTS 层油藏单井静压测试结果

井名	层位	产层中部垂深（ft）	补心海拔（ft）	产层中部深度海拔（ft）	日期	采用地层压力（psi）	地层压力系数
P-23	TmTS	9861.4	945.9	−8915.5	2019.5.8	3661.2	0.86
P-25	TmTS	9890.0	937.0	−8953.0	2018.12.10	3567.7	0.83
P-27	TmTS	9888.0	945.9	−8942.5	2019.10.15	3460.6	0.81
P-27	TmTS	9888.0	945.9	−8942.5	2019.10.18	3494.0	0.82
P-29ST2	TmTS	9870.4	1015.0	−8855.4	2020.12.26	3057.4	0.71
P-31	TmTS	9821.0	1015.0	−8806.1	2020.4.24	3546.0	0.83

三、模型历史拟合

油藏模型建立起来以后，它是否完全反映油气藏实际，并未经过检验。只有将生产历史数据输入模型并运行模拟器，再将计算的结果与油气藏的实际动态相比，才能确定模型中采用的油气藏描述是否有效。若计算获得的动态数据与油藏实际动态数据相差甚远，则必须不断地调整输入模型的基本数据，直到模拟器计算得到的动态与油藏生产的实际动态达到满意的拟合为止。历史拟合调整参数的目的是把真实油藏的描述做到尽可能精确，是油藏模拟的重要步骤。

模型历史拟合过程包括两个阶段：整体拟合与单井拟合。整体拟合时采用定井底流量的产量控制方式拟合整体压力，该方法结合水体能量调整，可以确保在含水率、气油比拟合未知的情况下得到相对准确的压力拟合结果。在整体拟合的基础上，对关键单井进行适当调整（调整参数主要包括渗透率、生产指数、相渗端点等），最终完成全井组的历史拟合。拟合的参数包括产量、压力、含水率、气油比。此次进行拟合的区域内仅两口井在生产，且生产时间较短，拟合时间段为 2020 年 4 月至 2021 年 2 月，模拟时间步为 1 个月。在整体生产阶段，采油井产量稳定，含水率低，主要拟合油井及井区压力。拟合结果如图 6-70~ 图 6-72 所示。

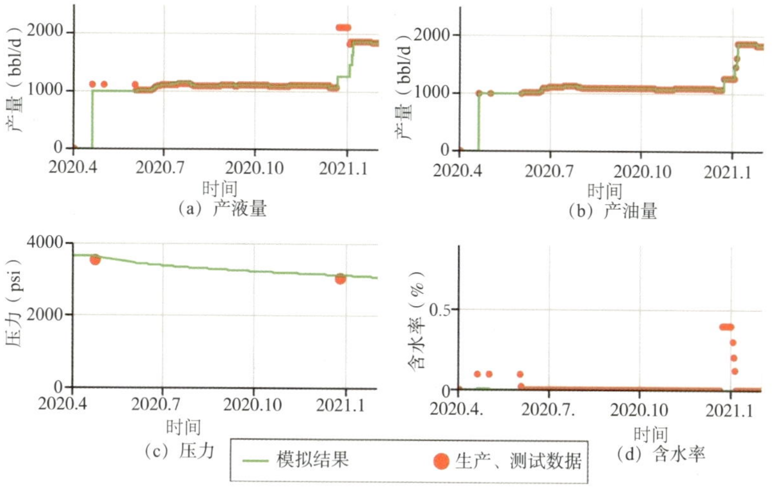

图 6-70　P 油田 TmTS 层油藏井组历史拟合结果

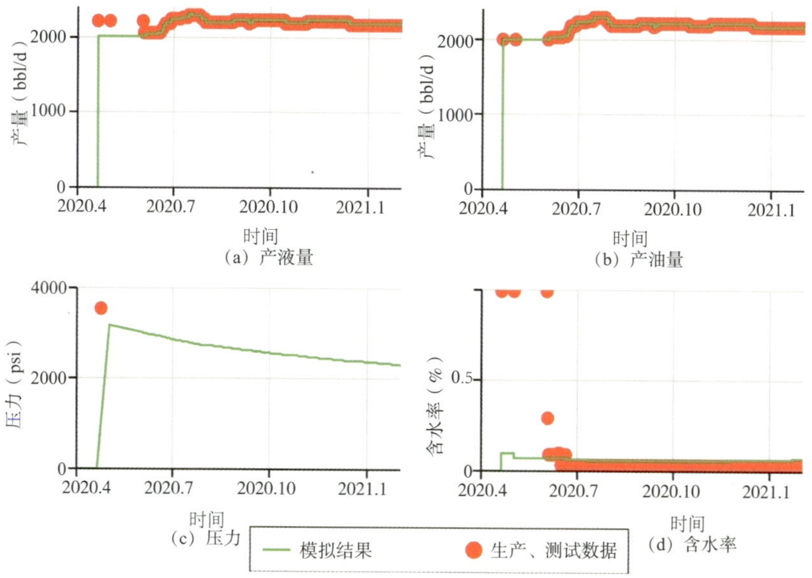

图 6-71　P-31 井 TmTS 层油藏历史拟合结果

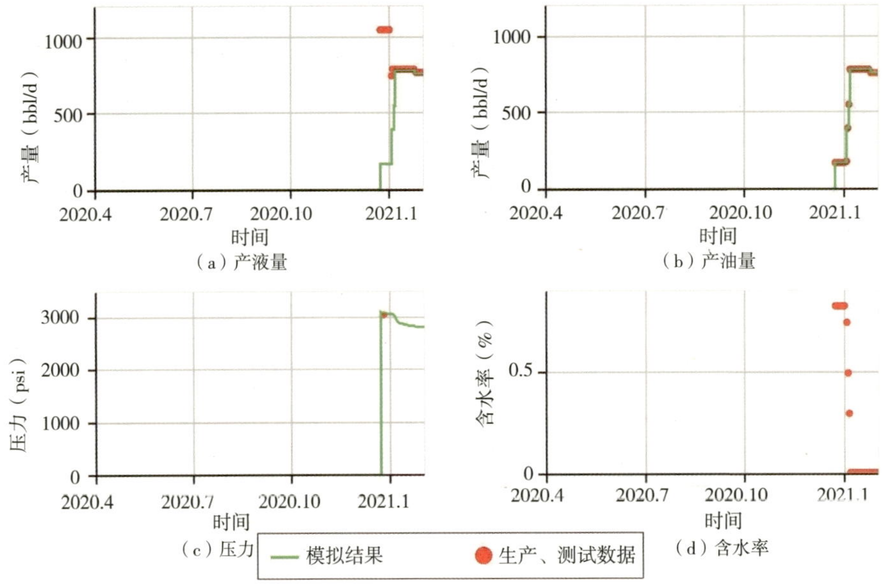

图 6-72　P-29 井 TmTS 层油藏历史拟合结果

四、方案设计及指标预测

产量预测通常是油藏模拟研究的最后一步，目的是定量化预测不同开发策略下未来开发表现，为项目的经济评估建立生产曲线。在获得了参数设置合理、拟合率较高的历史拟合模型后，利用该模型来预测油藏未来的生产动态。预测的内容包括：原油、天然气和水的产量，气油比与油水比的动态，油藏压力的变化动态，流体前缘位置，区域采出程度，计算油气藏最终采收率等。预测的结果作为下一步开发与管理决策的重要依据。

首先确定要预测的具体方案。本次模拟的目的是优化 P-36 井水平段长度，共 5 套方案，其中方案一为直井方案，作为基础方案。后面 4 套方案为不同水平段长度方案。

方案一：直井。

方案二：水平段 100m。

方案三：水平段 200m。

方案四：水平段 400m。

方案五：水平段 600m。

各方案井轨迹均穿行于渗透率相对较高的部位，以确保每种井轨迹方案获得最优产量，不同方案井轨迹渗透率剖面如图 6-73。由于水平段长度不同，井轨迹末端距油水边界也相应变化，水平段越长，距油水内边界距离越小，如图 6-74，当为直井时，距油水内边界水平距离为 880m，当水平段长度增加到 600m 时，水平段末端距油水内边界水平距离为 280m。到油水边界距离变小，势必会增加边水突破变快的风险。

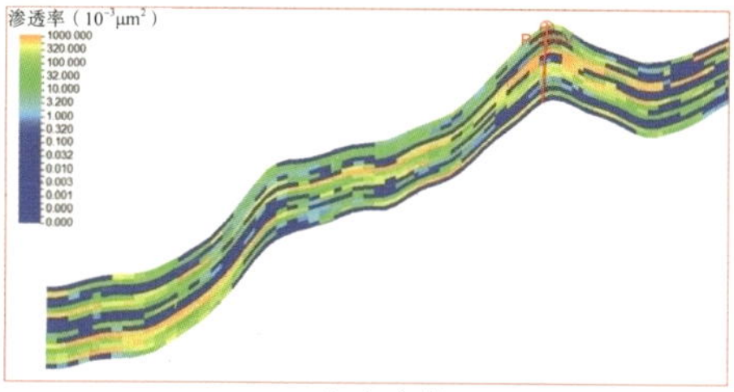

（a）直井

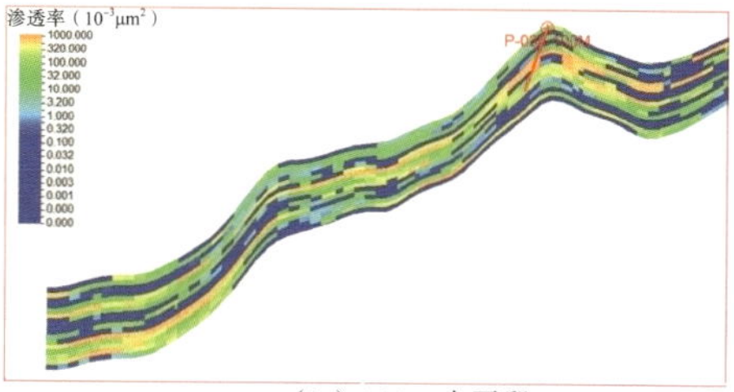

（b）100m 水平段

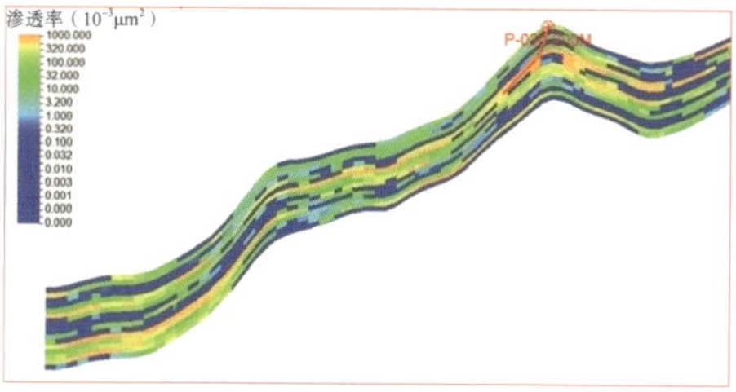

（c）200m 水平段

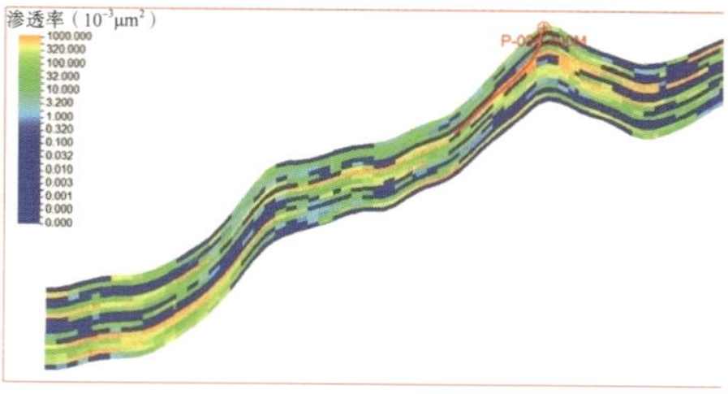

（d）400m 水平段

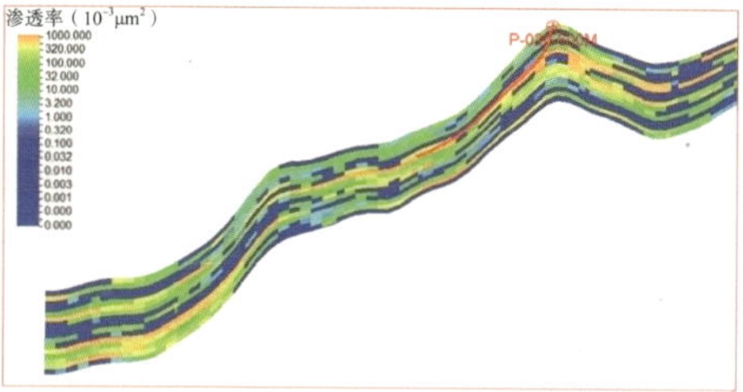

（e）600m 水平段

图 6-73　P-36 井不同水平井方案井轨迹渗透率剖面

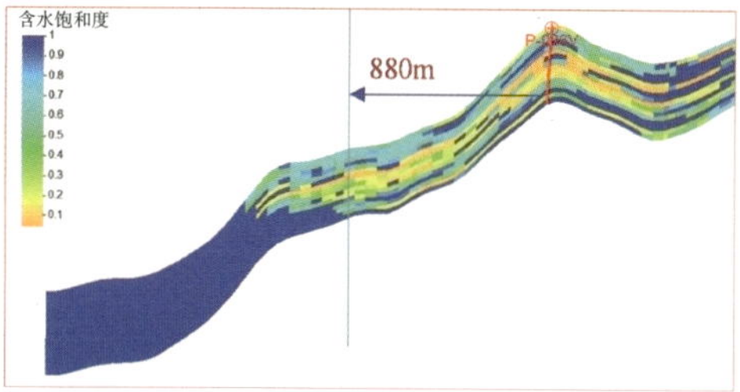

（a）直井

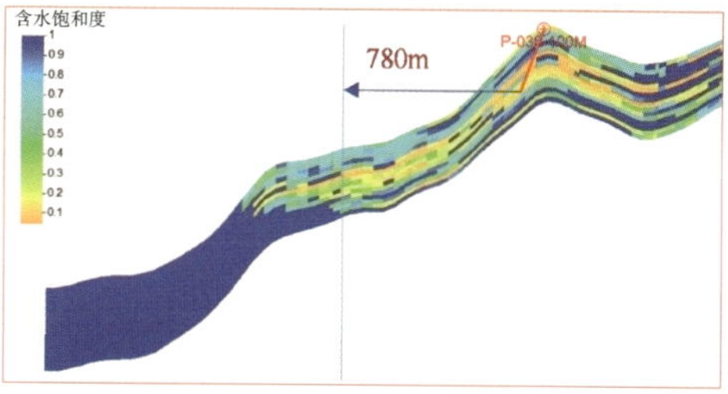

（b）100m 水平段

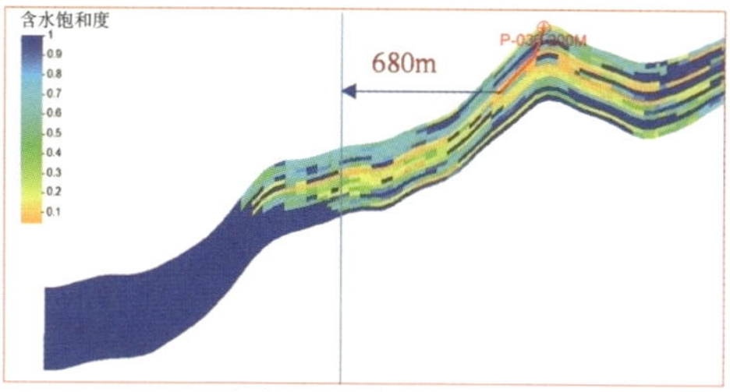

（c）200m 水平段

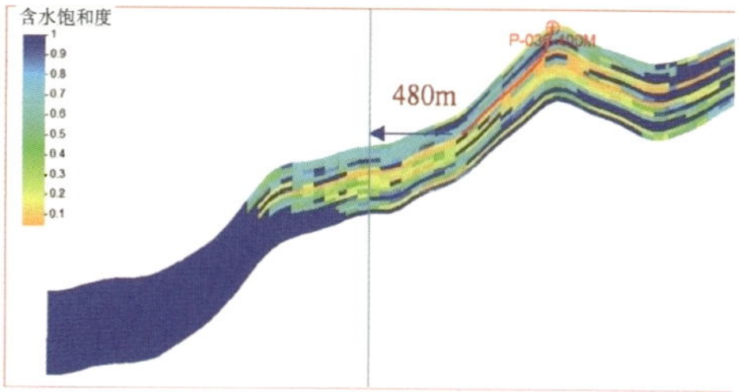

（d）400m 水平段

图 6-74　P-36 井不同水平井方案井轨迹到油水边界距离

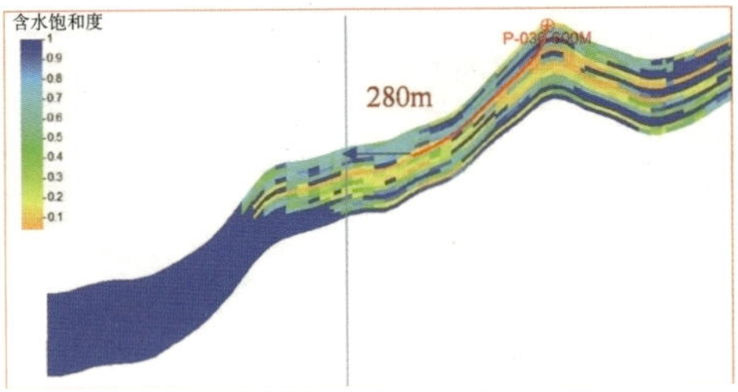

（e）600m 水平段

图 6-74　P-36 井不同水平井方案井轨迹到油水边界距离（续）

为了能够准确模拟油井未来的生产，制定合理的生产控制条件尤为重要。所制定的准则或约束条件，它代表了油田预计的生产条件。根据 P 油田单井实际生产情况，设定预测控制条件如表 6-17。新井根据产能评价结果，设定产液量 1500bbl/d。井底流压下限确定为泡点压力的 80%，设为 1000psi。

表 6-17　预测控制条件

井号	产液量（bbl/d）	流压下限（psi）
P-29ST2	700	1000
P-31	1000	
P-36	1500	

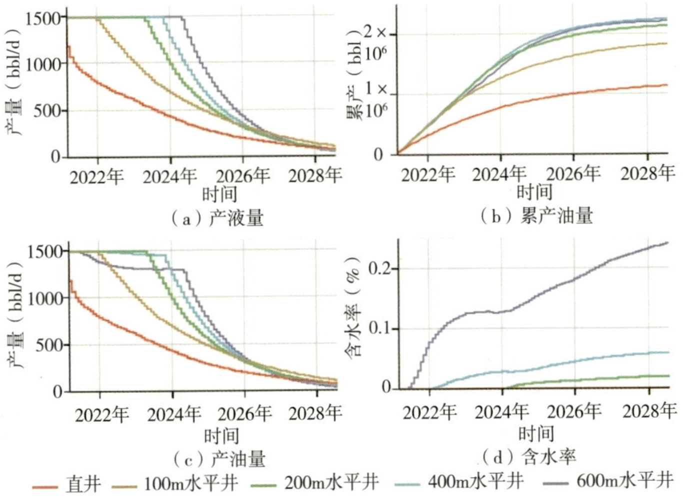

图 6-75　P-36 井不同井轨迹方案预测结果

结果显示水平井产量明显优于直井，水平井产液量可实现 1500bbl/d，且稳产；直井投产时产液量 1000bbl/d，无稳产期，投产后持续递减。水平井水平段越长，稳产时间越长，但当水平段长度大于 200m 后，稳产时间及累产增加不明显。水平段达 600m 后，由于水平段趾端更靠近水体，含水率上升快，累产下降（如图 6-75）。

对比不同井轨迹方案累产情况，如图 6-76。预测期末，水平井累产油是直井的 2 倍左右。当水平段长度小于 200m 时，随着水平段长度的增加，累产增加明显，但增油幅度逐渐下降；当水平段长度大于 400m 后，随着水平段长度的增加，边水突破导致累产油反而下降，合理水平段长度为 200~400m。

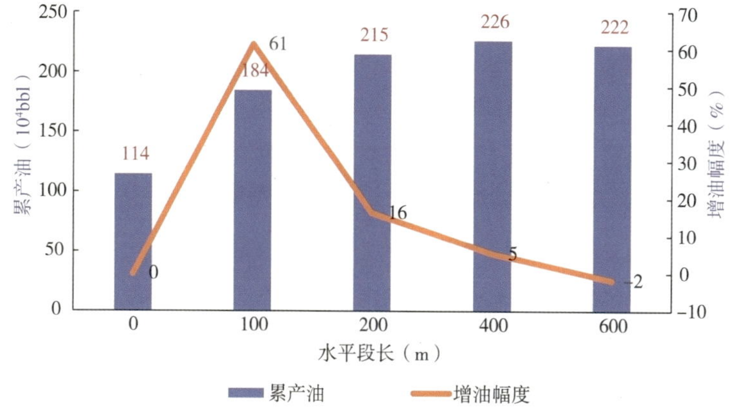

图 6-76　P-36 井不同井轨迹方案累产对比

不同井轨迹方案含水饱和度平面及剖面图对比如图 6-77、图 6-78 所示。可明显看出直井周围含油饱和度高于水平井开发，水平井原油动用程度明显优于直井。同时从饱和度剖面看，随着水平段加长，距边水距离越小，边水侵入越明显。若根据目前油水界面认识，P-36 井设计水平段为 600m 时，到油藏开发后期，边水侵入明显，这也是水平段增加到 600m 后累产反而比水平段 400m 累产下降的原因。因此，虽然水平段增长，可以增加单井的产液能力，但由于水平井本身靠近边部，水平段越长，距离边水越近，边水突破的风险也就越大，导致含水快速上升，累油不增反降。

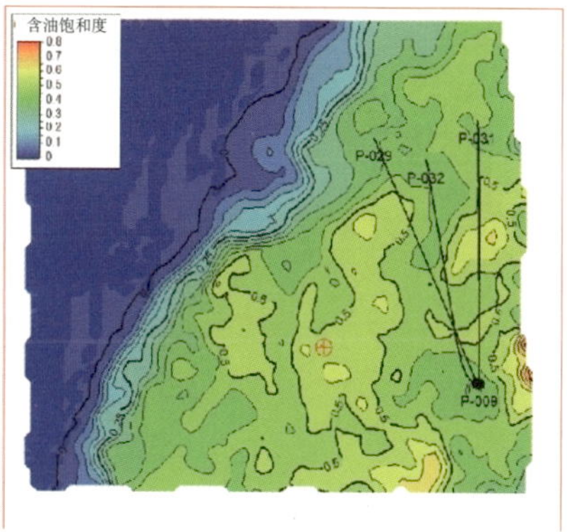

（a）直井

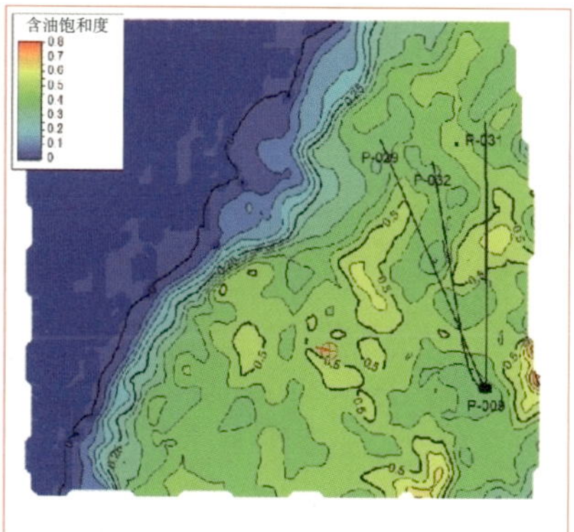

（b）100m 水平段

图 6-77　P-36 井不同井轨迹方案边水侵入平面图

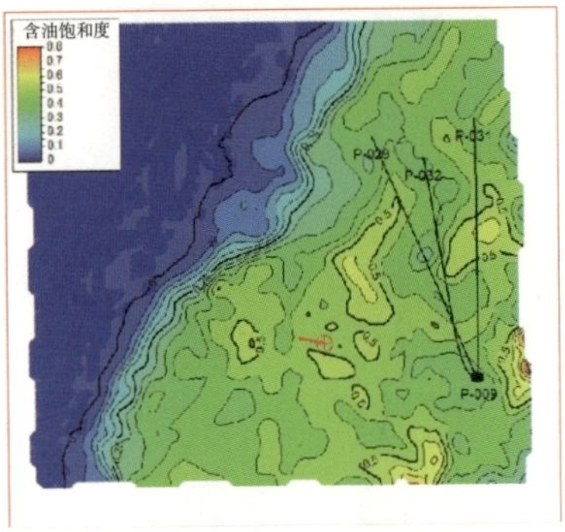

（c）200m 水平段

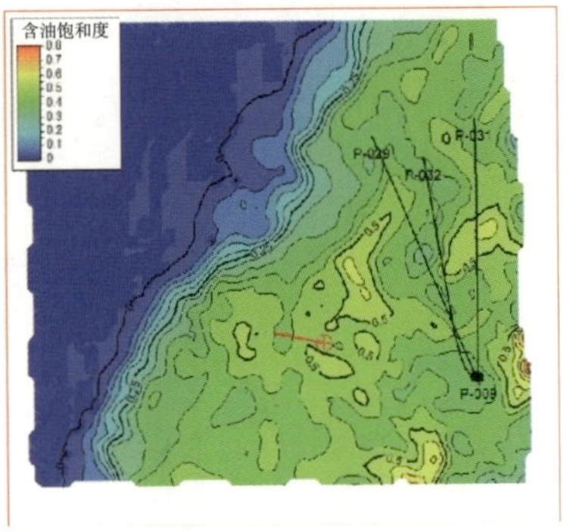

（d）400m 水平段

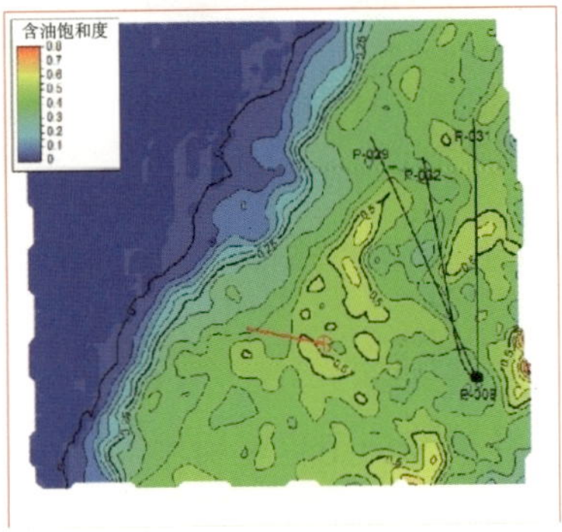

（e）600m 水平段

图 6–77　P–36 井不同井轨迹方案边水侵入平面图（续）

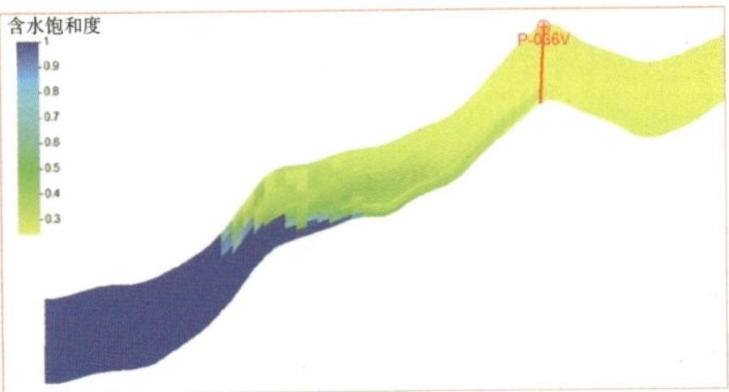

（a）直井

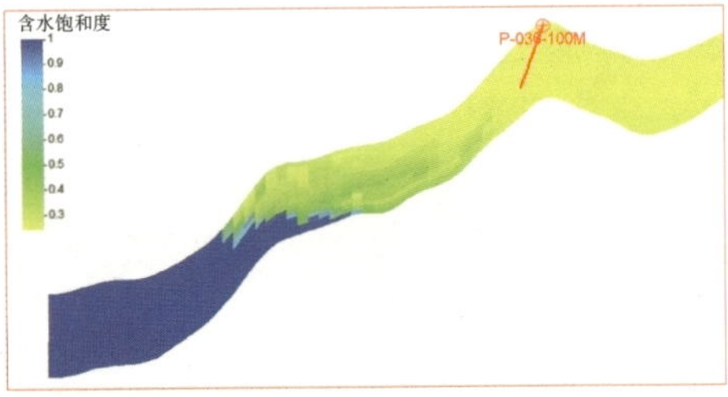

（b）100m 水平段

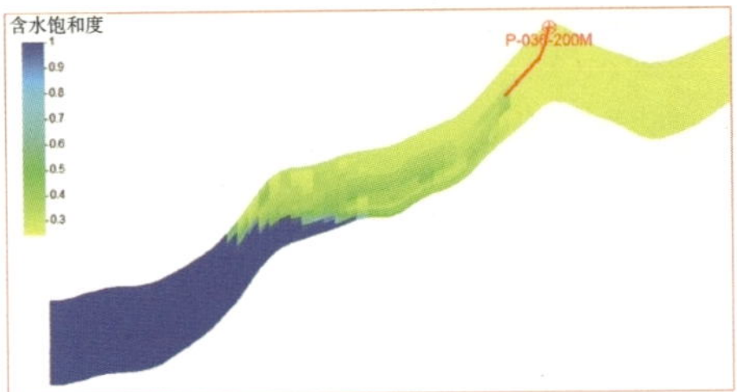

（c）200m 水平段

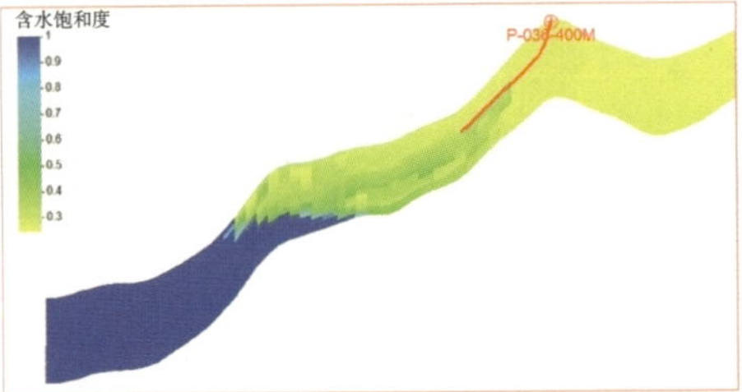

（d）400m 水平段

图 6–78　P–36 井不同井轨迹方案边水侵入剖面图

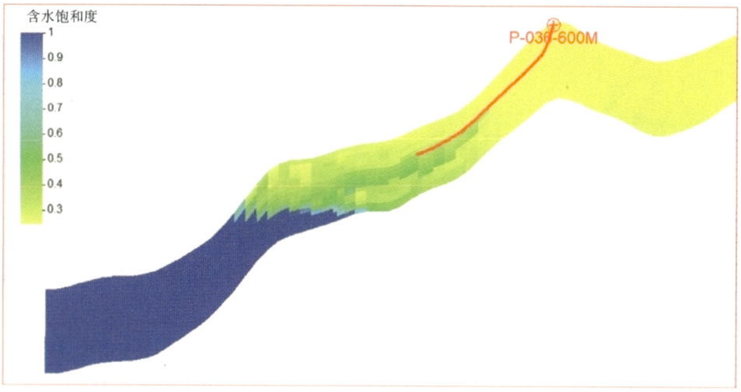

（e）600m 水平段

图 6–78　P–36 井不同井轨迹方案边水侵入剖面图（续）

五、不确定性分析

对于新井井位，由于缺少测试数据，其地质油藏认识均存在一定的不确定性，致使预测结果也存在不确定性。为此，需要开展不确定性分析，以预测投产后可能存在的风险，并为制定预案提供指引。在不确定性分析前，应根据油田开发认识，确定主要不确定性因素，据此在模型中设定不同的参数，从而预测对开发效果的影响。

由于 P 油田前期测试数据有限，新井的投产依然存在较大的不确定性。主要表现在两个方面：一方面油田油水关系复杂，目前认识在油田不同位置，油水界面并不统一，存在较大的不确定性。另一方面，由于油田未采用水平井开发，P–36 井将是第一口水平井，对水平井产能的认识依然不足。因此为了能有效指导后续水平井开发，对油水界面及水平井配产进行不确定性分析。

1. 油水界面敏感性分析

选取水平段 200m 长，油水界面上下变动 30ft，开展敏感性分析。油水界面变化对单井累计产油量影响明显，若预测油水界面上升 30ft，无水采油期大幅缩短，累产油下降 34%（如表 6–18、图 6–79）。

表 6–18　油水界面敏感性分析结果

油水界面海拔（ft）	累计油产量（bbl）	增长率（%）
–8880	1399602	–34.76
–8910	2145293	0.00
–8940	2466375	13.02

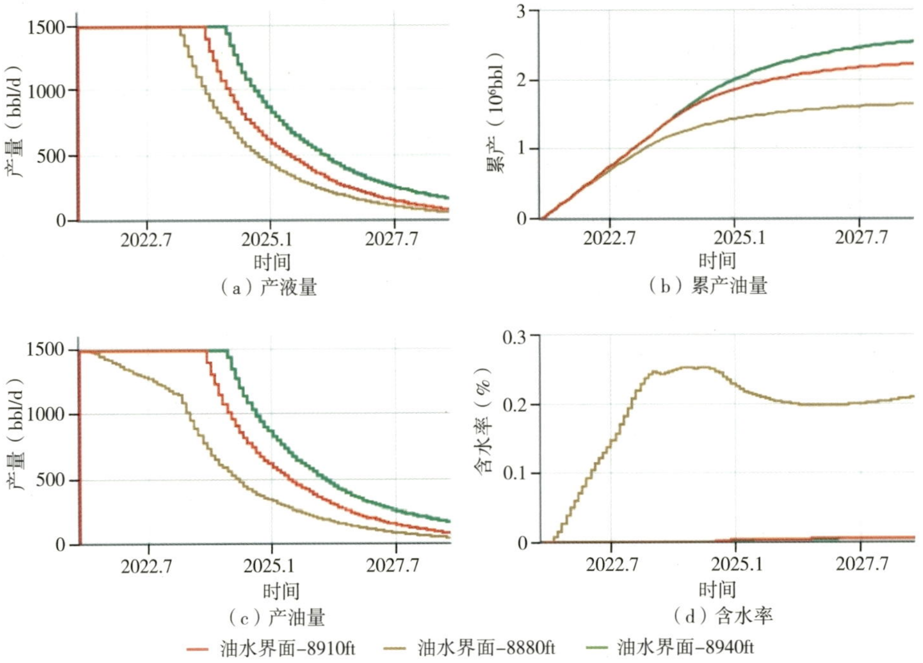

（a）产液量 （b）累产油量 （c）产油量 （d）含水率

图 6-79　油水界面敏感性分析结果

2. 配产敏感性分析

水平段长度取 200m，按配产 1000bbl/d、1500bbl/d、2000bbl/d、2500bbl/d 分别计算。配产大于 2000bbl/d，累产增加不明显，合理配产 1500~2000bbl/d（如表 6-19、图 6-80）。

表 6-19　配产敏感性分析结果

产液量（bbl/d）	累计产油量（bbl）	增加产量（bbl）	增产率（%）
1000	1889343	0	0.00
1500	2145293	255950.1	13.55
2000	2284258	138964.5	6.48
2500	2360251	75993.5	3.33

水平井优化模拟结果显示，水平井累产约为直井的 2 倍，增产效果明显。合理水平段长度约为 300m，既能确保水平段的高产，也能有效防止边水过快突破，从而达到最优开采效果。不确定性分析显示，油水界面对水平井开发效果影响最大，若油水界面较目前的认识上升 30ft，无水采油期将大幅缩短，累产油可下降 34%。

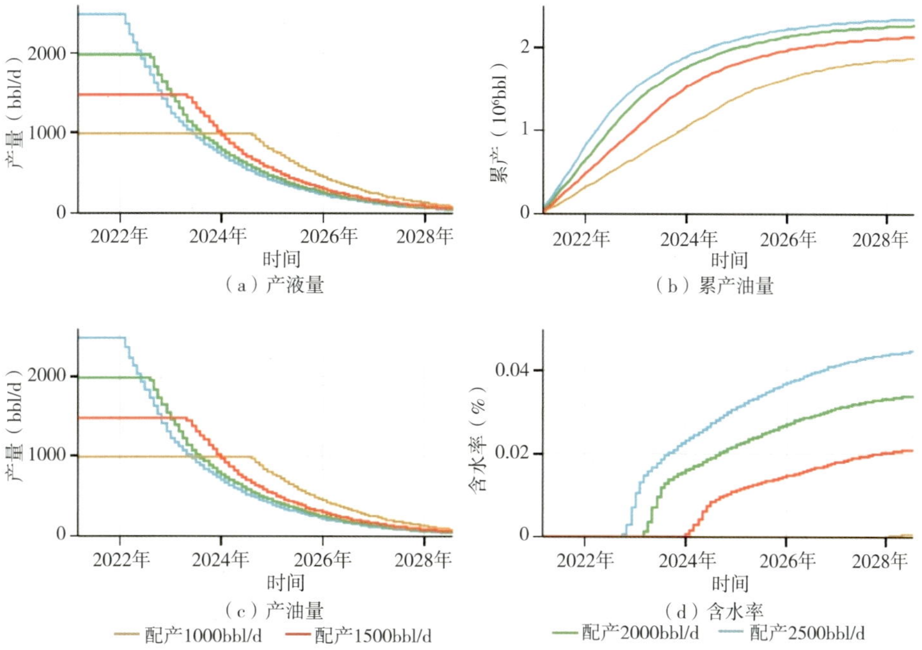

图 6-80　配产敏感性分析结果

第五节　油田开发中后期挖潜技术

P 油田历经 40 余年的开发，目前中部区域已经步入开发中后期，在油田长期开发的过程中，地层压力、油水分布发生了较大变化，地下各类矛盾日益突出，油井的产能逐渐下降，油田的综合含水率升高。同时，由于采油设备使用期的延长，设备老化现象严重，既增加了维修保养的成本，又极易发生故障，进而影响到抽油机井的正常运行，导致油田的生产能力下降。储采难以接替，产量不断递减，储采持续失衡，挖潜难度日益增大。因此，如何使油田稳产增产，满足开发中后段的经济开发是油田亟须解决的现实问题。

目前在油田开发领域，对油井优选的研究分析主要从两个层面入手。一方面，可以从单井层面分析研究，重点探讨措施可行性和措施方案优选；另一方面，从油藏层面进行措施优选，从而取得最优的综合成效。为了更好地实现稳产增油，提高效益的目的，需要建立成本低且满足要求的一整套完善的挖潜体系，为油田生产提供有价值的参考。

一、油井低产或停产原因分析

油井在长期的生产过程中，除油藏储量下降这个客观因素外，由于油井储层情况变化、采油设备发生各类故障，或受沙、蜡、气等客观因素影响，导致油井达不到应有的产量，是造成油井低产停产的主要原因。减少低效油井的数量，提高单井产量是保持油田稳产、降低递减率、提高经济效益的重要措施。为增产稳产，需要对油田停产井、低产井、报废井进行全面复查，重点是搞清楚低产停产的原因，针对低产或停产原因制定措施，若原层仍有潜力，则采取与井况相适应的压裂、酸化、换泵等配套措施进行复产。若确认原层已无复产潜力，则对物探、录井、测井等资料进行梳理及精细解释，对水层、干层、未解释层等重新识别，找出潜力层，及时进行换层补孔或侧钻。通过对 P 油田 40 余年生产历史进行全面梳理和分析，停产或低产的原因主要包括以下几个方面：储层堵塞、泵故障、水淹。

1. 砂岩储层堵塞原因分析

通常情况下，砂岩储层堵塞可以分成以下几个类别：

1）固体微粒性质堵塞

通常情况下，泥浆中会夹杂着平均直径为 8~50μm 的固体颗粒，当进行钻井作业时很容易造成泥浆固体颗粒和泥浆滤液进入储层的现象，直接导致油井附近地层渗透率降低，更有甚者会造成地层堵塞。而在储层中分布的像石英、长石等这类固体的细小颗粒还会发生随着流体流出的情况，在油井附近经常有固体微粒和原油混合所产生的油泥沉积，对于储层渗透率造成直接的负面影响。

2）无机垢性质堵塞

无机垢性质的堵塞，简单地说就是在油井孔隙注入外界的流体之后，会造成井底压力、溶解气及温度等发生变化，该注入流体也会与地层液体发生一系列的反应，形成像硫酸钙、硫酸钡、碳酸钙这样的胶体，其又属于无机垢，所以称为无机垢性质的堵塞。

3）有机沉淀物性质堵塞的情况

在油井日常的工作过程中，随着原油不断地采出造成了油藏温度以及压力的变化，其变化会直接导致原油中沥青质以及石蜡析出的现象，对地层造成堵塞的负面影响，影响整口井的生产能力。

4）酸性物质堵塞的情况

重质油与酸性物质进行反应容易形成酸渣和稳定乳化液，能造成地层渗透率下降，长此以往慢慢形成了地层堵塞的情况。

2. 电潜泵采油系统故障

从生产井史看，P 油田目前主要采用电潜泵、水力射流泵两种采油工艺，大部分井采用电潜泵采油工艺。电潜泵主要是指电动潜油螺杆泵和电动潜油离心泵。潜油直驱螺杆泵采油技术利用动力电缆将电力传送给井下潜油电机，电机通过柔性联轴器直接驱动螺杆泵转子转动，井液经过螺杆泵增压后，被举升到地面。电动潜油离心泵是由多级叶导轮串接起来的一种电动离心泵，每一级由一个转动的叶轮和一个固定的导轮（壳）组成；叶轮内的油液随着叶轮的旋转而旋转，以实现压能的转换。导轮的主要作用是在转换液体压能的同时，把部分高速动能变成低速能量（举升势能），达到石油开采的目的。

电潜泵系统故障是油田生产过程中的常见故障，电潜泵采油系统发生故障的原因有以下几方面：

1）井身结构影响

由于地面条件及地方法规限制，P 油田通常在同井场钻 4~5 口井，采用丛式井组采油，所谓丛式井组采油，是指由一口直井与数量不等的定向井组成用于开采原油的油井。由于丛式井组的曲率比较大，电潜泵工作时其结构受到较大的作用力，使机组发生变形、弯曲，引发故障问题，缩减了电潜泵的工作年限。

2）油层条件影响

（1）供液不足。

在部分油井中，油水关系十分复杂，并且存在较多的泥岩夹层，加之电潜泵的型号选择不当，导致泵的排量与地层供液能力不相符，致使电潜泵故障频发。当油井出现供液不足时，在起始阶段，电流缓慢下降，到某一时刻，由于吸入口进气、工作电流出现无规律的短时间波动，随后欠载停机。当再次启动电泵后，动液面很快降低，工作电流下降，并欠载停机。供液不足在系统工作参数上的反映主要为沉没度逐渐降低，动液面逐渐接近泵吸入口，油井产量是间歇、逐渐降低的，工作电流逐渐降低并欠载停机。油井供液不足的主要原因在于油井的供液能力差，此外，泵挂深度小，选泵过大也是油井供液不足的主要影响因素。

（2）气锁。

气锁是指大量的气体进泵，使电泵的产液量很低，产气量很大，最终导致电泵不能正常工作的一种故障。当油井出现气锁时，排量低于额定排量，游离气进泵使泵的工作电流降低并出现波动，最终液面接近泵吸入口。使电潜泵欠载停机，在电潜泵的再启动过程中，电流重复这个过程。气锁在工作参数上的反映主要为吸入口进气，油气比很大，产液量很低，产气量很大，动液面低并逐渐接近泵吸入口、工作电流逐渐降低，并出现电流波动，最终欠载停机。导致气锁的主要原因在于吸入口的大量进气，而且选泵过大，泵挂深度低，油井严重供液不足，油井大量含气都是导致气锁的主要原因。

由于 P 油田采用衰竭式开发，未进行注水等地层能量补充措施，在油田开发后期，部分区域地层压力已经远低于泡点压力，容易脱气导致电潜泵气锁。

（3）砂堵。

砂堵是指由于油井出砂引起的泵堵塞或者管线堵塞。如果油井容易出砂，或者容易结垢，则会导致油管内腔出现堵塞现象，致使电潜泵的回压增大，不仅降低电潜泵的排量，而且也会增加泵轴卡死的概率，甚至会烧毁电动机，造成更大的损失。

（4）蜡堵。

蜡堵是指由于原油中的蜡析出后黏结在泵腔的叶轮或者排出管线上，使得油井产量降低的一种故障。当油井出现蜡堵时，由于机组的载荷增大，使得工作电流略高于正常值，当结蜡严重时，可能会导致过载停机。泵或管线出现蜡堵时，油井的产量降低，工作载荷增大，工作电流高于正常值。造成蜡堵的主要原因在于井液中的含蜡量高或长期没有清蜡。

3）机组因素

电潜泵采油系统频繁出现故障的诱因有以下几种情况，例如，扁电缆连接位置被击穿、电动机停机与保护器进水等。具体原因为：①由于施工外部因素影响，导致大、小扁电缆在连接时存在操作不规范或者连接点强度不达标等情况，加之机组启停十分频繁，容易导致电缆连接位置发生击穿问题；②电潜泵机组长度与大曲率斜井不适应，并且由于机组的抗弯能力较差，从而引发机组弯曲变形，电动机烧坏停机概率大大增加；③保护器长度大于标准要求，容易引发弯曲，随着电潜泵工作时间的增加，进水问题也就愈加严重。

4）操作因素

在操作电潜泵时，如果操作不规范，同样会引发故障问题，例如，电缆机械损伤、异物堵塞、电缆击穿等。导致上述故障的原因可概括为以下几个方面：①电缆保护不当，导致电缆因碰撞而引发铠皮破损，从而引发电缆击穿、损伤等问题；②下泵操作不规范，或者下泵速度控制不当，致使电缆遭受机械损伤，安全隐患极大；③井口保护不当，致使异物掉入井中，加之入井液没有得到妥善过滤，增加异物堵塞问题发生的概率；④地面频繁改变工作制度或其他原因导致电潜泵的启停频率增加，电潜泵电路系统面临较大冲击，随着使用时间的增加，电缆击穿问题也就更加严重。

二、挖潜措施及效果

1. 砂岩储层解堵措施

1）酸化

酸化解堵的机理是利用酸液的特性对造成孔隙堵塞的胶结物或者其他杂质进行溶解，进而达到油井周围油气层渗透率恢复并且提高的目的，从而实现油井的稳产增产高产。目前我国对于砂岩油层酸化的处理通常采用氢氟酸和盐酸混合液。针对老油田储层的岩性及堵塞物特征，有针对性地选择合适的酸液作为酸化介质，能够有效解除储层堵塞，提高老油田油井产能，同时，需要重视酸化施工后的排酸过程，保证废酸液顺利替喷，避免给油层造成伤害。目前常见的酸化技术主要包括以下几类：

（1）传统土酸酸化技术。

利用盐酸和氢氟酸混合液来提高地层的渗透率，盐酸不仅可以对地层中的碳酸岩成分进行溶解，还能使得酸液保持一个相对较低的酸碱值，通过对氢氟酸可以溶解泥质以及部分石英颗粒特性的利用，可以对油井井壁的泥质物质以及堵塞固体颗粒进行有效的清除，消除井筒及近井地带污染。因此土酸解堵往往应用在碳酸盐含量较少而泥质物质含量较多的储层之中，其效果也最为显著。20 世纪 90 年代，国际上研究出一种称为磷酸醋酸类化合物的新型土酸，其缓速以及降滤失效果明显，酸液还可以对固体颗粒进行有效的分散和悬浮，相比于传统土酸其溶解性更加彻底。传统的土酸虽然具有以上所列的优点，但也有一些弊端，比如其有效时间较短且容易造成设备的腐蚀，或者溶蚀的固体颗粒分散后使得油井出砂增长。

（2）乳化酸酸化技术。

由酸和油再加上乳化剂混合而成的油包型酸化乳化状酸液，具有腐蚀速度较慢，抗水敏，见水黏性增加、见油黏性降低等特性，使得酸作用有效距离得以增大，从而可以解决地层相对深远的堵塞情况，使得地层的渗透力可以提高，所以说乳化酸酸化技术通常被应用于油井深部的酸化。

（3）泡沫酸酸化技术。

泡沫酸指的是在传统复合酸液中添加稳泡剂和起泡剂等所形成的气体和酸液的混合体。利用气体流动阻力小于液体流动阻力的特性，将泡沫产生的氮气或二氧化碳混合以后所形成的泡沫体系注入地层，由于其流动阻力较小，所以比较容易进入较深的地层，并对其进行融化来提高地层的渗透率。泡沫酸酸化具有速度快、溶解彻底而且处理范围较广的特性，所以通常被用于非均质地层的堵塞情况。

（4）暂时性堵塞酸化技术。

暂时性堵塞酸化技术利用酸液所携带的暂堵剂对高渗透储层进行暂时性封堵，使得渗透层的伤害得以大大降低，从而改善吸水剖面，提高油井的产量。所以此种解堵技术通常在非均质和非单层油层的油井应用。

2）压裂

单井钻井过程中以及投产前，储层有可能较长时间被钻井液、压井液浸泡，向储层滤失渗透的可能性很大，会造成井筒周围储层渗透性发生变化，钻井液的固相颗粒也可能进入孔喉内堵塞流体通道，在一定程度上污染地层，使油气在流通通道中受阻，从而影响单井产能。

压裂技术主要是指借助水的作用力，使储层产生人工裂缝，也称为油层水力压裂。在油田的开采过程中应用压裂技术，借助压裂车以高压大排量方式压入压裂液及压裂砂，从而使油层中产生较多的裂隙，同时将石英砂以及相关材料填充到产生的裂隙内部，由此来提升油层的渗透能力。运用于压裂技术的压裂液种类很多，乳状压裂液、水基压裂液、酸基压裂液、泡沫压裂液等属于常用的几种类型。压裂是解除污染、提高渗流能力的有效手段之一，因此也成为挖潜增产的关键技术措施，将低渗透油层或者低产油层进行水力压裂作业，提高油层的渗透性，解除井筒周围储层污染，从而达到增产的效果。

（1）清水压裂工艺。

所谓清水压裂，是在低渗透油气藏改造中，在清水中加入降阻剂、活性剂、防膨剂或线性胶等作为工作液进行的压裂作业。工作液中一般只带有少量支撑剂（早期用清水不加支撑剂），但也有加砂量较多的。通过清水为动力液体，在清水作用下地层当中能有效形成水力裂缝，弥补传统增注的不足，压裂的过程中岩石碎屑脱落沉降在裂缝当中，也能起到支撑作用，保障裂缝张开。裂缝发生剪切性位移，低渗透储层以及储层解堵中也能应用，有助于注水井注水量效果的良好呈现。清水压裂适用于较低应力、高杨氏模量的低渗油气层中。特点是配方简单、残渣伤害低、经济有效。

（2）低伤害压裂技术。

由于低渗透油层储层性质较差，对地层减少措施伤害是保持区块长效开发的重点，低伤害压裂技术的技术核心在于应用低伤害压裂材料来降低对地层的伤害，有效提高压裂效果和有效期。需要使用室内模拟和数值模拟的方法对裂缝的储层伤害加以分析，选用的优化压裂液包括二氧化碳泡沫压裂液、清洁压裂液、低分子及低稠化剂浓度的压裂液。

（3）整体压裂技术。

整体压裂技术是在单井优化压裂技术的基础上，全面分析区块整体开发动态形成的压裂技术，该技术需要将系统工程理论和最优化理论有机地结合起来，实现区块整体的压裂设计。其技术核心在于将油藏整体作为研究对象，全面考虑区块整体情况，以此实现区块的高效开发。研究过程涉及油藏的多项参数，综合考虑井网覆盖下的地层导流能力以及裂缝覆盖面积、长度、深度等参数，全面掌握生产井的产量和过程信息，对比区块采收率和开发投入，通过综合评价最终优化整体的裂缝参数、导流能力等。该技术在实施过程中，还需要适时评估现场情况，全面分析实施动态，确保整体优化压裂的效果发挥。

（4）重复压裂工艺。

油井需要进行重复压裂的原因主要分为以下三类：第一类，初次压裂时受当时压裂工艺、材料、设备工具的限制，导致裂缝导流能力快速降低；第二类，初次压裂时，由于选层不当导致增产效果差；第三类，对于高含水期开采阶段的井，由于老裂缝控制的储量已经基本完全采出，必须重复压裂压开新缝，才能提高产量。

重复压裂技术是指油井在初次压裂后生产了一段时间，因各种原因产量下降，然后在相同层段进行第二次（或二次以上）压裂。重复压裂的最终目的在于在近井地带形成复杂缝网，尽可能多地沟通剩余油气层，实现对老井控制储量尽可能多地动用。该技术作为油井增产、水井增注的主要措施在低渗油田中具有见效快、增产效果显著、有效期长等特点。

3）酸化及压裂解堵实例

（1）P–17 井 TLUS 层酸化效果分析。

P–17 井 2013 年 5 月投产，投产初期油产量 334.0bbl/d，水产量 5.0bbl/d，含水率 1.38%，生产至 2014 年 7 月产量快速下降，油产量 131.0 bbl/d，水产量 29.3bbl/d，含水率 18.2%，7 月 12 日进行了一次酸化，酸化后产量回升，油产量 229.0bbl/d，水产量 4.0bbl/d，含水率 17.2%，酸化效果明显（如图 6–81）。

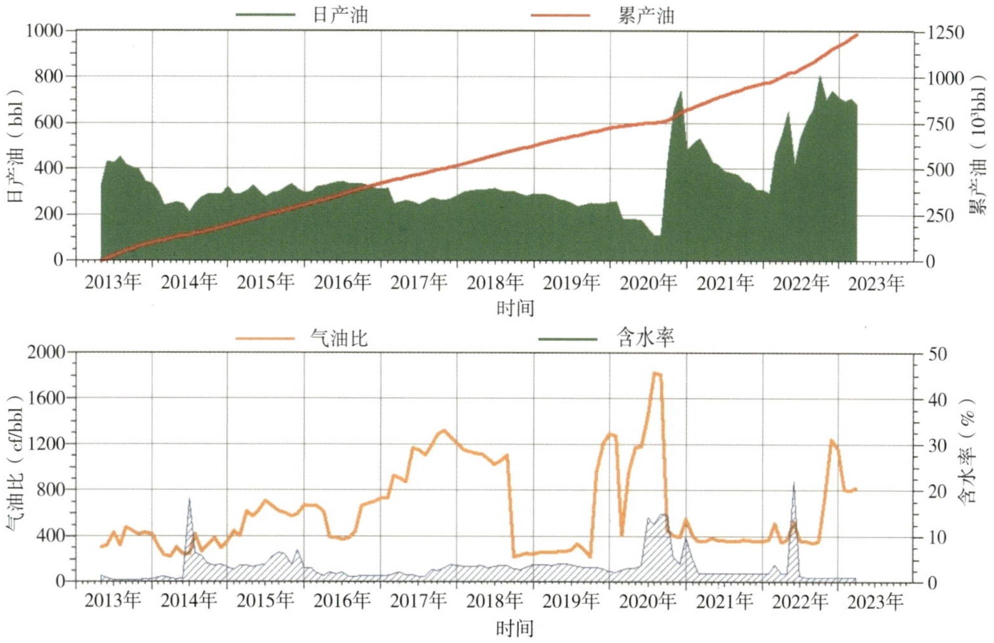

图 6–81　P–17 井 TLUS 层生产历史曲线

（2）P–14 井 TmTS 层压裂效果分析。

P–14 井是位于构造南部新钻的 1 口开发井，2018 年 12 月 11 日开钻，2019 年 1 月 27 日完钻，套管射孔完井，2 月 21—22 日测试，油产量 165.0bbl/d，水产量 15.3bbl/d，含水率 8.5%。3 月 2 日进行一次压裂，泵入液量 34597lb（1lb = 0.45kg），进入地层液量 34217lb（如图 6–82），压裂后于 3 月 6—7 日测试，油产量 229.0lb/d，水产量 114.3bbl/d，含水率 33.3%，压裂后产量有明显提升。对比压裂前后的压力恢复双对数曲线（如图 6–83、图 6–84）也可以看出，压裂前曲线特征表现为径向复合地层，外区储层较好，表皮系数较高，达到 26.9，说明近井地带存在较严重污染；压裂后曲线具有明显压裂裂缝特征，解释裂缝半长 37.0ft，表皮系数为 0，压裂有效解除了近井地带污染，同时，裂缝沟通了外区较好储层，提高了单井产量，压裂效果明显。

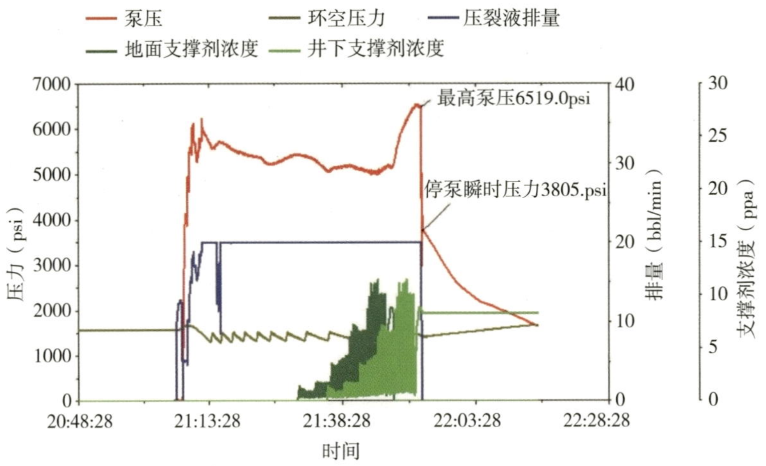

图 6-82　P-14 井 TmTS 层压裂施工曲线图（1ppa=120kg/m³）

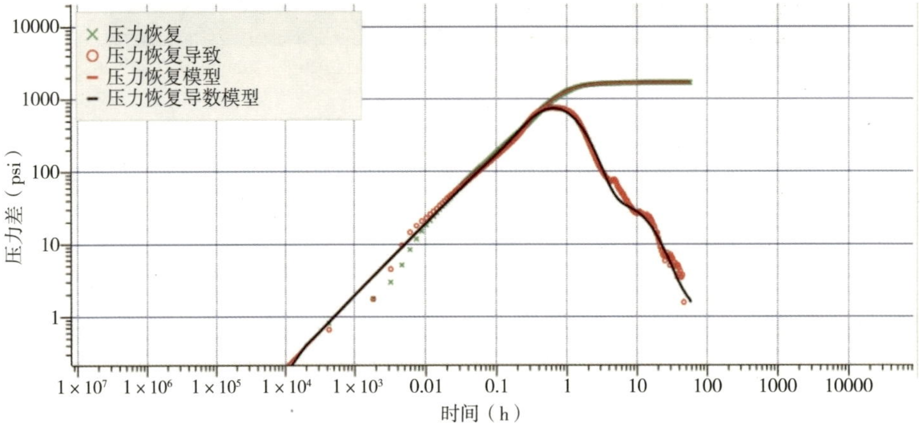

图 6-83　P-14 井 TmTS 层压裂前压力恢复双对数曲线图（软件界面）

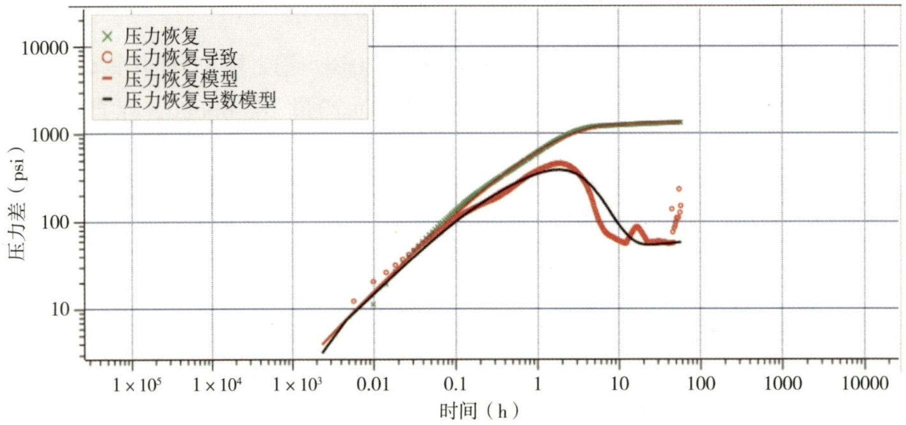

图 6-84　P-14 井 TmTS 层压裂后压力恢复双对数曲线图（软件界面）

2. 电潜泵维护

为了提升电潜泵采油系统的工作效率，降低故障发生概率，一般需要加强以下几个方面的工作：

（1）电潜泵合理选型。

由于单井产量、流体性质、下入深度等存在较大差异，需要根据实际工况要求，选用合适的电潜泵采油系统。如果井下工况复杂，可借助计算机对电潜泵采油系统的工作特性进行模拟，以模拟结果为基础，选择扬程、排量与功率都合适的电潜泵型号，提升电潜泵采油系统正常工作的时间。

（2）规范性操作。

操作不规范是引发电潜泵采油系统故障的一大诱因，所以在执行操作作业前，需要对操作人员进行专业的培训，帮助其了解基本的操作步骤，保证每台电潜泵可以得到精准的控制，避免发生操作不规范问题。另外，操作人员要提升责任意识，提升自我学习能力，不断增强操作经验，为电潜泵采油系统正常工作起到保障作用。

（3）安装可调油嘴。

频繁地更换油嘴，需要频繁地启停电潜泵采油系统，增加了机组的负荷冲击。因此，为了降低启停频率，相关人员可在电潜泵采油系统中安装可以调节的油嘴，从而实现降低机组负荷冲击的目的。

（4）加大新型电缆的使用比重。

新型电缆的使用，不仅可增强电缆的绝缘保护能力，而且也可降低电缆机械损伤问题发生的概率。与传统电缆相比，新型电缆可以直接与电动机连接，减少电缆的连接点。此外，新型电缆内部增添钢结构保护套，增强电缆抵御外部冲击的能力，通过提升电缆的机械强度，从而解决电缆经常出现的损伤问题。

（5）安装测压装置。

为防止安全事故的发生，通常需将井下安全阀与环空封隔器安装在电潜泵井中，使油管通道得到有效控制。其中，测压装置的安装，可以帮助操作人员知晓电潜泵出入口压力的变化，根据压力参数对电潜泵的工作情况进行判断，如果参数变动异常，则可及时进行故障检测，或者调整电潜泵运行工况，防止故障问题的发生。

P–4 井是 P 油田最早期投产的一口井，Basal Tena 段油藏于 1978 年 12 月投产，一直生产至 2016 年 7 月停产，在 38 年的生产历史中（如图 6–85），十几次出现由于泵故障导致产量降低甚至停产的情况（如表 6–20），通过检修或者更换电潜泵，配合溶剂解堵等措施，对于恢复、提高单井产量，维持油井长期生产提供了强有力的保障。

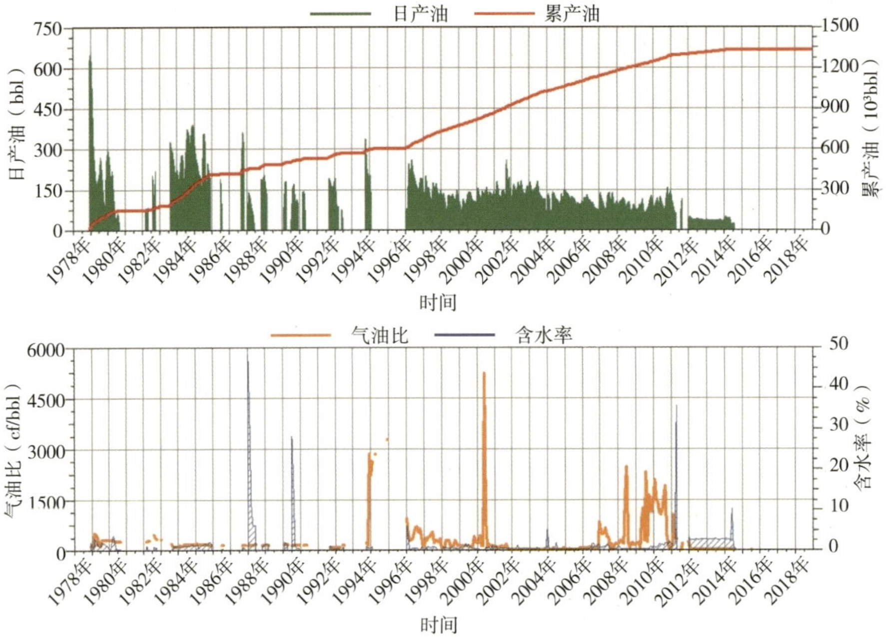

图 6-85　P-4 井 Basal Tena 段生产历史曲线

表 6-20　P-4 井 Basal Tena 段电潜泵检修效果统计表

序号	作业时间	作业项目	作业前产量（bbl/d）		作业后产量（bbl/d）		
			油	水	油	水	时间
1	1983.7.30	下泵	—	—	386	39.0	1983.9.21
2	1984.7.2	检修泵	277	3	440	4	1984.7.5
3	1985.6.17	酸化，下泵	144	2	275	3	1985.6.23
4	1985.9.28	酸化，修泵	92	1	341	7	1985.10.3
5	1986.1.19	酸化，检泵	189	2	432	9	1986.1.31
6	1986.2.28	射孔，下泵	—	—	114	429	1986.3.2
7	1986.6.23	酸化 + 氮气气举，下泵	—	—	392	6	1986.7.1
8	1987.4.5	取电潜泵	—	—	—	—	—
9	1987.8.31	下电潜泵	—	—	471	3	1987.9.27
10	1988.1.24	酸化，修泵	47	44	296	40	1988.2.17
11	1988.11.3	溶剂处理，修泵	192	2	285	3	1988.11.27
12	1990.2.13	修泵	81	2	190	4	1990.2.19
13	1990.7.19	溶剂处理，修泵	34	13	190	74	1990.7.25
14	1991.2.28	溶剂处理，修泵	0	0	232	0	1991.3.4
15	1992.8.29	溶剂处理，修泵	0	0	365	1	1992.9.18
16	1993.5.31	溶剂处理，修泵	87	0	154	2	1993.6.20
17	1994.9.25	溶剂处理，修泵	0	0	345	6	1994.10.4
18	1995.4.13	溶剂处理，修泵	18	0	251	2	1995.4.15
19	1995.11.29	溶剂处理，修泵	0	0	234	32	1995.12.3

3. 套管内侧钻

侧钻是为了实现特殊的地质目的或者特殊的工艺需要，在原有井眼轨迹（直井，定向井，水平井均可）的基础上，使用特殊的侧钻工具使钻头的钻进轨迹按照预先的设计偏离原井眼轨迹的过程。

目前常见的需要侧钻的情况包括以下几种：①原井眼出现了严重的套管损坏的现象，无法正常运行；②原井眼发生较严重的落鱼事故，堵塞生产通道；③原井眼未钻遇地质目标，为了节约钻井成本，从原井眼开窗侧钻至新目标靶点，达到提高产能的目的。

P–29 井是油田中北部一口开发井，原井眼 2020 年 9 月 22 日开钻，10 月 20 日完钻，完钻后 TmTS 层测井解释油层 1 层，厚度 11.5ft（如图 6–86）。平均孔隙度、渗透率和含水饱和度分别为 10.19%、$60.33\times10^{-3}\mu m^2$ 和 36.77%；油水层 1 层，厚度 14.5ft。平均孔隙度、渗透率和含水饱和度分别为 9.9%、$63.23\times10^{-3}\mu m^2$ 和 56.92%。整体钻遇储层情况较好，但后期完井过程中由于井眼垮塌，套管无法下放到位，成为工程报废井。为提高该井利用程度，决定从 $9\frac{5}{8}$in 套管开窗侧钻 P–29ST2 井，P–29ST2 井于 2020 年 12 月 19 日完井，TmTS 层测井解释 2 段油层，储层厚度分别为 17.5ft、42.9ft，合计 60.4ft，储层物性较好，平均孔隙度 15.0%，平均渗透率 $354.6\times10^{-3}\mu m^2$，含油性较好（如图 6–87）。P–29ST2 井测试获高产，油产量为 1083.9bbl/d，水产量为 10.5bbl/d，含水率为 1.0%，投产后生产稳定，截至 2022 年 5 月底，本井已累计产油 27.2×10^4bbl。本次侧钻不仅成功解决了原井眼工程报废的问题，同时还钻遇了更好的储层并测试获高产，侧钻效果很好。

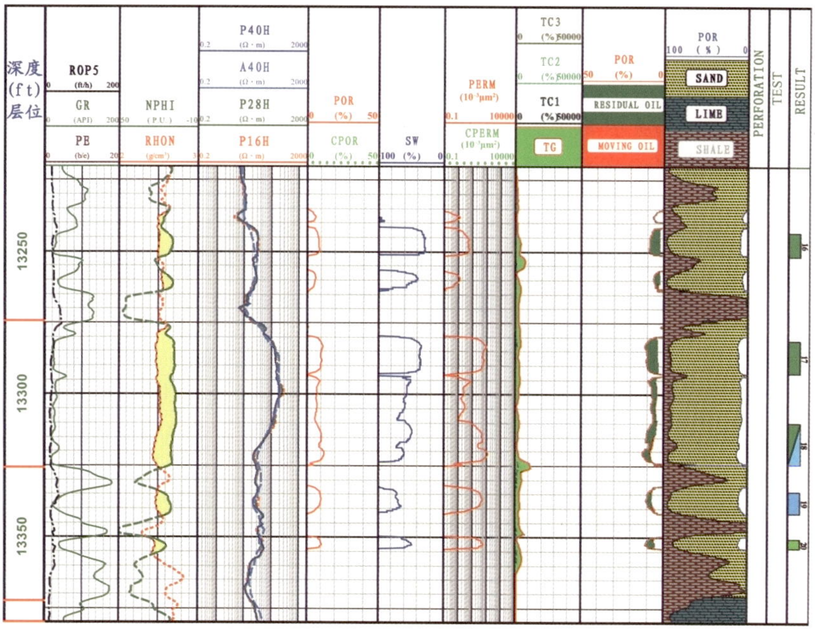

图 6–86　P–29 井 TmTS 层测井综合图

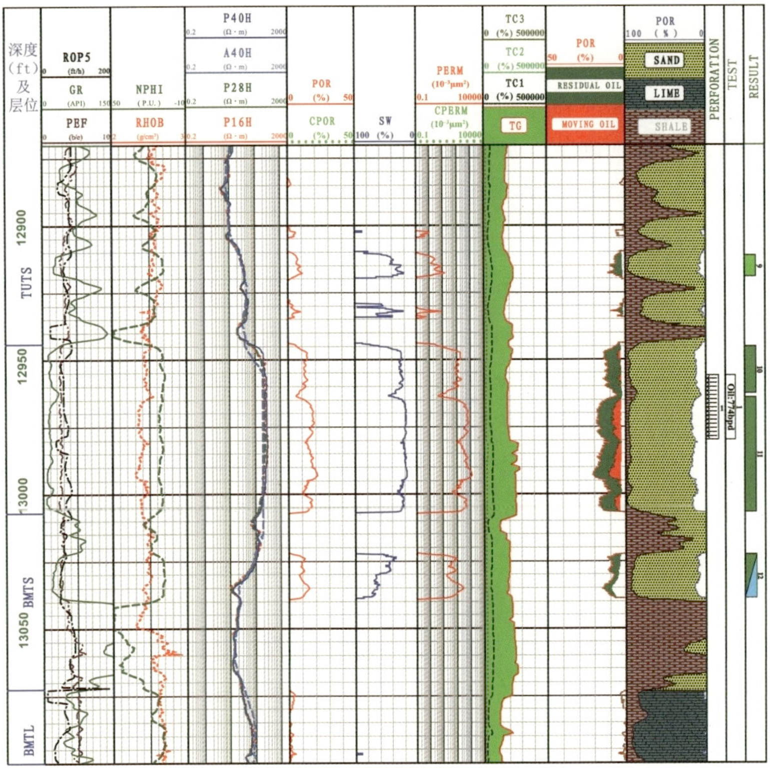

图 6-87　P-29ST2 井 TmTS 层测井综合图

4. 换层补孔技术

油田经历了长期生产后，随着地层压力下降、边底水不断推进，部分老井逐渐出现产量降低甚至停产、含水率上升等问题，能否让大量的长期关停“复生”，让它们重新发挥作用，在油田稳产增产及高质量发展中显得极为重要。对于长期关停井，亟须在精细地质研究的基础上，持续深化渗流规律、裂缝分布、单砂体形态、剩余油分布规律等方面研究，进一步剖析油水井连通关系，深入开展长停井成因分析和资源潜力复查，并大量应用钻、录、试及邻井生产动态资料，寻找具有增产潜力的油层，充分挖掘长停井潜力。

换层主要指封堵目前生产层位后射开下一个生产层位进行生产。补孔是指由于生产初期开发政策、工艺条件等限制导致射孔不完善，根据生产情况补射开一些层或者加密射孔的一种措施。

换层目标层筛选主要遵循以下原则：①测井解释情况良好，砂体发育、储层物性良好、含油饱和度高，井区内具有一定地质储量基础；②井区内相同层位生产井较少，累产较低，避免出现地层压力严重下降的情况；③井筒具备作业条件，目标层位及邻近层位井筒完整性好，固井质量较好。

P-24井是P油田一口典型的通过换层获得良好累计产量的井，P-24井于2013年4月投产TmTS层，投产初期产量较高，油产量500bbl/d，水产量60bbl/d，含水率10.7%，生产至2013年1月，油产量迅速下降至97bbl/d，水产量165bbl/d，含水率快速上升至63%，此后一直维持较高含水率生产，生产至2015年6月，油产量为69bbl/d，水产量99bbl/d，含水率60%，6月对TmTS层进行一次补孔，补孔后产量未见明显升高，生产至2015年12月后关井复压至2016年3月，2016年4月开井后，产量及含水率无明显变化，生产至2016年9月关井，关井前油产量56bbl/d，水产量161bbl/d，含水率74.2%，通过前期补孔及关井复压情况分析，TmTS层继续挖潜的能力较弱（如图6-88）。

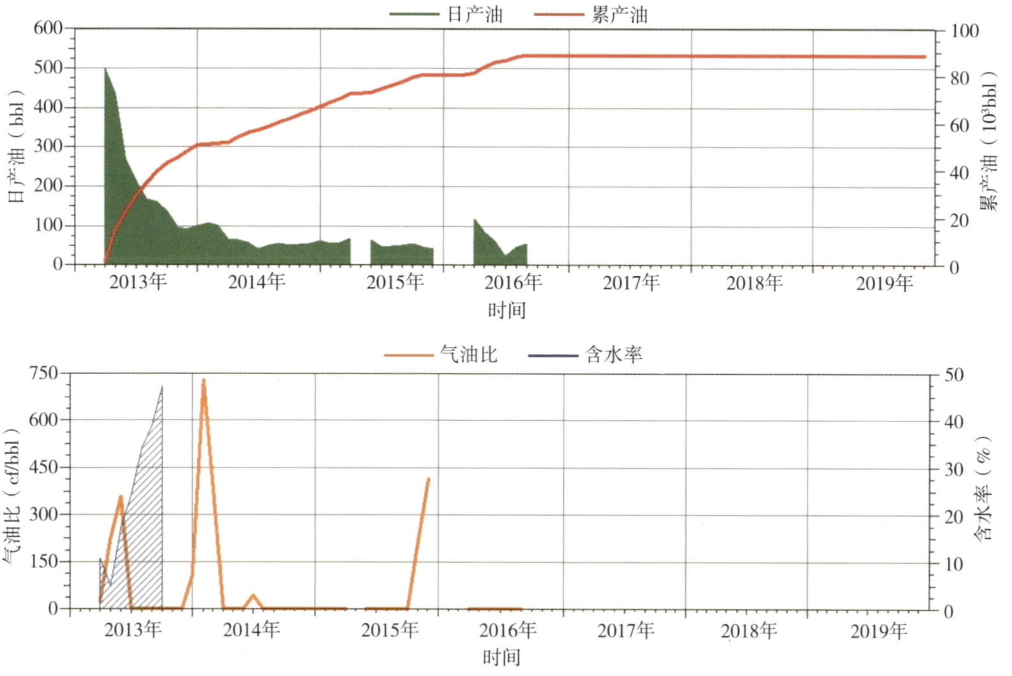

图6-88　P-24井TmTS层生产历史曲线

P-24井Basal Tena段测井解释油层1段，储层有效厚度5.5ft，孔隙度15.8%，渗透率$467.9\times10^{-3}\mu m^2$，含油饱和度71.8%，储层物性及含油性较好（如图6-89），具有增产潜力。同时，该井井筒及固井质量良好，具备作业条件，决定换层至Basal Tena段。2017年4月上试Basal Tena段，测试油产量171.2 bbl/d，不产水。TBTE层于2017年5月投产，投产初期油产量345bbl/d，水产量3bbl/d，含水率0.8%，一直连续生产至今，目前油产量57bbl/d，含水率0.1%，累计产油21.6万桶，换层增油效果良好（如图6-90）。

在具体实施过程中，P油田依托现有成熟工艺和新技术，不断丰富和完善老井挖潜的技术手段，注重因井制宜，坚持“一井一工艺、一层一对策”的治理思路，逐步形成了以换层补孔、压裂、酸化等为核心的挖潜技术，有效提高了油田产量。

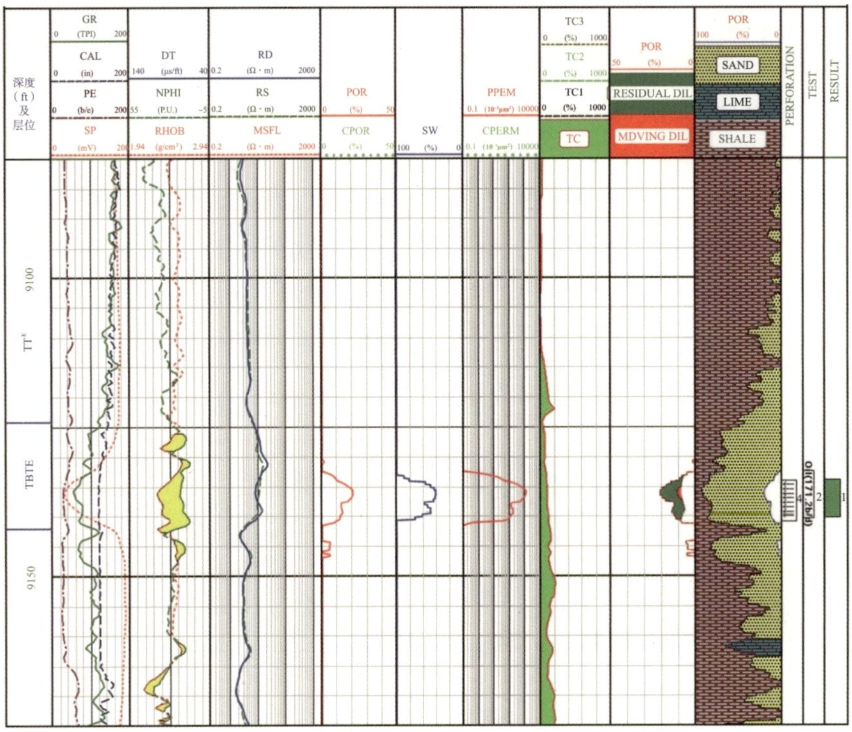

图 6-89 P-24 井 Basal Tena 段测井综合图

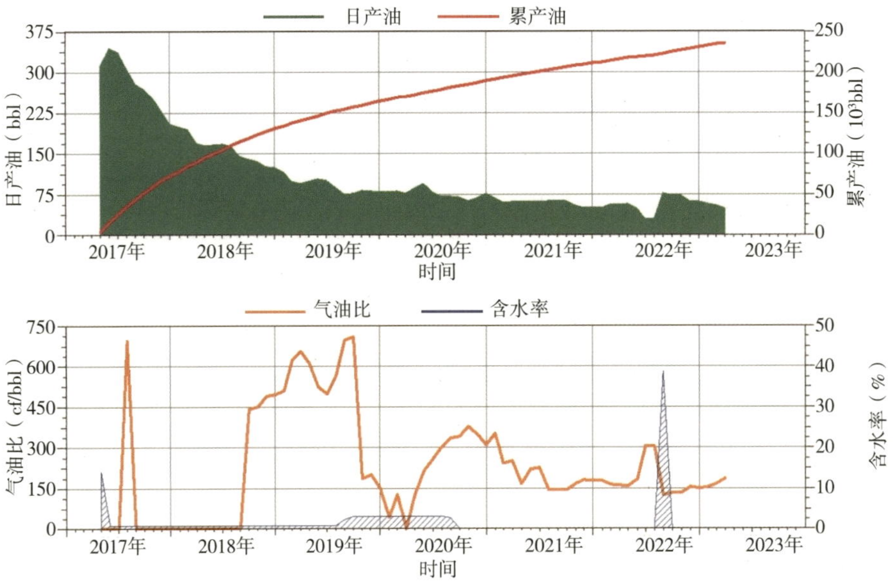

图 6-90 P-24 井 Basal Tena 段生产历史曲线

第七章

风险合作模式下海外边际油田勘探开发实践

本章以中国石油集团油田技术服务有限公司与厄瓜多尔国家石油公司旗下 P 油田的风险合作为例，详细解读中国公司在海外边际油田风险合作开发中需要注意的关键事项和相关的经验教训。

第一节 项目谈判中可能面临的问题

在与资源国谈判过程中，可能会因为合作模式新颖、尽职调查不到位、信息不对称等因素，导致部分合同条款不利于己方，一些在合同签订之前无法预测的问题将在项目实施过程中逐渐显现出来。常见的此类问题主要包括合同条款相关问题、基础资料相关问题及地质认识相关问题。

一、对合同条款的认识、理解不深

1. 合同有效期限较短

《厄瓜多尔 P 油田钻完井、老井复产及新建和扩建所需地面设施工程技术一体化服务合同》规定 P 油田增产服务合同期为 10 年，根据项目评价阶段计划，合同启动后前 3 年内将完成全部钻完井工作量。但合同生效后由于两方面的因素大大延后了新井钻探：一是当地环保要求严格、PEC 公司与政府工作效率低，钻井许可迟迟不能获得；二是合同签订后，厄国家石油公司补充提供了新的资料，使得评价阶段对该油田的地质认识发生了较大改变，因此项目启动后前 3 年钻完井工作量不足原计划的 50%。

2. 桶油报酬费偏低且顶底价不尽合理

根据合同条款，P 油田增产服务项目桶油报酬根据国际油价波动而变化，对应最低桶油服务费（底价），在最高油价时对应最高桶油服务费（顶价）（如图 7–1）。项目谈判时，国际油价正值低位，谈判过程中由于时间紧、竞争激烈、经验不足，因此 P 油田增产服务合同单桶原油报酬费较低，且最低、最高桶油服务费相差不大，对于较高油价市场环境来说极为不利。

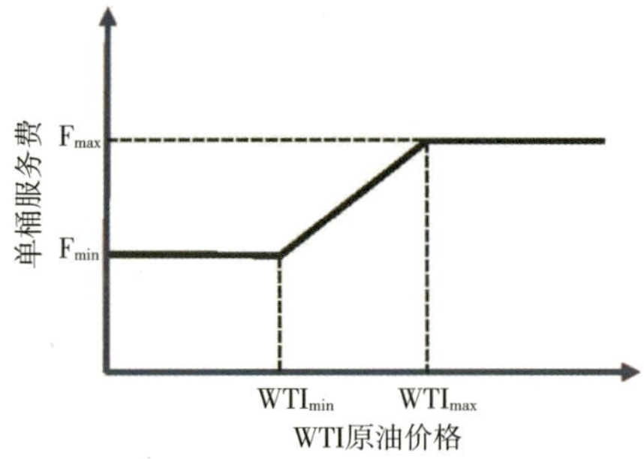

图 7-1　P 油田增产服务项目报酬费区间示意图

3. 合作方对油井开发政策缺少话语权

按合同条款，服务商完成钻井并试油后，油井交由当地国家石油公司负责生产管理，服务商无权干涉油井后续的开发技术调整。石油工业是厄瓜多尔最重要的经济命脉之一，原油产量对当地经济影响巨大。为了满足当前短期利益，PEC 通常不考虑油井生产制度是否合理，而是尽可能在短期内提高单井产量，导致油井投产初期递减率过大，地层压力下降过快，部分井见水时间大大提前。同时出于原油产量维持高位运行的考虑，PEC 通常不会采纳合作方关于单井合理产能政策及加强油藏压力监测等方面的建议，导致油藏分析缺乏必要的资料，油藏稳产面临较大挑战。因此，对于油井生产环节，合同谈判时应充分考虑乙方的话语权。

二、基础资料不够丰富

相较于国内油田的精雕细琢，海外油田勘探开发通常比较粗犷，多数资源国并不重视地质认识，录取的地质资料通常不多。P 油田地质油藏基础资料不够丰富，受限于地质认识和地面条件，油田绝大部分已钻井集中分布在工区中部，北部和南部地区极少。全油田仅 1 口井在主产层取了岩心，对地质方面储层特征分析、非均质性研究、沉积相研究等均有不小的影响；单井压力数据较少，各井获取压力数据的时间差异较大，对油藏动态分析影响较大。

海外边际油田虽然开发时间长，但地质油藏基础资料通常比较匮乏，合作方要在有限资料的基础上，尽可能深化地质认识，提高钻井成功率。在项目谈判时或介入初期，应充分收集相关资料。

三、油气高产富集规律认识不清

多数海外富油资源国对油气田的地质研究不甚深入，地质认识往往停留在初级阶段。例如，P 油田虽然开发了 40 余年，但地质油藏认识总体不够深入，油气高产富集规律认识不清楚，主要表现在以下几个方面：

（1）老井集中分布在油田中部，北部及南部地区因少量探井钻探效果不好就认为生产潜力差，地质认识片面。

（2）衰竭式开发 40 余年，地层能量亏空严重，地层压力已降至饱和压力附近。

（3）砂体展布规律不清楚，平面非均质性极强，井间变化快，沉积相对砂体发育的主控因素不明，取心井少，沉积相认识存在争议。

（4）地震资料采集时间久，局部井区受上覆地层异常增厚影响，振幅信息被屏蔽，地震反射特征不能准确反映地下真实情况；目的层砂体薄（三层平均厚度 3~10m），受限于地震纵向分辨率，优质砂体难以精确预测。

（5）目的层岩性复杂，砂岩和灰岩、泥岩互层发育；其中，砂岩又包含海绿石砂岩、高岭石砂岩、含铁富海绿石砂岩等多种亚类，储层参数解释准确率和流体判别符合率不高。

（6）现有的油井产能分类标准不能衡量本项目的单井效益，单井效益产量不能量化。

因此，在项目谈判过程中或介入初期，不要盲目认为根据既有认识可以快速实施增产措施，一定要预留地质研究时间。

第二节　项目实施过程中的经验教训与未来展望

本节以厄瓜多尔 P 油田风险增产服务项目为例，阐述海外边际油田风险合作开发过程中积累的一些经验教训。

一、项目实施历程

P 油田风险增产服务项目设计增产措施主要有两类：修复老井和钻探新井。项目启动初期，首先整理消化了当地国家石油公司关于各井的作业井史和对整个油田的地质认识，在老井集中的中部地区优选了 1 口老井进行修井作业，同时在中部地区加密部署了 2 口新井，效果均不理想。经过多轮次井史资料收集分析，发现老井修复潜力极其有限，经济效益不佳，在不能注水二次开发的情况下，决定放弃老井复产方案。中部地区新井加密效果不理想，达不到增油预期，中方组织技术力量系统总结前期经验教训，深化地质认识，加强地质工程一体化研究，2020—2021 年，在油田勘探程度低的北部、中北部和南部地区进行地质潜力再评价，突破当地认识局限，在北部、中北部钻探禁区部署数口新井，地质成功率达到 91%，单井高产率达到 65%，有 4 口井初产超过 1000bbl/d，大大提振了项目信心，为后续项目的顺利实施奠定了坚实的基础。2022 年初在南部地区部署评价井，钻遇 3 套优质油藏，测试均获得较高产量，其砂体发育及流体分布与新认识完全吻合，进一步明确了在南部部署大量新井进行整体开发的思路，保障项目整体收益达到预期（如图 7–2）。

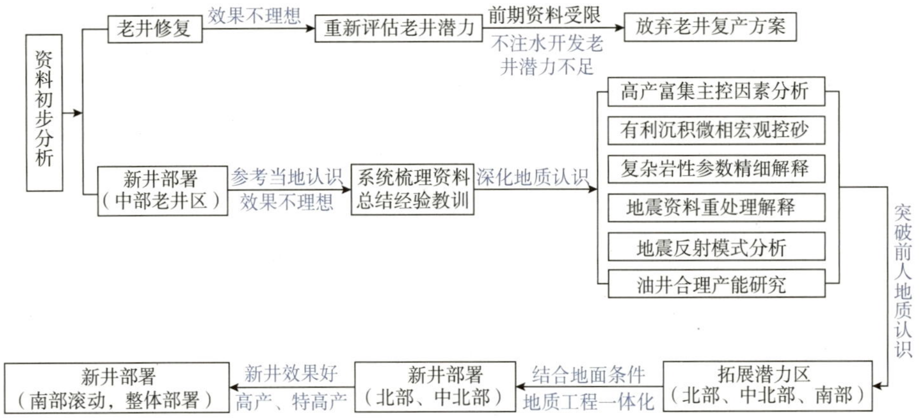

图 7–2　P 油田增产服务项目实施历程图

由于合同时间短，油田开发时间长，中方介入初期主要靠消化 PEC 的相关资料和认识，为了赶抢生产时间，快速实施了老井修复作业和新井部署工作。结果第一口老井复产日增油量不足 50bbl，且含水率达到 78%，几个月后累产不足 1×10^4bbl，因液量低而关井（如图 7–3）。中方多次向资源国索要完整的井史资料，经全面分析后发现所有老井都反复修井多次，老井复产潜力极其有限。在这种情况下，中方通过项目联管会向资源国提出变更工作量的申请，将原设计的老井复产工作量按投资额度等变更为新井工作量。

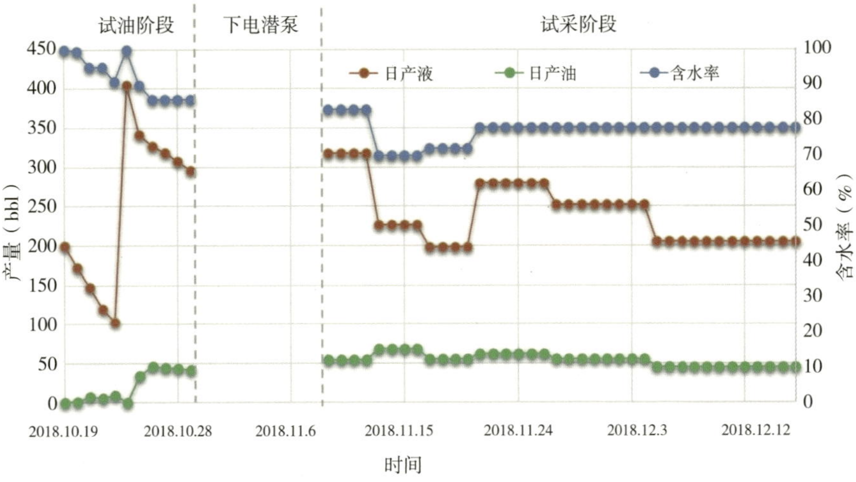

图 7–3　P 油田第一口老井修复产量剖面图

与此同时，在老井集中生产的中部地区部署了2口新井，部署思路是井网加密，周边井区都有油井正在开采，且井距在平均井距之上，期望获得高于当时油井平均产量的单井初始产量，但结果也只是1口井达到当时单井平均产量，另外一口井由于脱气严重，不能持续投产，关停一段时间后，能恢复到其他井平均产量的1.5倍，但总体上离期望产量相去甚远。

基于初期老井复产和新井钻探效果不理想的现状，中方意识到该项目与评价时的认识差距较大，因而不能盲目相信外方的认识，不能盲目快速钻探新井，需要先认清剩余油富集规律及分布区域。于是组织旗下多家单位，从地质研究到钻井工程设计，从技术研究到项目管理，开展了一系列的一体化深化研究工作，充分发挥中方地质工程一体化、技术管理一体化、前后方协作一体化、中外团队一体化等工作优势。从基础资料入手，全面分析高产井和失利井的经验得失，在这个过程中，形成了一系列海外边际油田勘探开发关键技术，颠覆了当地固有认识，突破了其部署3口井均失利的北部及中北部勘探禁区，取得了勘探大突破，拓展了潜力区块3个，钻获多口高产井，地质成功率更是超过86%，为本项目下步运营指明了方向。

相关研究工作主要包括以下几个方面：

（1）开展了沉积相深化研究、古地貌雕刻，从成因上明确了优质砂体发育主控因素，将砂体展布方向从南北向的认识转变为北西西－南东东向认识，打破构造控砂的思维局限，从沉积构造演化角度认为砂体沉积不受现今构造影响，只与沉积时的古地貌和沉积水体有关。进一步提出了“沉积古地貌决定砂体厚度、有利微相带决定砂体品质”的地质认识，阐明了优质砂体形成的成因和分布规律，从宏观层面指明了砂体的发育方向，指导了后续高产井的部署。

（2）开展了针对性的地震资料重新处理解释工作，尽量将上覆异常体对目的层的地震屏蔽影响降到最低，在此基础上，开展多参数地震反射模式及薄砂体综合预测研究，精准锁定优质砂体发育靶区。形成海相多期叠置薄砂体地震预测技术系列，包括多参数储层地震响应模式判别技术、基于分数阶希尔伯特变换的薄砂体预测技术、叠前限角叠加地震真振幅恢复技术等，主力储层砂体预测符合率由73%提高到91%，突破灰岩异常体勘探“禁区”，斩获多口高产井。

（3）开展了复杂岩性储层参数解释与流体判别攻关研究，解决储层参数不准确问题及流体判别不准的问题，在此基础上，开展全区流体分布规律研究，明确油水分布规律，进一步锁定剩余油富集区。突破了前人对海绿石仅为碎屑岩中黏土填隙物的认识局限，攻克含海绿石复杂碎屑岩储层岩石物理参数定量计算技术瓶颈，形成含海绿石复杂碎屑岩储层测井处理解释技术，储层参数解释准确率由79%提高到95%，流体判别符合率由75%提高到92%。

（4）基于地质工程一体化研究思路，在地质潜力区评价及井位部署的同时，开展钻井工程技术优化工作，延伸了该油田大斜度井最大闭合距，降低了地面钻井平台对地下靶点的制约作用。

（5）综合合同模式、单井成本、国际油价等多种关键参数，创建了风险合作模式下的单井产能分类标准，量化单井效益极限产量，指导单井合理产能配产，协助高产井井位部署。

二、主要经验

从项目管理角度看，建立了“四个一体化”管理模式：重视地质工程一体化，尽可能减少工程条件限制对地质靶点的制约；重视技术管理一体化，尽可能将技术成果快速应用于项目实际；重视前后方协作一体化，做到海外油田现场团队与国内研究团队无缝协作；重视中外方团队一体化，充分发挥国内技术优势和外方团队当地优势，实现各层级沟通无障碍。具体分析如下：

（1）地质工程一体化。

不再局限于单一的工程技术服务，转变自身角色，突出地质研究的引领作用，将地质研究和钻完井工程技术有机结合，尽可能保障新井地质及工程成功。

（2）技术管理一体化。

为了将技术研究成果尽快应用到项目实际中，中方做了两方面的工作。一是组织一个专家组随时审核技术团队的阶段研究成果，成熟一个应用一个；二是安排技术团队主要人员轮流到项目部参与项目运营，及时将研究成果应用于勘探开发实践中。

（3）前后方协作一体化。

由于项目部设置在厄瓜多尔当地，项目管理与运营团队均在海外前方，主要技术支撑团队（地质研究及钻完井工艺技术研究）均在国内，为了将技术研究成果尽快安全地应用到项目中来，中方建立了项目部与国内专用的邮件通道和及时通信渠道。由于前后方时差约 11 个小时，通常在国内早晨与海外傍晚时分，或国内晚上与海外早上实时连线讨论，实现前后方及时无缝协作。

（4）中外方团队一体化。

中方研究成果，井位论证等需要报厄瓜多尔能矿部门，需要一支熟悉当地能源政策及市场行情的技术团队。项目部在当地招聘了专业经验丰富的技术人员组成了外方团队，该团队除了提出自己的地质油藏认识外，主要负责将国内中方技术团队的研究成果消化后，与 PEC 和能矿部进行对接。

敢于突破前人固有地质认识才能找到新的潜力区块，敢于采用新的开采方式（尝试水平井开发），才能提高油井产能，保证合同期内累计产量最大化，而非油田全生命周期的累计产量最大化：

（1）突破油田北部勘探开发空白区，部署新井 4 口，成功率达 100%，初产超千桶、特高产井 3 口（占 75%），单井平均初产 1256.5bbl/d，是中方进入前平均初产（360.9bbl/d）的 3.5 倍，是中方进入初期单井初产（201.1bbl/d）的 6.2 倍（如图 7–4），新增地质潜力区块 1 个。

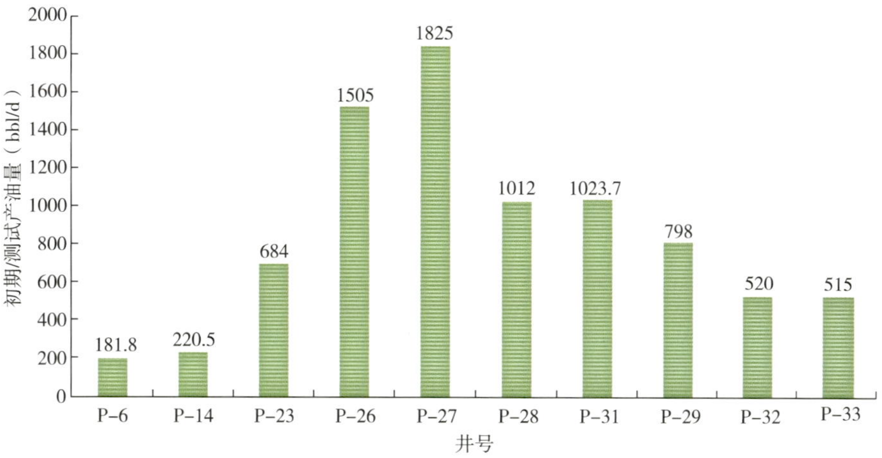

图 7-4　P 油田增产服务项目前三年投产新井初始产量统计图

（2）突破油田中北部“上覆灰岩增厚异常体”勘探禁区，部署新井 4 口，成功 3 口，主要产层优质砂体平均厚度 5.4m，是该区已钻井平均砂体（P-4 井 T 砂层砂体厚 1.8m）的 3 倍，新增地质潜力区块 1 个。

（3）优化电泵井生产制度管理，单井累产创新高，P-28 井两年累产超百万桶，创 P 油田累产超百万桶历史第二快纪录。

三、主要教训

（1）合同条款尽量谈判得有利于乙方，比如油井开发政策的制定权建议掌握在自己手里，报酬比例尽量提高，合同有效期尽量延长。

（2）未搞清楚地质认识之前切忌盲目钻探新井，基本的研究是必要的，否则欲速则不达、得不偿失。

（3）招标资料极大可能不完整或有水分，投标时要充分考虑这部分风险。

四、未来展望

（1）国际合作模式逐渐趋紧，类似产品分成等有利合同再难出现，合同相关要求将更加苛刻，资源方承担极小的勘探开发风险，甚至不承担风险，投资方回报收益将会越来越少，风险却越来越大。

（2）根据资源国当地具体实情，创立具有针对性的合作新模式，不再局限于传统的合作模式，国际油气合作仍然大有市场。

（3）国内油气工程技术服务企业具有地质工程一体化技术优势，不论地质油藏潜力评价还是钻完井工程技术，均走在油公司前面，具有低成本运营油气勘探开发的天然优势。因此，油气工程技术服务企业在风险合作业务中大有可为。

参考文献

［1］张志伟，马中振，周玉冰，等．南美奥连特前陆盆地勘探技术与实践［M］．北京：石油工业出版社，2019.

［2］胡祥云，鲍晓欢，张雄华．南美西部油气地质综合研究与区域优选［M］．武汉：中国地质大学出版社，2017.

［3］谢寅符，刘亚明，马中振，等．南美洲前陆盆地油气地质与勘探［M］．北京：石油工业出版社，2012.

［4］冯增昭主编．中国沉积学（第二版）［M］．北京：石油工业出版社，2013.

［5］刘慧盈，陈和平，张克鑫，等．厄瓜多尔 Oriente 盆地北部区块 T 段地层沉积演化特征［J］．中国海上油气，2017，29（2）：53-62.

［6］康玉柱，孙红军，等．中国古生代海相油气地质学［M］．北京：地质出版社，2011.

［7］沈明道．矿物岩石学及沉积相简明教程［M］．北京：石油大学出版社，1996.

［8］庞艳君，代宗仰，刘善华，等．川中乐山－龙女寺古隆起奥陶系风化壳古地貌恢复方法及其特征［J］．石油地质与工程，2007，21（5）：8-15.

［9］江青春，胡素云，汪泽成，等．四川盆地茅口组风化壳岩溶古地貌及勘探选区［J］．石油学报，2012，33（6）：950-960.

［10］徐希昆，刘树根，黎剑，等．和田古隆起海西早起古地貌恢复［J］．特种油气田，2003，10（3）：32-33.

［11］莫亮台，唐德林，高久灵．高速屏蔽层下煤层反射波能量正演模拟［J］．中国煤炭地质，2008，20（增刊）：77-78.

［12］李可恩，熊晓军，杨俊．高速屏蔽层下地震数据的采集［J］．天然气地球科学，2006，17（4）：527-531.

［13］王志，贺振华，黄德济，等．高速屏蔽层下弱反射地震勘探－广角反射［J］．勘探地球物理进展，2002，25（5）：23-27.

［14］龚幸林，戴晓峰，徐右平．松辽盆地北部深层火山岩地震成像技术［J］．物探化探计算技术，2011，33（6）：627-631.

［15］毛小平，何大伟，辛广柱，等．厚层火山岩地震响应特征［J］．石油地球物理勘探，2005，40（6）：670-676.

［16］刘志斌，解吉高，薛冬，等．高速灰岩屏蔽层下伏储层预测技术组合研究与应

用［J］. 中国海上油气，2018，30（6）：51–61.

［17］阳孝法，谢寅符，张志伟，等 . 奥连特盆地白垩系海绿石成因类型及沉积地质意义［J］. 地球科学，2016，41（10）：1696–1708.

［18］阳孝法，谢寅符，张志伟，等 . 南美 Oriente 盆地北部海绿石砂岩油藏特征及成藏规律［J］. 地质科学，2016，51（1）：189–203.

［19］杨锐祥，王向公，等. Oriente盆地海相低阻油层成因机理及测井评价方法［J］. 岩性油气藏，2017，29（6）：84–90.

［20］庄惠农 . 气藏动态描述和试井［M］. 北京：石油工业出版社，2009.

［21］张波 . 鄂尔多斯盆地低渗透砂岩油藏酸化解堵技术的探究［J］. 云南化工，2018，45（5）：135–136.

［22］王庆龙，魏舒，李凌宇，等 . 电潜泵采油系统故障原因及解决策略探讨［J］. 中国石油和化工标准与质量，2021，41（7）：23–24.

［23］张威，姚彬，袁慧芹 . 压裂新工艺的技术分析［J］. 化工管理，2021（7）：166–167.

［24］张蕾蕾 . 低渗透油田压裂技术及发展趋势［J］. 化学工程与装备，2022（1）：151–152.